Springer-Lehrbuch

W0177782

Weitere Bände siehe
www.springer.com/series/1183

Wolf Gamerith • Ulrike Leopold-Wildburger
Werner Steindl

Einführung in die Wirtschaftsmathematik

Fünfte, vollständig überarbeitete Auflage

 Springer

Prof. Dr. Wolf Gamerith
Universität Graz
Institut für Statistik und Operations
Research
Universitätsstraße 15/E3
8010 Graz
Österreich
wolf.gamerith@uni-graz.at

Prof. Dr. Werner Steindl
Universität Graz
Institut für Statistik und Operations
Research
Universitätsstraße 15/E3
8010 Graz
Österreich
werner.steindl@uni-graz.at

Prof. Dr. Ulrike Leopold-Wildburger
Universität Graz
Institut für Statistik und Operations
Research
Universitätsstraße 15/E3
8010 Graz
Österreich
ulrike.leopold@uni-graz.at

ISSN 0937-7433
ISBN 978-3-642-15048-7
Springer Heidelberg Dordrecht London New York

Die Deutsche Nationalbibliothek verzeichnet diese Publikation in der Deutschen Nationalbibliografie; detaillierte bibliografische Daten sind im Internet über http://dnb.d-nb.de abrufbar.

Einbandentwurf: WMXDesign GmbH, Heidelberg

Gedruckt auf säurefreiem Papier

Springer ist Teil der Fachverlagsgruppe Springer Science+Business Media (www.springer.com)

Vorwort zur fünften Auflage

Dieses Lehrbuch wurde, obwohl als fünfte Auflage deklariert, in wesentlichen Punkten von den drei Autoren grundlegend überarbeitet, ergänzt und vor allem um Beispiele erweitert und ist somit fast ein neues Buch geworden.

Unser Ziel ist es, den Studierenden der Wirtschaftswissenschaften alle wesentlichen mathematischen Grundkenntnisse zu vermitteln, die im weiteren Studium benötigt werden. Demgemäß werden Lineare Algebra, Analysis und Optimierung sowohl grundsätzlich als auch in der Anwendung auf ökonomische Fragestellungen behandelt. Ausgeklammert bleibt dabei die Stochastik. Auf mathematische Präzision wurde durchaus Wert gelegt, ohne diesen Begriff über zu strapazieren. Auf Beweise wurde weitgehend verzichtet, wir halten dies in einem an unser Publikum gerichtetes Buch für legitim.

Beispiele, einige zum Verständnis der Methodik, andere mit Bezug auf wirtschaftliche Probleme, ergänzen den Text in dieser Auflage deutlich. Zum Verständnis sollten die mathematischen Grundkenntnisse aus der Schule leicht ausreichen. Die Autoren haben versucht, das Buch speziell für Studienanfänger zu gestalten, Abbildungen ergänzen daher den Stoff und sollen die Inhalte noch leichter verständlich machen.

Wir sind vielen Kolleginnen und Kollegen für die Unterstützung bei unserem Vorhaben zu großem Dank verpflichtet, allen voran Frau Arleta Mietek, die sich der Mühe unterzogen hat, das Manuskript in LaTeX zu tippen und viele Ideen eingearbeitet hat. Unser Dank für wertvolle Ergänzungen gilt Frau Romana Boiger und Frau Tanja Feit sowie den Herrn Lutz Beinsen, Wolfgang Eichhorn, Thomas Krieger, Johannes Leitner und Karl Meister.

Besonders danken wir Herrn Dr. Werner Müller und dem Springer-Verlag für die angenehme Zusammenarbeit.

Bewusst wurde auf die Erwähnung spezieller Computerprogramme kaum eingegangen, da nach unserer Auffassung ein Programm, wie leistungsfähig auch immer es ist, ohne mathematisches Verständnis des Benutzers, der Benutzerin nicht hilfreich sein kann. Diese Ansicht steht nicht im Widerspruch zur hiermit ausgesprochenen Aufforderung an die Studierenden, sich dieser Hilfsmittel unbedingt zu bedienen!

Am Ende soll der Hinweis auf die Webpage des Instituts für Statistik und Operations Research der Karl Franzens Universität Graz nicht fehlen. Hier kann man weitere Beispiele und Ergänzungen finden. Wir bedanken uns im Voraus für die eine oder andere Korrektur von Druckfehlern, für die allein die Autoren die Verantwortung übernehmen.

www.uni-graz.at/sor/mathebuch.html

Graz,
im Juli 2010

Wolf Gamerith
Ulrike Leopold-Wildburger
Werner Steindl

Vorwort zur ersten Auflage

Es gibt mittlerweile fast kein Teilgebiet der Mathematik, das nicht Eingang in die Wirtschaftswissenschaften gefunden hat, sei es in der Wirtschaftstheorie oder der computerunterstützten Anwendung in der Praxis. Dementsprechend wird den Studierenden einer wirtschaftswissenschaftlichen Studienrichtung bereits am Beginn ihres Studiums eine breit gefächerte Einführung in die benötigten mathematischen Methoden angeboten.

Das vorliegende Buch gibt im Wesentlichen die Inhalte der an der Karl-Franzens-Universität gehaltenen Mathematikvorlesungen für Studierende der Wirtschafts- und Sozialwissenschaften wieder und basiert auf mehrfach überarbeiteten Skripten zu diesen Lehrveranstaltungen. Die Inhalte wurden zunächst von J. Hülsmann abgesteckt, und in den letzten zwei Jahrzehnten von allen Autoren erweitert, ergänzt und an neuere Entwicklungen angepaßt. Bei der Abfassung eines solchen, die entsprechenden Vorlesungen begleitenden Lehrbuches, muß jeder Autor einen Kompromiß zwischen der Darstellung der abstrakten mathematischen Begriffe und Zusammenhänge einerseits, und der Formulierung real interpretierbarer, ökonomischer Anwendungen andererseits, eingehen. Hier wird das Ziel verfolgt, die mathematischen Aussagen zwar exakt zu formulieren, sie aber zugunsten pädagogischer und anwendungsorientierter Überlegungen eher anhand von Beispielen als durch Beweise verständlich zu machen. Der Leser mag entscheiden, wieweit dieser Kompromiß seinen Vorstellungen von Mathematik für Wirtschaftswissenschaften entspricht.

Graz,
im August 1997

Jochen Hülsmann
Wolf Gamerith
Ulrike Leopold-Wildburger
Werner Steindl

Inhaltsverzeichnis

Kapitel 1

Grundlagen

1.1 Einführung in die Aussagenlogik

In der Sprache der Mathematik versteht man unter einer Aussage einen Satz, der entweder **wahr** oder **falsch** ist. Man benötigt Aussagen zur präzisen Darstellung von Sachverhalten. Betrachten wir beispielsweise folgende Sätze:

(a) $3 + 5 = 8$.

(b)   12 ist eine Primzahl.

(c)   Sollen die Banken in Österreich verstaatlicht werden?

(d)   Im Jänner dieses Jahres stieg die Inflationsrate in Österreich um genau 1.5 % gegenüber dem Vergleichsmonat des Vorjahres an.

(e)   Lösen Sie bitte das Beispiel.

Offensichtlich ist

(a)   eine wahre Aussage,

(b)   eine falsche Aussage,

(c)   keine Aussage, da es grundsätzlich unmöglich ist zu entscheiden, ob diese Formulierung wahr oder falsch ist,

(d)   eine Aussage, von der man erst feststellen muss, ob sie wahr oder falsch ist. Etwa durch Nachlesen der entsprechenden Werte in einer Zeitung.

(e)   ist eine Aufforderung, die weder wahr noch falsch ist. Daher handelt es
       sich um keine Aussage im Sinne der Logik.

Definition 1.1.1 *Eine Formulierung A heißt **Aussage**, wenn ihr **eindeutig**
entweder der **Wahrheitswert wahr (W)** oder der **Wahrheitswert falsch (F)**
zugeordnet werden kann. Es gibt also keine Aussage, die sowohl wahr als
auch falsch ist. (Das ist der sogenannte Satz der Zweiwertigkeit bzw. das
Prinzip des ausgeschlossenen Dritten.)*

Beispiel 1:
Folgende Sätze sind wahre Aussagen; sie erhalten den Wahrheitswert **wahr**:

(a)   Rationale Zahlen sind Zahlen, die sich als Bruch zweier ganzer Zahlen
       darstellen lassen.

(b)   Sparen ist ein Weg zur Vermögensbildung.

(c)   Gilt für drei reelle Zahlen a, b und c, dass $a < b$ und $b < c$, dann ist
       auch $a < c$.

Beispiel 2:
Folgende Sätze sind falsche Aussagen; sie erhalten den Wahrheitswert **falsch**:

(a)   Jedes Rechteck ist ein Quadrat.

(b)   Der Preis sinkt mit steigenden Herstellungskosten. Kalkuliert man den
       Preis eines Gutes mit 150% der Herstellungskosten, so sinkt der Preis
       bei steigenden Herstellungskosten.

Betrachtet man die Formulierungen

- „x ist eine Primzahl" oder

- „Frau ... ist am ... in ... geboren",

so kann davon offensichtlich weder Wahrheit noch Falschheit behauptet werden. Setzt man jedoch für x eine natürliche Zahl ein bzw. für die Punkte Namen, Datum und Ort, so wird aus den Formulierungen jeweils eine Aussage:
z.B. „4 ist eine Primzahl" führt zu einer falschen Aussage, aber „11 ist eine
Primzahl" zu einer wahren Aussage.
x bzw. die Punkte sind Symbole für einzusetzende Objekte eines bestimmten

Bereiches, **Grundbereich** oder **Grundmenge** genannt. Die beiden Formulierungen haben zwar die grammatikalische Form einer Aussage, solange sie aber sogenannte Platzhalter enthalten, nennt man sie Aussageformen. Da Platzhalter verschiedene Werte annehmen können, nennt man sie Variable oder Veränderliche. Das führt zur nächsten Definition.

Definition 1.1.2

*(a) Eine **Variable** über einem Grundbereich ist ein Symbol, für das die speziellen Objekte des Grundbereichs eingesetzt werden können. Variable werden üblicherweise mit Kleinbuchstaben, beispielsweise mit $x, y, z, \xi, \eta, \ldots$, bezeichnet.*

*(b) Eine mit Hilfe mindestens einer Variablen ausgedrückte Formulierung heißt **Aussageform**, wenn beim Einsetzen eines bestimmten Objektes oder Wertes für die Variable(n) eine Aussage entsteht.*

Bezeichnung: Für Aussageformen mit einer Variablen schreibt man $A(x)$, für Aussageformen mit mehreren Variablen $A(x, y, \ldots)$.

Beispiel 3:
Die Aussageform: „Die Vorlesung Mathematik 1 findet im Hörsaal x statt" bleibt solange eine Aussageform $A(x)$, bis das Symbol bzw. die Variable x durch eine entsprechende Bezeichnung ersetzt wird. Setzt man für x die Bezeichnung jenes Hörsaals ein, in dem die Vorlesung tatsächlich stattfindet, so wird $A(x)$ zu einer wahren Aussage, sonst zu einer falschen Aussage.

Beispiel 4:
Die Aussageform $A(x)$: „x ist kleiner als 7" wird für ganz bestimmte x zu einer wahren, für andere x zu einer falschen Aussage. Man kann beispielsweise sagen, „$A(x)$ ist eine wahre Aussage für alle negativen Zahlen" oder „$A(x)$ gilt für alle negativen Zahlen". In diesem Sinn können wir im Folgenden den Geltungsbereich für verschiedene Aussagen untersuchen.
Mathematische Lehrsätze enthalten im Zusammenhang mit Aussageformen sehr oft Worte wie „für alle ...", oder „es gibt...". Z.B. lautet der Satz von Pythagoras: „Für alle Zahlen a, b und c, die Seitenlängen eines rechtwinkeligen Dreieckes sind, wobei c die Länge der Hypotenuse bezeichnet, gilt die Aussage $a^2 + b^2 = c^2$". D.h. über dem Grundbereich jener Zahlen a, b und c, die Seitenlängen rechtwinkeliger Dreiecke sind, ist $a^2 + b^2 = c^2$ immer eine wahre Aussage.

Fällt hingegen die Einschränkung von a, b und c als Seitenlängen rechtwinkeliger Dreiecke weg, und lässt man dafür alle reellen Zahlen zu, so ist die Aussage „Für alle Zahlen gilt $a^2 + b^2 = c^2$ " falsch.

Je nachdem welche Werte man für die Variablen zulässt, wird also die obige Aussage „Für alle Zahlen gilt $a^2 + b^2 = c^2$" eine wahre oder falsche Aussage.

Definition 1.1.3 *Sei $A(x)$ eine Aussageform über einem Grundbereich I. Dann nennt man die Formulierungen*

(a) *„Für alle x aus I gilt $A(x)$" oder bei bekanntem Grundbereich „Für alle x gilt $A(x)$" eine **Allaussage**. Man schreibt dafür $\forall x \in I : A(x)$ oder $\forall x : A(x)$. Diese Aussage ist wahr, wenn $A(x)$ beim Einsetzen **jedes** beliebigen Objekts aus dem Grundbereich I zu einer wahren Aussage führt, sonst falsch.*

(b) *„Es gibt ein x aus I, für das $A(x)$ wahr ist" oder „Es gibt ein x, für das $A(x)$ wahr ist" eine **Existenzaussage**. Man schreibt formal $\exists x \in I : A(x)$ oder $\exists x : A(x)$. Diese Aussage ist wahr, wenn $A(x)$ beim Einsetzen **mindestens eines** Objekts aus dem Grundbereich I zu einer wahren Aussage führt, sonst falsch.*

Beispiel 5: Der Grundbereich I sei die Menge der reellen Zahlen und die Aussageform $A(x)$ sei „x ist positiv".

- $\forall x : A(x)$ ist offensichtlich falsch! Es sind doch keineswegs alle Zahlen positiv.

- $\exists x : A(x)$ ist offensichtlich wahr. Es gibt ja sogar unendlich viele positive Zahlen.

Im Folgenden werden zwei Aussagen miteinander verbunden und ihre Wahrheitswerte für die grundlegenden Aussagenverbindungen angegeben.

Definition 1.1.4 *Die klassischen Aussageverbindungen:*
Seien A und B zwei Aussagen, so können daraus u.a. die folgenden Verbindungen gebildet werden:

(a) *Die **Negation** „nicht A", geschrieben als $\sim A$ oder $\neg A$ ist wahr, wenn A falsch, und falsch, wenn A wahr ist. Die Negation ist die **Verneinung** einer Aussage.*

(b) Die **Konjunktion** $A \wedge B$, gelesen „*A und B*", ist wahr, wenn *A wahr und B wahr ist, sonst falsch. Die Konjunktion ist die* **sowohl-als-auch-Verbindung** *zweier Aussagen.*

(c) Die **Disjunktion** $A \vee B$, gelesen „*A oder B*", ist falsch, wenn *A falsch und B falsch ist, sonst wahr. Die Disjunktion ist also die* **oder-Verbindung** *zweier Aussagen.*

(d) Die **Implikation** $A \Rightarrow B$, gelesen „*wenn A, dann B*", ist falsch, wenn *A wahr, aber B falsch ist, sonst wahr. Die Implikation ist die* **logische Schlussfolgerung von einer Aussage auf die andere.** *A heißt* **hinreichende** *Bedingung für B, und B heißt* **notwendige** *Bedingung für A.*

(e) Die **Äquivalenz** $A \Leftrightarrow B$, gelesen „*genau dann B, wenn A*", ist wahr, *wenn A denselben Wahrheitswert besitzt wie B, sonst falsch. Die Äquivalenz ist die* **logische Gleichwertigkeit** *zweier Aussagen.*

Zusammenfassung der obigen Aussageverbindungen mit Hilfe der folgenden Wahrheitswerttabelle:

A	B	$\sim A$	$A \wedge B$	$A \vee B$	$A \Rightarrow B$	$A \Leftrightarrow B$
W	W	F	W	W	W	W
W	F	F	F	W	F	F
F	W	W	F	W	W	F
F	F	W	F	F	W	W

Bemerkung: Sind mehrere Aussagen miteinander verknüpft, so müssen zunächst die Klammern beachtet werden. Bezüglich der Reihenfolge, in der die einzelnen logischen Operationen durchzuführen sind, falls keine Klammern vorhanden sind, unterscheidet man zwischen 3 verschiedenen Stufen:

1. Stufe: $\sim$

2. Stufe: $\wedge, \vee$

3. Stufe: $\Rightarrow, \Leftrightarrow$

Die logischen Operationen dieser drei Stufen müssen sukzessive aufgearbeitet werden: Demnach muss die Negation einer Aussage (1.Stufe) vor der Konjunktion und vor der Disjunktion (2.Stufe) Beachtung finden. Schließlich behandelt man zuletzt die Implikation und die Äquivalenz. (Gewissermaßen in Anlehnung an die Rechenregel: Punktrechnung vor Strichrechnung).

Beispiel 6:
Interessiert z.B. der Wahrheitsgehalt der Aussage: A oder nicht A impliziert A, (A entspricht etwa der Aussage: „Der Kandidat hat bestanden"), so kann das folgendermaßen dargestellt werden: $A \vee \sim A \Rightarrow A$

A	$\sim A$	$A \vee \sim A$	$(A \vee \sim A) \Rightarrow A$
W	F	W	W
F	W	W	F
	1.Stufe	2.Stufe	3.Stufe

Die letzte Stufe hat unterschiedliche Wahrheitswerte. Diese Implikation ist je nach dem Wahrheitswert von A wahr oder falsch.

Beispiel 7:
Die Aussage A: „Huber hat Deutsch (D) als Muttersprache" wird im Folgenden als wahr (W) angenommen. Die Aussage B: „MacIntosh hat Deutsch (D) als Muttersprache" wird im Folgenden als falsch (F) angenommen.
Damit ergeben sich für die untenstehenden Aussageverbindungen folgende Wahrheitswerte:

A: Huber hat eine andere Muttersprache als Deutsch.   (F)
$A \wedge B$: Huber und MacIntosh haben beide Deutsch als Muttersprache. (F)
$A \vee B$: (Mindestens) einer von den beiden hat D als Muttersprache.   (W)
$A \Rightarrow B$: Wenn Huber D als Muttersprache hat, dann auch MacIntosh.   (F)
$B \Rightarrow A$: Wenn MacIntosh D als Muttersprache hat, dann auch Huber.   (W)!
$A \Leftrightarrow B$: Wenn einer D als Muttersprache hat, dann auch der andere.   (F)

Beispiel 8:
Man suche die Aussageverbindung, die der folgenden verbalen Formulierung entspricht: „Weder A noch B."
Die Antwort ist: $\sim (A \vee B)$.
Mit Worten: Keine von beiden Aussagen ist wahr.

A B	$(A \vee B)$	$\sim (A \vee B)$	
W W	W	F	
W F	W	F	
F W	W	F	
F F	**F**	**W**	„weder A noch B" erhält nur hier den Wert wahr

Demnach kann der Wahrheitswerttabelle entnommen werden, dass die Aussageverbindung $\sim (A \vee B)$ ausschließlich in der vierten Zeile den Wahrheitswert W erhält.

Man kann somit auch die gleichwertige Formulierung der Aussageverbindung: „Nicht A und nicht B" wählen.

Definition 1.1.5 *Eine Aussageverbindung, die unabhängig von den Wahrheitswerten der darin vorkommenden Aussagen, immer wahr ist, heißt eine* **Tautologie.**
Eine Aussageverbindung, die unabhängig von den Wahrheitswerten der darin vorkommenden Aussagen, immer falsch ist, heißt eine **Kontradiktion.**

Satz 1.1.1 *Folgende Aussageverbindungen sind Tautologien*

(a) $\sim (\sim A) \Leftrightarrow A$
(b) $\sim (A \wedge B) \Leftrightarrow ((\sim A) \vee (\sim B))$
(c) $\sim (A \vee B) \Leftrightarrow ((\sim A) \wedge (\sim B))$
(d) $(A \Rightarrow B) \Leftrightarrow ((\sim B) \Rightarrow (\sim A))$
(e) $(A \Leftrightarrow B) \Leftrightarrow ((A \Rightarrow B) \wedge (B \Rightarrow A))$
(f) $A \vee \sim A$

Beispiel 9: Suche unter den folgenden Aussageverbindungen diejenigen, die immer wahr, also Tautologien sind:

(a) $(\sim A \Rightarrow B) \Leftrightarrow (\sim B \Rightarrow A)$

(b) $(A \wedge (\sim A \Rightarrow B)) \Rightarrow B$

(c) $(A \Rightarrow B) \wedge (A \Rightarrow \sim B) \Rightarrow \sim A.$

Im Folgenden werden mit Hilfe von Wahrheitswerttabellen die Antworten auf diese Fragen von Beispiel 9 jeweils zu den Punkten (a), (b) und (c) ausgearbeitet.

Antworten zu Beispiel 9:

(a)   ist eine Tautologie

A	B	$\sim A$	$\sim B$	$(\sim A) \Rightarrow B$	$(\sim B) \Rightarrow A$	$\Leftrightarrow$
W	W	F	F	W	W	W
W	F	F	W	W	W	W
F	W	W	F	W	W	W
F	F	W	W	F	F	W

q.e.d.

(b)   ist keine Tautologie

A	B	$\sim A$	$\sim A \Rightarrow B$	$A \wedge (\sim A \Rightarrow B)$	$\Rightarrow$
W	W	F	W	W	W
W	F	F	W	W	F!
F	W	W	W	F	W
F	F	W	F	F	W

q.e.d.

(c)   ist eine Tautologie

A	B	$(A \Rightarrow B)$	$(A \Rightarrow (\sim B))$	$\wedge$	$\Rightarrow$
W	W	W	F	F	W
W	F	F	W	F	W
F	W	W	W	W	W
F	F	W	W	W	W

q.e.d.

Satz 1.1.2 *Die folgenden Implikationen sind immer wahr:*

(a) $((A \Rightarrow B) \wedge (B \Rightarrow C)) \Rightarrow (A \Rightarrow C)$

(b) $(A \wedge (A \Rightarrow B)) \Rightarrow B$

(c) $((A \vee B) \wedge (A \Rightarrow C) \wedge (B \Rightarrow C)) \Rightarrow C$

(d1) $((\sim A \Rightarrow B) \wedge (\sim A \Rightarrow \sim B)) \Rightarrow A$

(d2) $(B \wedge (\sim A \Rightarrow \sim B)) \Rightarrow A$

Dieser Satz ist die Formalisierung der folgenden Schlussregeln:

(a)   Kettenschluss,

(b)   Abtrennungsregel,

(c)   Fallunterscheidung,

(d1)   und (d2) Indirekter Beweis.

Nun wird der Beweis zum Kettenschluss

$$((A \Rightarrow B) \wedge (B \Rightarrow C)) \Rightarrow (A \Rightarrow C)$$

durch sukzessives Aufstellen der Wahrheitswerttabelle gegeben, wobei der Einfachheit wegen folgende Kurzschreibweisen Verwendung finden:

$(A \Rightarrow B)$ als Teil I, $(B \Rightarrow C)$ als Teil II,

$(A \Rightarrow B) \wedge (B \Rightarrow C))$ als Teil III, $((A \Rightarrow C)$ als Teil IV.

A	B	C	$A \Rightarrow B$	$B \Rightarrow C$	I $\wedge$ II	$A \Rightarrow C$	III $\Rightarrow$ IV
W	W	W	W	W	W	W	W
W	W	F	W	F	F	F	W
W	F	W	F	W	F	W	W
W	F	F	F	W	F	F	W
F	W	W	W	W	W	W	W
F	W	F	W	F	F	W	W
F	F	W	W	W	W	W	W
F	F	F	W	W	W	W	W

q.e.d.

Hinweis: Wenn $A \Rightarrow B$ dann ist keineswegs $B \Rightarrow A$ gegeben, z.B.:

A ... Sigrun hat im Oktober Geburtstag

B ... Sigrun ist im Herbst geboren

$A \Rightarrow B \Leftrightarrow$ Wenn Sigrun im Oktober Geburtstag hat, dann ist Sigrun im Herbst geboren.

$B \Rightarrow A \Leftrightarrow$ Wenn Sigrun im Herbst geboren ist, dann folgt daraus nicht unbedingt, dass sie im Oktober Geburtstag hat. Sie kann auch im September, November oder Dezember Geburtstag haben.

1.2 Mengen

Wie in der Mathematik üblich, wird im Weiteren die Sprechweise der Mengenlehre verwendet. Am Beginn steht daher der Begriff der „Menge", den Georg CANTOR (1845 - 1918), der Begründer der Mengenlehre, in dem Aufsatz „Beiträge zur Begründung der transfiniten Mengenlehre" 1895 folgendermaßen erklärt hat.

Definition 1.2.1 *Unter einer **Menge** versteht man eine Zusammenfassung bestimmter, wohlunterschiedener Objekte unserer Anschauung oder unseres Denkens zu einem Ganzen. Diese Objekte werden **Elemente** der Menge genannt.*

Für jedes Element muss entscheidbar sein, ob es zur Menge gehört oder nicht. Die Elemente müssen klar voneinander trennbar sein; „eine Menge Arbeit" ist im Sinne obiger Definition 1.2.1 keine Menge.

Üblicherweise werden Mengen mit Großbuchstaben z.B. A, M, Ω, ... und ihre Elemente mit Kleinbuchstaben, z.B. a, m, ω, ... bezeichnet. Gehört ein Element a einer Menge A an, so schreibt man $a \in A$, andernfalls schreibt man $a \notin A$.

Beispiel 1: Bezeichnet A die Menge der österreichischen Bundesländer und a das Burgenland, b die Steiermark, sowie c den Freistaat Bayern, so gilt:

$$a \in A, b \in A, \text{aber offensichtlich} c \notin A.$$

Im folgenden werden zwei Arten zur **Festlegung von Mengen** angegeben:

(a)   **Durch Aufzählen:** Man gibt sämtliche Elemente der Menge an und setzt diese in eine geschlungene Klammer. Dabei ist die Reihenfolge der Elemente unwesentlich.

Beispiel 2:

$$M_1 = \{2,3,5,7\} = \{5,2,7,3\}$$

$$M_2 = \{\text{Diesel, Super, Eurosuper, Normalbenzin, Heizöl}\}$$

(b)   **Durch Beschreiben:** Man gibt eine Eigenschaft der Menge an, die ausschließlich die Elemente der Menge, aber keine anderen Elemente besitzen. Dies ist vor allem bei Mengen mit sehr vielen Elementen sinnvoll.

Beispiel 3:

$$P = \{x \,|\, x \text{ ist eine Primzahl}\}$$

$$Z_7 = \{x \,|\, x \text{ ist eine durch 7 teilbare, ganze Zahl}\}$$

$$X = \{x \,|\, x \text{ ist eine reelle Zahl und } x \text{ ist kleiner als 5 }\}$$

$$\Omega = \{\omega \,|\, \omega \text{ ist Augenzahl eines Würfels }\}.$$

Bezeichnung: Häufig auftretende **Zahlenmengen** werden mit eigenen Symbolen bezeichnet:

$$
\begin{array}{lll}
\mathbb{N} & = \{1,2,3,\dots\} & \text{Menge der natürlichen Zahlen} \\
\mathbb{Z} & = \{\dots,-2,-1,0,1,2,3,\dots\} & \text{Menge der ganzen Zahlen} \\
\mathbb{Q} & = \{x | x = \frac{m}{n} \text{ , mit } m \in \mathbb{Z}, n \in \mathbb{N}\} & \text{Menge der rationalen Zahlen} \\
\mathbb{R} & = \{x | x \text{ reell }\} & \text{Menge der reellen Zahlen} \\
\mathbb{R}_+ & = \{x | x \in \mathbb{R} \text{ und } x \geq 0\} & \text{Menge der nichtneg. reellen Zahlen} \\
\mathbb{R}_{++} & = \{x | x \in \mathbb{R} \text{ und } x > 0\} & \text{Menge der positiven, reellen Zahlen}
\end{array}
$$

Die Menge der ganzen Zahlen ist die Erweiterung der Menge der natürlichen Zahlen genau um die Menge der negativen Zahlen und um die Null. Erweitert man diese Menge um die echten Brüche, so erhält man die Menge der rationalen Zahlen. Die Menge der reellen Zahlen enthält darüber hinaus noch zusätzlich die irrationalen Zahlen, das sind die unendlichen, nicht periodischen Dezimalzahlen, wie z.B. manche Wurzeln, die Eulersche Zahl e oder die Kreiszahl π.

Definition 1.2.2

(a)   *Zwei Mengen* **M₁**, **M₂** *heißen* **gleich***, man schreibt kurz* $M_1 = M_2$*, wenn jedes Element von* M_1 *auch Element von* M_2 *und jedes Element von* M_2 *auch Element von* M_1 *ist.*

D.h. $M_1 = M_2 \Leftrightarrow \forall x(x \in M_1 \Leftrightarrow x \in M_2)$.
Andernfalls nennt man sie **ungleich** *und schreibt* $M_1 \neq M_2$.

(b) *Eine Menge* **M_1** *heißt* **Teilmenge von** **M_2**, *man schreibt kurz* $M_1 \subseteq M_2$, *wenn jedes Element von* M_1 *auch Element von* M_2 *ist.*
D.h. $M_1 \subseteq M_2 \Leftrightarrow \forall x(x \in M_1 \Rightarrow x \in M_2)$.
Man nennt **M_2** *auch* **Obermenge von** **M_1** *und schreibt* $M_2 \supseteq M_1$.

(c) *Eine Menge* M_1 *heißt* **echte Teilmenge von** **M_2** , *man schreibt auch kurz* $M_1 \subset M_2$, *wenn jedes Element von* M_1 *auch Element von* M_2 *ist und wenn* M_2 *mindestens ein Element enthält, welches nicht Element von* M_1 *ist.*
D.h. $M_1 \subset M_2 \Leftrightarrow (M1 \subseteq M_2$ *und* $M_1 \neq M_2)$.

Beispiel 4:
$\{x | x \in \mathbb{N} \text{ und } x \leq 3\} \subseteq \{1,2,3\} \subset \{1,2,3,4\} \subset \mathbb{N} \subset \mathbb{Z} \subset Q \subset \mathbb{R}$.
Im folgenden werden spezielle Teilmengen aus $\mathbb{R}$ definiert, die häufig Verwendung finden:

Definition 1.2.3 *Seien* $r, s \in \mathbb{R}$, *dann nennt man die Menge*

(a) $[r,s] = \{x \in \mathbb{R} | r \leq x \leq s\}$ *ein* **abgeschlossenes Intervall** *von r bis s,*

(b) $]r,s[= \{x \in \mathbb{R} | r < x < s\}$ *ein* **offenes Intervall** *von r bis s,*

(c) $[r,s[= \{x \in \mathbb{R} | r \leq x < s\}$ *sowie*

$]r,s] = \{x \in \mathbb{R} | r < x \leq s\}$ *jeweils ein* **halboffenes Intervall.**

Die umgedrehten Klammern deuten an, dass das Element selbst nicht mehr zur Menge gehört, während die eckigen Klammern sagen, dass das Intervallende noch der Menge angehört. In jedem Fall handelt es sich bei dieser Definition um beschränkte Intervalle, im Gegensatz dazu nun die folgende Definition.

Definition 1.2.4 *Ist* $r \in \mathbb{R}$, *so nennt man die Mengen*

(a) $]r,\infty[= \{x \in \mathbb{R} | r < x\}$ *und* $[r,\infty[= \{x \in \mathbb{R} | r \leq x\}$

ein nach oben unbeschränktes Intervall,

(b) $]-\infty,r[= \{x \in \mathbb{R} | x < r\}$ *und* $]-\infty,r] = \{x \in \mathbb{R} | x \leq r\}$

ein nach unten unbeschränktes Intervall.

Das nach oben und unten unbeschränkte Intervall $]-\infty,\infty[$ ist gleich $\mathbb{R}$ und entspricht der reellen Zahlengeraden. Jedem Punkt dieser Geraden entspricht genau eine reelle Zahl und umgekehrt. Alle genannten Intervalle lassen sich auf dieser Zahlengeraden darstellen.

Beispiel 5:
$[0,5[,\ [-1,4.7]$ und $]-\infty,2]$ lassen sich darstellen als:

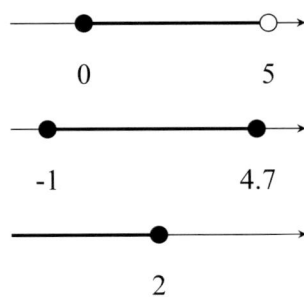

Definition 1.2.5 *Mengenoperationen*
Seien A und B zwei Mengen, dann heißen die Mengen

(a) $A \cap B = \{x | x \in A \wedge x \in B\}$

   ***Durchschnittsmenge** oder **Durchschnitt von A und B**.*

(b) $A \cup B = \{x | x \in A \vee x \in B\}$

   ***Vereinigungsmenge** oder **Vereinigung von A und B**.*

(c) $A \backslash B = \{x | x \in A \wedge x \notin B\}$

   ***Differenzmenge** oder **Differenz von A und B**.*

(d)   *Falls $A \subseteq B$ ist, so nennt man die Menge $C_B(A) = B \backslash A$*

   ***Komplementärmenge** oder **Komplement von A bezüglich B**. Ist klar, welche Menge mit B gemeint ist, so schreibt man für $C_B(A)$ vereinfacht $\overline{A}$.*

Zur besseren Veranschaulichung von Mengen verwendet man häufig sogenannte **Euler-Venn-Diagramme**. Dazu werden Mengen als Teile der Ebene dargestellt, die durch Kreise oder andere geschlossene Kurven umrandet werden. Die Menge kann sowohl aus einzelnen gekennzeichneten Punkten, als auch aus allen Punkten des Flächenstückes bestehen. In den Euler-

Venn-Diagrammen aus der Abbildung 1.1 symbolisiert jeweils die schraffierte Fläche das Ergebnis der angeführten Mengenoperation.

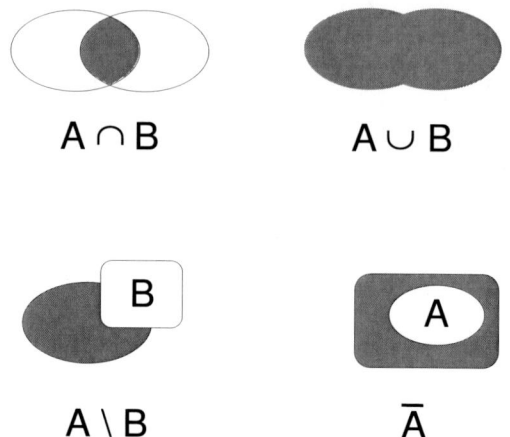

Abb. 1.1 Graphische Darstellung mit Hilfe von Euler-Venn-Diagrammen

Beispiel 6:

$]1,7[\cap [2,8] = [2,7[$
$]1,7[\cup [2,8] =]1,8]$
$]1,7[\setminus [2,8] =]1,2[$
$[2,8] \setminus]1,7[= [7,8]$

Beim Bilden des Durchschnitts zweier Mengen kann es vorkommen, dass diese kein gemeinsames Element besitzen, so enthält z.B. $[1,2] \cap [3,4]$ kein gemeinsames Element. Um auch in diesen Fällen den Durchschnitt bilden zu können, definiert man:

Definition 1.2.6 *Eine Menge, die kein Element enthält, nennt man **leere Menge**, geschrieben $\{\}$ oder $\emptyset$.*
*Zwei Mengen M_1 und M_2, die kein gemeinsames Element haben, nennt man **elementfremd** oder **disjunkt**, und man schreibt $M_1 \cap M_2 = \{\}$.*

Die leere Menge ist offensichtlich Teilmenge einer jeden Menge.

Für die Vereinigung bzw. den Durchschnitt endlich vieler Mengen wird geschrieben:

$$\bigcup_{i=1}^{n} A_i = A_1 \cup A_2 \cup \cdots \cup A_n$$

$$\bigcap_{i=1}^{n} A_i = A_1 \cap A_2 \cap \cdots \cap A_n$$

Für die Vereinigung bzw. den Durchschnitt unendlich vieler Mengen wird geschrieben:

$$\bigcup_{i=1}^{\infty} A_i = A_1 \cup A_2 \cup \cdots \cup A_n \cdots \cup \cdots$$

$$\bigcup_{i=1}^{\infty} A_i = A_1 \cap A_2 \cap \cdots \cap A_n \cdots \cap \cdots$$

Beispiel 7:

Gegeben sei: $A_n = \left[1 - \dfrac{1}{n}, 1 + \dfrac{1}{n}\right]$ mit $n \in \mathbb{N}$

Dann ist die **Vereinigung** über alle Mengen A_n:

$$\bigcup_{n=1}^{\infty} A_n = [0,2] \cup \left[\frac{1}{2}, \frac{3}{2}\right] \cup \left[\frac{2}{3}, \frac{4}{3}\right] \cup \cdots = [0,2]$$

Dann ist der **Durchschnitt** über alle Mengen A_n:

$$\bigcap_{n=1}^{\infty} A_n = [0,2] \cap \left[\frac{1}{2}, \frac{3}{2}\right] \cap \left[\frac{2}{3}, \frac{4}{3}\right] \cap \cdots = [1,1] = \{1\}$$

Definition 1.2.7 *Eine Menge, die endlich viele Elemente besitzt, heißt **end-liche** Menge, andernfalls nennt man sie eine **unendliche** Menge.*

Beispiel 8:

$A = \{x \,|\, x \in \mathbb{Z} \land x \in [0,7]\}$ ist eine endliche Menge,

$B = \{x \,|\, x \in \mathbb{R} \land 0 \le x \le 7\}$ eine unendliche Menge.

Definition 1.2.8 *Mächtigkeit von Mengen*
*Zwei (endliche oder unendliche) Mengen M_1 und M_2 heißen von **gleicher Mächtigkeit** oder **gleichmächtig**, wenn jedem Element $a \in M_1$ genau ein Element $b \in M_2$ und jedem Element $b \in M_2$ genau ein Element $a \in M_1$ zu-geordnet werden kann. Man sagt, M_1 und M_2 sind aufeinander **eindeutig abbildbar**.*
M_2 heißt von höherer Mächtigkeit als M_1, wenn M_1 auf eine echte Teilmenge von M_2, nicht aber auf M_2 selbst eindeutig abbildbar ist.

Beispiel 9:
Jede Menge ist zu sich selbst gleichmächtig. Endliche Mengen mit gleich viel Elementen sind gleichmächtig. Die Menge der positiven, ungeraden Zahlen ist gleichmächtig zu $\mathbb{N}$.

Definition 1.2.9 *Ist die Anzahl der Elemente einer endlichen Menge M gleich n, so sagt man, die Menge M hat die **Mächtigkeit n**, und man schreibt* $|\mathbf{M}| = \mathbf{n}$*.*

Definition 1.2.10 *Eine zu der Menge der natürlichen Zahlen $\mathbb{N}$ gleichmächtige Menge M heißt **abzählbar unendlich**. Eine nicht abzählbare unendliche Menge nennt man **überabzählbar**.*

Bemerkung: $\mathbb{Q}$ ist abzählbar, $\mathbb{R}$ ist überabzählbar.

Definition 1.2.11 *Sei M eine beliebige Menge, dann heißt die Menge*

$$P(M) = \{A | A \subseteq M\}$$

***Potenzmenge von M**. Die Elemente der Potenzmenge sind ebenfalls Mengen, und zwar alle Teilmengen von M.*

Satz 1.2.1 *Sei M eine endliche Menge mit Mächtigkeit n, d.h. $|M| = n$, dann ist die Mächtigkeit der Potenzmenge von M also $|P(M)| = 2^n$.*

Definition 1.2.12 *Eine Menge M*, die aus nichtleeren Teilmengen der Menge M besteht, heißt **Zerlegung oder Partition von M**, wenn für die Menge M* gilt, dass jedes $m \in M$ in genau einer der Teilmengen liegt. Die Elemente von M* heißen **Klassen** (vgl. Kapitel 1.3 Relationen).*

Definition 1.2.13

(a) *Seien M_1 und M_2 zwei beliebige nichtleere Mengen, dann heißt die Menge*

$$M_1 \times M_2 = \{(x_1, x_2) | x_1 \in M_1 \wedge x_2 \in M_2\}$$

*- gelesen: „M_1 kreuz M_2" - **Produktmenge** oder **kartesisches Produkt** von M_1 und M_2.*
*(x_1, x_2) heißt **2-Tupel** oder **geordnetes Paar**. Damit wird zum Ausdruck gebracht, dass die Reihenfolge der Elemente wesentlich ist.*

(b)   Seien $M_1, \ldots, M_n$ beliebige nichtleere Mengen, dann heißt

$$M_1 \times M_2 \times \ldots \times M_n = \{(x_1, x_2, \ldots, x_n) | x_i \in M_i, i = 1, \ldots, n\}$$

kartesisches Produkt *von M_1, M_2, $\ldots$, M_n. $(x_1, \ldots, x_n)$ nennt man **n-Tupel**.*

Man schreibt kürzer:

$$M_1 \times M_2 \times \ldots \times M_n = X_{i=1}^n$$

Ist $M_1 = M_2 = \ldots = M_n = M$, dann wird für das kartesische Produkt
$M_1 \times M_2 \times \ldots \times M_n = M \times M \times \ldots \times M$ kurz M^n geschrieben.
Im allgemeinen gilt: $M_1 \times M_2 \neq M_2 \times M_1$.

Beispiel 10:
$A = \{\text{Kopf,Zahl}\} \Rightarrow$
$A \times A = \{(\text{Kopf,Kopf}),(\text{Kopf,Zahl}),(\text{Zahl,Kopf}),(\text{Zahl, Zahl})\}$.

$M_1 = \{a, b\}; M_2 = \{1, 3\} \Rightarrow M_1 \times M_2 = \{(a, 1), (a, 3), (b, 1), (b, 3)\}$.

$\mathbb{R} \times \mathbb{R} = \mathbb{R}^2 \ldots$ Menge der Punkte der Ebene.
$\mathbb{R} \times \mathbb{R} \times \mathbb{R} = \mathbb{R}^3 \ldots$ Menge der Punkte des Raumes.
Die Verallgemeinerung führt zum $\mathbb{R}^n$.

Definition 1.2.14 *Das n-fache kartesische Produkt von $\mathbb{R}$, d.i. die Menge aller n-Tupel von reellen Zahlen, heißt **n-dimensionaler Raum**, kurz $\mathbb{R}^n$.*

$$\mathbb{R}^n = \mathbb{R} \times \mathbb{R} \times \ldots \times \mathbb{R} = \{(x_1, x_2, \ldots, x_n) | x_i \in \mathbb{R} \text{ für } i = 1, \ldots, n\}$$

$x = (x_1, \ldots, x_n) \in \mathbb{R}^n$ heißt Punkt des $\mathbb{R}^n$, oder n-dimensionaler Vektor.

Häufig interessiert, insbesondere bei ökonomischen Beispielen (vgl. Kap. 6.1, Lineare Optimierung), eine besondere Eigenschaft von Mengen, die Konvexität genannt wird und die in der Abbildung 2 demonstriert werden soll. Die Konvexität für Teilmengen des $\mathbb{R}^2$ und auch $\mathbb{R}^3$ bedeutet anschaulich, dass mit zwei beliebigen Punkten aus der Menge auch jeder Punkt auf der Verbindungsstrecke zur Menge gehört. In der folgenden Definition wird dieser Zusammenhang für Mengen im $\mathbb{R}^n$ (mit n beliebig) formuliert.

Definition 1.2.15 *Eine Menge $\mathbf{M} \subseteq \mathbb{R}^n$ heißt **konvex**, wenn für zwei beliebige Punkte $x \in M$, $y \in M$ und beliebiges $\lambda \in [0, 1]$ auch der Punkt $\lambda \cdot x + (1 - \lambda) \cdot y$ in M liegt.*

Die Definition für konvexe Mengenist allgemein gültig im $\mathbb{R}^n$, veranschaulichbar aber höchstens im $\mathbb{R}^3$ oder noch einfacher im $\mathbb{R}^2$, wie die folgenden Beispiele zeigen.

Beispiel 11:
Wie man leicht zeigen kann, ist die Menge

$$M_1 = \{(x_1, x_2) \,|\, x_1 \leq 2 \wedge x_2 \leq 3\}$$

eine konvexe Menge. Dagegen ist die Menge

$$M_2 = \{(x_1, x_2) \,|\, (x_1 \in [0, 1] \text{ und } x_2 \text{ beliebig) oder } (x_2 \in [0, 1] \wedge x_1 \geq 0)\}$$

nicht konvex. Da z.B. die Punkte $x = (3, 1)$ und $y = (\frac{1}{2}, 3)$ aus M_2 sind, aber die Verbindungsstrecke die Menge M_2 verlässt!

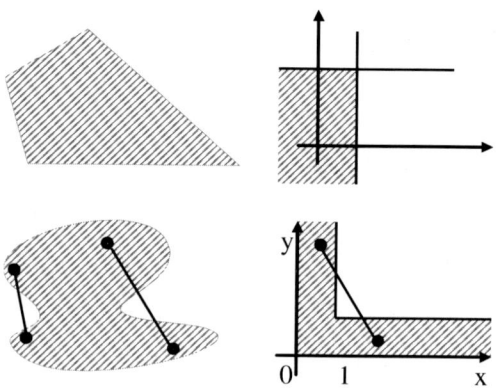

Abb. 1.2 Zwei konvexe und zwei nicht konvexe Mengen im $\mathbb{R}^2$

Beispiel 12:
Strecke, Halbgerade und Gerade sind eindimensionale, konvexe Punktmengen. Die Kreisfläche, die Dreiecksfläche, sowie Halbebenen sind zweidimensionale, konvexe Punktmengen. Hingegen sind die Kreislinie und der Dreiecksrand nicht konvex.

Bemerkung: Die konvexen Teilmengen des $\mathbb{R}$ sind die Intervalle.

Satz 1.2.2 *Der Durchschnitt zweier nicht elementfremder, konvexer Mengen M_1 und M_2 ist wieder konvex.*

Beweis: Seien M_1, M_2 konvexe Punktmengen mit $M_1 \neq M_2$ und P_1, P_2 zwei beliebige Punkte aus $M_1 \cap M_2$. Da M_1 konvex ist, liegt auch die Verbindungsstrecke in M_1, also $P_1P_2 \subset M_1$ da ferner M_2 konvex ist, liegt die Verbindungsstrecke P_1P_2 in M_2, also $P_1P_2 \subset M_2$. Somit ist $P_1P_2 \subset M_1 \cap M_2$, also der Durchschnitt $M_1 \cap M_2$ ist wieder konvex.

Satz 1.2.3 *Der **Durchschnitt** beliebig vieler nicht disjunkter, konvexer Mengen M_i (für $i = 1, \dots, n$)*

$$\bigcap_{i=1}^{n} M_i$$

ist wieder konvex.

*(Hingegen ist die **Vereinigung** $\bigcup_{i=1}^{n} M_i$ im Allgemeinen **nicht konvex!**)*

Bemerkung: Die n-dimensionalen Intervalle sind konvexe Teilmengen des $\mathbb{R}^n$; der n-dimensionale Raum $\mathbb{R}^n$ und die leere Menge $\emptyset$ sind konvex.

Bemerkung: Auf den Begriff der Konvexität wird in Kapiteln 5 und 6 zurückgegriffen.

1.3 Ordnungs- und Äquivalenzrelationen

Sollen in der Wirtschaft Entscheidungen getroffen werden, so steht man häufig vor dem Problem, unter endlich vielen möglichen Entscheidungen eine „beste" auszuwählen. Selbst wenn für je zwei dieser Entscheidungen eindeutig gesagt werden kann, welche davon zu bevorzugen ist, so ist damit noch nicht gewährleistet, dass es eine insgesamt „beste" Entscheidung gibt. Erst wenn die Menge aller dieser paarweisen Vergleiche zwischen den Möglichkeiten eine bestimmte Struktur besitzt, ist dies gesichert. Die Angabe solcher Beziehungen zwischen den Paaren von Elementen einer Menge, und die Feststellung, ob die damit bestimmte Struktur innerhalb der Menge der gestellten Aufgabe gerecht wird, sind mathematisch mit dem Begriff der Relation durchführbar.

Definition 1.3.1 *Sei $M \neq \{\}$ eine beliebige Menge, dann heißt jede Teilmenge $R \subseteq M \times M$ eine **Relation** oder **Beziehung in** M. Ist ein Paar $(m_1, m_2) \in R$, so schreibt man auch $m_1 R m_2$ und sagt m_1 steht zu m_2 in Relation.*

Beispiel 1:
Für die Elemente der Menge $M = \{10, 11, 20, 21\}$ gelte $xRy \Leftrightarrow$ „x und y haben dieselbe Ziffernsumme". Die formale Angabe dieser Relation ist
$R = \{(10, 10), (11, 11), (11, 20), (20, 11), (20, 20), (21, 21)\}$.
Es gilt also $10\,R\,10$, $11\,R\,11$, $11\,R\,20$ u.s.w..

Relationen in endlichen Mengen kann man sehr anschaulich in der Ebene durch einen **Graphen darstellen**, indem man jedes Element von M durch einen bestimmten Punkt in der Ebene, einen sogenannten **Knoten** markiert, und für jedes Paar $(m_1, m_2) \in R$ einen **Pfeil** von m_1 nach m_2 einzeichnet.

Beispiel 2:

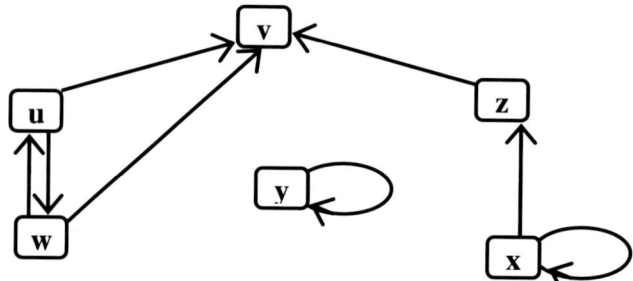

Abb. 1.3 Graph einer Relation

Die formale Angabe der Relation, die in diesem Graphen (vgl. Abb. 1.3) dargestellt wird, ist:

$$M = \{u, v, w, x, y, z\} \text{ und}$$
$$R = \{(x, x), (y, y), (u, w), (w, u), (u, v), (w, v), (z, v), (x, z)\}.$$

Durch eine Relation wird einer Menge eine bestimmte Struktur verliehen, wie beispielsweise eine Ordnung nach der Größe der Elemente, eine hierarchische Struktur oder anderes. Solche Relationen müssen jeweils bestimmte derjenigen Eigenschaften, die im Folgenden definiert werden, besitzen, da sie nur dann die mit diesem Namen verbundenen Vorstellungen erfüllen. So erwartet man von einer Relation, bei der ein Element x in Relation zu dem

Element y steht, wenn „x besser als y" ist, dass für „a besser als b" und „b besser als c", dann auch „a besser als c" ist.

Definition 1.3.2 *Eigenschaften von Relationen*
Eine Relation R in M ist

(a) **reflexiv**, *wenn* $\forall (\mathbf{a} \in \mathbf{M}) : (\mathbf{a}R\mathbf{a})$.
     Jedes Element von M steht in Relation R zu sich selbst.

(b) **irreflexiv**, *wenn* $\forall (\mathbf{a} \in \mathbf{M}) : (\sim \mathbf{a}R\mathbf{a})$.
     Kein Element von M darf zu sich selbst in Relation R stehen.

(c) **symmetrisch**, *wenn* $\forall (\mathbf{a}, \mathbf{b} \in \mathbf{M}) : (\mathbf{a}R\mathbf{b} \Rightarrow \mathbf{b}R\mathbf{a})$.
     Zwei Elemente von M, die „in der einen Richtung (aRb)" in Relation R stehen, müssen auch „in der anderen Richtung (bRa)" in Relation R stehen.

d)   **antisymmetrisch**, *wenn* $\forall (\mathbf{a}, \mathbf{b} \in \mathbf{M} \wedge \mathbf{a} \neq \mathbf{b}) : (\mathbf{a}R\mathbf{b} \Rightarrow \sim (\mathbf{b}R\mathbf{a}))$.
     Je zwei verschiedene Elemente von M, die „in der einen Richtung" in Relation R stehen, dürfen „in der anderen Richtung" nicht in Relation R stehen.

(e) **transitiv**, *wenn* $\forall (\mathbf{a}, \mathbf{b}, \mathbf{c} \in \mathbf{M}) : (\mathbf{a}R\mathbf{b} \wedge \mathbf{b}R\mathbf{c} \Rightarrow \mathbf{a}R\mathbf{c})$.
     Wenn ein Element von M zu einem zweiten und dieses zu einem dritten in Relation R steht, dann muss das erste auch zum dritten in Relation R stehen.

(f) **vollständig (konnex)**, *wenn* $\forall (\mathbf{a}, \mathbf{b} \in \mathbf{M} \wedge \mathbf{a} \neq \mathbf{b}) : (\mathbf{a}R\mathbf{b} \vee \mathbf{b}R\mathbf{a})$.
     Je zwei verschiedene Elemente von M müssen „in mindestens einer der beiden Richtungen (aRb oder bRa)" in Relation R stehen.

Die Relation in Beispiel 1 ist reflexiv, symmetrisch und transitiv. Die Relation in Beispiel 2 erfüllt offensichtlich keine einzige der obigen Eigenschaften.

Beispiel 3:
Die Relation „kleiner", d.h. $mRn \Leftrightarrow m < n$ in der Menge $\mathbb{N}$ der natürlichen Zahlen ist offensichtlich irreflexiv, antisymmetrisch, transitiv und vollständig, da von je zwei verschiedenen natürlichen Zahlen jeweils eine kleiner als die andere ist.

Beispiel 4:
Sei $M = \mathbb{R}_+ \times \mathbb{R}_+$ als Menge der Güterbündel mit 2 Gütern mit der folgenden Relation versehen: Ein Güterbündel $x = (x_1, x_2)$ ist mindestens so gut

wie ein Güterbündel $y = (y_1, y_2)$, falls $x_1 + x_2 \geq y_1 + y_2$ gilt. Diese Relation besitzt nur die Eigenschaften reflexiv, transitiv und vollständig.

Beispiel 5:

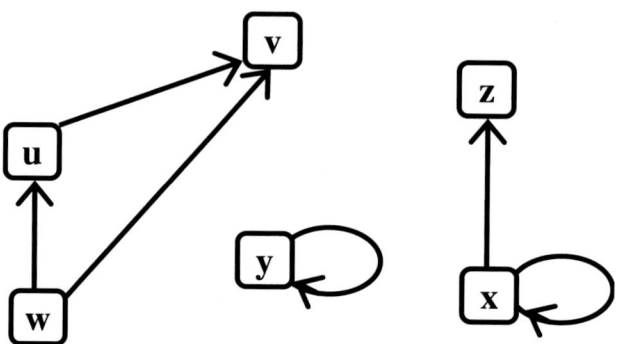

Abb. 1.4 Graph einer Relation

Diese Relation ist offensichtlich antisymmetrisch und transitiv, aber nicht reflexiv, nicht irreflexiv, nicht symmetrisch und nicht vollständig. Wie man sieht, sind die Elemente dieser Menge durch diese Relation teilweise geordnet, denn z.B. innerhalb der drei Elemente u, v, w ist v das „oberste" Element, w das „unterste" und u liegt dazwischen, aber nicht alle Elemente sind paarweise vergleichbar. Eine solche teilweise Ordnung nennt man eine Halbordnung.

Definition 1.3.3 *Eine Relation R in einer Menge M heißt*

(a)   **Halbordnung,** *wenn sie* **antisymmetrisch** *und* **transitiv** *ist. Bei Halbordnungen schreibt man statt aRb häufig auch* **a** $\prec$ **b** *und sagt dazu, a vor b.*

(b)   **Präordnung** *oder* **Quasiordnung,** *wenn sie* **reflexiv** *und* **transitiv** *ist.*

(c)   **Ordnung** *oder* **strikte Ordnung,** *wenn sie* **irreflexiv, transitiv** *und* **vollständig** *ist. Bei einer Ordnung schreibt man häufig statt aRb auch* **a** $<$ **b** *und sagt, a ist kleiner als b.*

(d)   **Reflexive Ordnung,** *wenn sie* **reflexiv, transitiv, antisymmetrisch** *und* **vollständig** *ist. Bei einer reflexiven Ordnung schreibt man häufig statt aRb auch* **a** $\leq$ **b** *und sagt, a ist kleiner oder gleich b.*

(e)   *Äquivalenzrelation, wenn sie **reflexiv, symmetrisch** und **transitiv** ist. Man schreibt bei Äquivalenzrelationen statt aRb häufig auch* **a** $\cong$ **b** *und sagt, a ist äquivalent zu b.*

Alle diese speziellen Relationen sind transitiv und unterscheiden sich durch die zusätzlich erfüllten Eigenschaften. Eine Übersicht über den Zusammenhang zwischen diesen Relationen kann man Abb. 1.5 entnehmen. Beispielsweise ist eine Präordnung, die zusätzlich symmetrisch ist, eine Äquivalenzrelation, und eine Halbordnung, die zusätzlich irreflexiv und vollständig ist, eine strikte Ordnung. Die Antisymmetrie wird für die strikte Ordnung in Def. 1.3.3 (c) nicht explizit gefordert, weil sie sich aus der Transitivität und Irreflexivität ergibt.

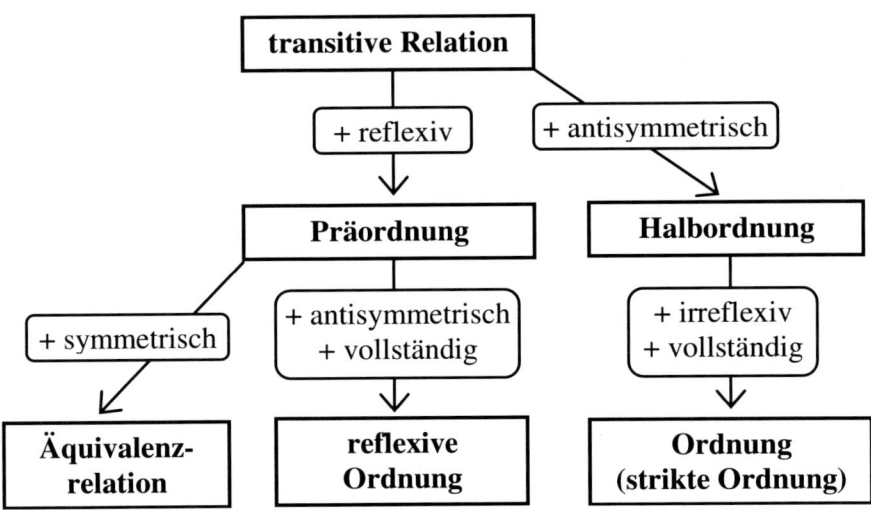

Abb. 1.5 Darstellung der Relationen und ihrer Eigenschaften

Die Relationen der bisherigen Beispiele sind in Beispiel 1: eine Äquivalenzrelation, in Beispiel 3: eine strikte Ordnung, in Beispiel 4: eine Präordnung, die vollständig ist, und in Beispiel 5: eine Halbordnung.

Beispiel 6:
Die Menge der reellen Zahlen ist in natürlicher Weise durch den Größenvergleich mit Ordnungsstrukturen versehen, denn die Relation $x \leq y$ ist eine reflexive Ordnung, und die Relation $x < y$ ist eine strikte Ordnung. Benutzt

man diese Größenvergleiche analog für n-Tupel von reellen Zahlen, also als Relation im $\mathbb{R}^n$ für $n > 1$, d.h. $x \leq y$ falls $x_i \leq y_i$ für alle $i = 1, \ldots, n$, so ist diese Relation nur eine Präordnung, die zusätzlich antisymmetrisch ist, und damit ist sie auch eine Halbordnung, die zusätzlich reflexiv ist. Sie ist nicht vollständig, da beispielsweise die beiden Punkte $(2,3,1)$ und $(3,2,1)$ nicht vergleichbar sind. Ebenso gilt im $\mathbb{R}^n$ für das strikte Ungleichheitszeichen $x < y$, falls $x \leq y$ und $x \neq y$, dass diese Relation für $n > 1$ nur eine Halbordnung ist. Man nennt sie auch die **natürliche Halbordnung** im $\mathbb{R}^n$.

Bei geordneten oder (bzgl. einer Halb- oder Präordnung) teilweise geordneten Mengen interessiert man sich häufig für größte oder kleinste, bzw. beste oder schlechteste Elemente in dieser Menge oder in Teilmengen dieser Menge.

Definition 1.3.4 *Sei R eine Halbordnung oder Präordnung in der Menge M, dann heißt ein Element* **a** $\in$ **M**

(a)   *ein **maximales Element von** M **(bzgl. R)**, wenn für jedes Element $x \in M$, für das $(a,x) \in R$ ist, auch $(x,a) \in R$ ist,*

(b)   *ein **minimales Element von** M **(bzgl. R)**, wenn für jedes Element $x \in M$, für das $(x,a) \in R$ ist, auch $(a,x) \in R$ ist.*

Die prägeordnete Menge $M = \mathbb{R}_+ \times \mathbb{R}_+$ der Güterbündel in Beispiel 4 besitzt offensichtlich das (einzige) minimale Element $a = (0,0)$ und kein maximales Element, da man zu jedem Element ein anderes finden kann, dessen Koordinatensumme größer ist.

Ob eine Menge überhaupt ein maximales oder minimales Element besitzt, hängt natürlich wesentlich von der speziellen Struktur der Halb- oder Präordnung ab. Ist die Menge M jedoch endlich, so kann man sich leicht überlegen, dass sie z.B. maximale Elemente besitzen muss. Denn für ein beliebiges Element a, das nicht maximal ist, muss es ein von a verschiedenes Element b geben, mit aRb und nicht bRa (sonst wären beide maximal). Ist b nun auch nicht maximal, so muss es ein weiteres Element c geben mit bRc, usw.. Da die Menge endlich ist, findet man bei dieser Vorgangsweise nach endlich vielen Schritten ein maximales Element. Analoges gilt für minimale Elemente.

Folgerung 1.3.1 *Ist M eine endliche, halb- oder prägeordnete Menge, so besitzt M mindestens ein minimales und mindestens ein maximales Element.*

Das durch den Graph in Abb. 1.3 dargestellte Beispiel besitzt die maximalen Elemente v, y, z, weil kein Pfeil von diesen Elementen zu einem anderen

Element existiert, sowie die minimalen Elemente w, y, x. Das Element y ist sowohl maximales als auch minimales Element, da es nur zu sich selbst in Relation steht.

Die Frage nach maximalen oder minimalen Elementen kann man natürlich auch für vollständig geordnete Mengen stellen, da eine strikte Ordnung auch eine Halbordnung bzw. eine reflexive Ordnung auch eine Präordnung ist. Die „kleiner" Relation aus Beispiel 6 in der Menge $\mathbb{R}$ der reellen Zahlen wurde schon in Beispiel 3 benutzt, um die Menge $\mathbb{N}$ der natürlichen Zahlen mit einer strikten Ordnung zu versehen. In $\mathbb{N}$ ist die 1 das einzige minimale Element, maximale Elemente gibt es keine. Diese Eigenschaft, dass es in geordneten Mengen bzw. in Teilmengen von solchen - wenn überhaupt - nur ein einziges maximales oder minimales Element gibt, gilt allgemein. Deshalb spricht man dort statt von minimalem bzw. maximalem Element von dem Minimum bzw. dem Maximum.

Definition 1.3.5 *Sei M eine bezüglich R geordnete Menge und $L \subseteq M$ eine Teilmenge von M, dann heißt $a \in M$*

(a)   *eine **obere Schranke von L**, wenn $\forall (x \in L)$ (a nicht kleiner als x),*

(b)   *eine **untere Schranke von L**, wenn $\forall (x \in L)$ (x nicht kleiner als a).*

Beispiel 7:
Sei die Menge $M = \mathbb{R}^2$ mit der **lexikographischen Ordnung** versehen, d.h. für je zwei Punkte $x^1, x^2 \in \mathbb{R}^2$ gilt:

$$x^1 <_{lex} x^2 \Leftrightarrow (x_1^1 < x_1^2) \vee ((x_1^1 = x_1^2) \wedge (x_2^1 < x_2^2)),$$

man vergleicht also zunächst die ersten Komponenten der beiden Punkte und falls diese gleich sind, die zweiten Komponenten.

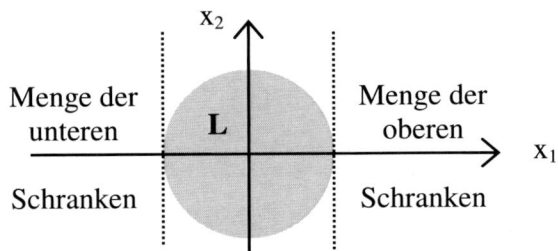

Abb. 1.6 Skizze zu Beispiel 7

Als Teilmenge von M wird die Menge $L = \{x \in \mathbb{R}^2 \mid |x| < 1\}$, die Menge der inneren Punkte des Einheitskreises betrachtet. Wie man in der Skizze von Abbildung 1.6 sieht, ist jeder Punkt $a = (a_1, a_2)$ mit $a_1 \leq -1$ eine untere Schranke von L und jeder Punkt mit $a_1 \geq 1$ eine obere Schranke von L. Es gibt jedoch keine untere oder obere Schranke, die auch ein Element von L ist. Wäre L um die Punkte auf dem Rand des Einheitskreises erweitert, so wäre der Punkt $(1, 0)$ die einzige obere Schranke, die auch ein Element von L ist. Ebenso wäre $(-1, 0)$ die einzige untere Schranke, die auch ein Element von L ist.

Satz 1.3.1 *Eine Teilmenge L einer geordneten Menge M enthält höchstens eine ihrer oberen, sowie höchstens eine ihrer unteren Schranken.*

Definition 1.3.6 *Es sei L eine Teilmenge einer geordneten Menge M.*

(a) *Ist die Menge der oberen Schranken von L nicht leer, so heißt eine obere Schranke $a \in M$ das **Supremum von L**, falls a ein **minimales Element in der Menge der oberen Schranken**, also die kleinste obere Schranke ist. Ist a auch Element vom L, so heißt a ein **Maximum von L**.*

(b) *Ist die Menge der unteren Schranken von L nicht leer, so heißt eine untere Schranke $a \in M$ das **Infimum von L**, falls a ein **maximales Element in der Menge der unteren Schranken**, also die größte untere Schranke ist. Ist a auch Element vom L, so heißt a ein **Minimum von L**.*

In Beispiel 7 gibt es kein Maximum und kein Minimum. Es existiert aber auch weder das Supremum noch das Infimum, denn z.B. ist jeder Punkt $(1, y)$ für beliebig kleine y eine obere Schranke von L. Somit existiert keine kleinste obere Schranke. Hätte man die Menge M z.B. auf die Menge der Punkte (x_1, x_2) mit $-2 \leq x_2 \leq 2$ eingeschränkt, dann wäre $(1, -2)$ das Supremum und $(-1, 2)$ das Infimum von L gewesen.

Beispiel 8:
Es sei $M = \mathbb{R}$ mit der natürlichen Ordnung versehen, d.h. xRy, wenn $x < y$ ist, und $L =]0, 1]$ das halboffene Intervall. Dann sind alle $x \geq 1$ obere Schranken, und $x = 1$ ist die kleinste obere Schranke und somit das Supremum, aber auch das Maximum von L, da $1 \in L$ ist. Analog sind alle $x \leq 0$ untere Schranken, somit ist $x = 0$ als größte untere Schranke das Infimum von L, aber das Minimum existiert nicht, da $0 \notin L$ ist.

Bemerkung: Wenn das Maximum oder das Minimum einer Teilmenge einer geordneten Menge existiert, dann ist dieses Element jeweils auch das Supremum bzw. Infimum dieser Teilmenge. Existiert das Maximum bzw. Minimum nicht, dann kann das Supremum bzw. Infimum trotzdem existieren.

Definition 1.3.7 *Sei R eine Äquivalenzrelation in M und a ein Element von M, dann heißt die folgende Teilmenge von M*

$$[a]_R = \{x \in M \mid x \cong a \ bzgl.R\}$$

*eine **Äquivalenzklasse**.*

Beispiel 9:
Die in Abb. 1.7 durch den Graphen angegebene Relation ist eine Äquivalenzrelation. Die drei Äquivalenzklassen sind $[x]_R = \{x, z\} = [z]_R$, $[y]_R = \{y\}$ und $[u]_R = \{u, v, w\} = [v]_R = [w]_R$.
Wie man sieht, bilden die drei Äquivalenzklassen eine Zerlegung der Menge M. Diese Eigenschaft hat jede Äquivalenzrelation.

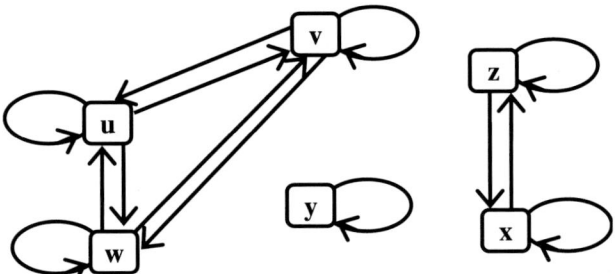

Abb. 1.7 Graph einer Äquivalenzrelation

Bemerkung: Die Menge aller Äquivalenzklassen ist eine Zerlegung der Menge M. Ebenso ist umgekehrt durch eine gegebene Zerlegung von einer Menge M eindeutig eine solche Äquivalenzrelation in M bestimmt, die genau die Zerlegungsmengen als Äquivalenzklassen besitzt, indem man festlegt, dass je zwei Elemente $a, b \in M$ genau dann äquivalent sind, wenn sie beide ein Element derselben Zerlegungsmenge sind.

In der Konsumtheorie bzw. der Entscheidungstheorie werden Präferenzvorstellungen zwischen den Elementen von Mengen betrachtet. Für die mathematische Formulierung solcher Präferenzen benutzt man die folgenden Relationen:

Definition 1.3.8 *Präferenz- und Indifferenzrelation in M*
*Eine **Präferenzrelation** $P \subseteq M \times M$ **ist eine vollständige Präordnung**. Sie*
*heißt **Präferenzordnung**, wenn sie eine **reflexive Ordnung** ist. Man schreibt*
$a \preceq b$ für $(a,b) \in P$ und sagt, „b wird gegenüber a präferiert oder als gleich-
wertig betrachtet". Durch eine Präferenzrelation sind die beiden folgenden,
damit zusammenhängenden Relationen erklärt:

(a) **Indifferenzrelation**

$$I = \{(a,b) \in P \mid (a,b) \in P \wedge (b,a) \in P\} \subseteq P.$$

Die Indifferenzrelation ist eine Äquivalenzrelation. Man bezeichnet
*hier die Äquivalenzklassen als **Indifferenzklassen**.*

(b) **Strikte Präferenzrelation**

$$SP = P \backslash I \subseteq M \times M.$$

Diese hat offensichtlich die Eigenschaften transitiv und antisymme-
trisch, und ist somit eine Halbordnung in M. Zwischen den Indifferenz-
klassen ist durch diese strikte Präferenzrelation eine strikte Ordnung
gegeben.

Die Relation in Beispiel 4 ist eine vollständige Präordnung in der Menge der
Güterbündel und kann somit als Präferenzrelation interpretiert werden. Ein
Güterbündel x wird einem Güterbündel y gegenüber strikt präferiert, wenn
$x_1 + x_2 > y_1 + y_2$ ist, und man ist indifferent zwischen zwei Güterbündeln,
wenn ihre jeweiligen Koordinatensummen gleich sind.

Beispiel 10: Die strichlierten Pfeile (in Abb. 1.8) geben die Indifferenzrelation I an, diese besitzt die drei Indifferenzklassen $[w]_I = \{w, x\}$, $[u]_I = \{u, z\}$
und $[v]_I = \{v\}$. Die strikte Präferenzrelation ist hier mit den durchgezogenen Pfeilen angegeben und ordnet die drei Indifferenzklassen wie folgt:
$[w]_I < [u]_I < [v]_I$. In der Menge M gibt es bzgl. dieser Präferenzrelation genau ein maximales Element, das Element v, und die zwei minimalen Elemente w und x.

Bemerkung: Nach Folgerung 1.3.1 besitzt eine Präferenzrelation in einer
endlichen Menge mindestens ein maximales Element, sowie mindestens ein
minimales Element. Ist die Präferenzrelation eine Präferenzordnung, so gibt
es sogar genau ein minimales und genau ein maximales Element in M.

Die dieses Kapitel einleitende Frage, auf welcher Basis ein in der Wirtschaft
Entscheidender unter endlich vielen Möglichkeiten eine „beste" Entscheidung treffen kann, ist also damit zu beantworten, dass in der Menge aller

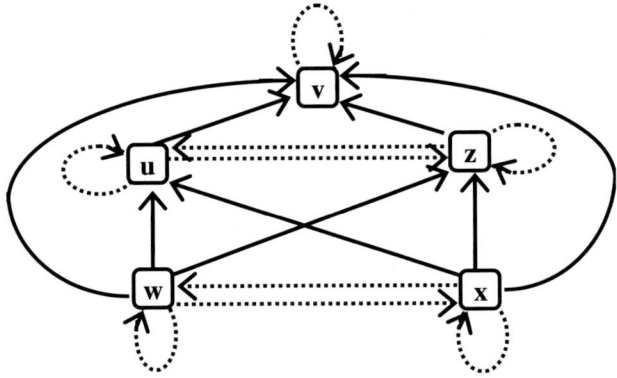

Abb. 1.8 Graph eine Präferenzrelation

möglichen Entscheidungen zumindest eine Präferenzrelation gegeben sein muss. Dann gibt es mindestens eine „beste" Entscheidung, unter Umständen auch mehrere. Besser wäre natürlich eine Präferenzordnung, denn dann gäbe es genau eine „beste" Entscheidung.

1.4 Übungsaufgaben

1. Die interne Revisionsabteilung der X AG ist einer Veruntreuung auf der Spur. Es gibt drei Verdächtige: A, B und C. Aufgrund der Ermittlungen ergibt sich folgende Situation:

   (a) Mindestens einer der drei war an der Veruntreuung beteiligt.

   (b) Falls A und B nicht gemeinsam beteiligt waren, dann ist C unschuldig.

   (c) War A beteiligt oder C nicht, dann war auch B sicher nicht beteiligt.

   Wer hat die Veruntreuung begangen? Lösen Sie mit Hilfe einer Wahrheitswerttabelle!

   Lsg.: $(A \vee B \vee C) \wedge (\neg(A \wedge B) \Rightarrow \neg C) \wedge ((A \vee \neg C) \Rightarrow \neg B)$

A	B	C	$A \vee B \vee C$	$\neg(A \wedge B)$	$\neg(A \wedge B) \Rightarrow \neg C$	$(A \vee \neg C) \Rightarrow \neg B$
W	W	W	W	F	W	F
W	W	F	W	F	W	F
W	F	W	W	W	F	W
W	F	F	W	W	W	W
F	W	W	W	W	F	W
F	W	F	W	W	W	F
F	F	W	W	W	F	W
F	F	F	F	W	W	W

Die Gesamtaussage ist nur in der vierten Zeile wahr. Daher ist A der Täter. B und C sind unschuldig.

2. Eine Lerngruppe von 5 BWL Studenten möchte sich möglichst koordiniert auf die Klausuren aus Wirtschaftsmathematik, Statistik und die Einführung in die BWL (EBW) vorbereiten, und zum nächstmöglichen Termin antreten. Die 5 Studenten treffen sich und äußern folgende Bedingungen:

(1) Der erste Student: Wenn wir Mathematik und Statistik antreten, dann nicht zu EBW.

(2) Der zweite Student: Wenn wir Mathematik antreten, dann nicht Statistik oder nicht EBW.

(3) Der dritte Student: Wenn wir Mathematik antreten, dann auch Statistik und umgekehrt.

(4) Der vierte Student: Wenn wir EBW machen, dann auch Mathematik oder Statistik.

(5) Der fünfte Student ist eher faul und sagt: Ich möchte nur zu einer Prüfung antreten, zu welcher ist mir aber egal.

Schon nach der Formulierung der Vorstellungen wird klar, dass wahrscheinlich nicht alle Studenten zufriedengestellt werden können.

(a) Prüfen Sie anhand einer **Wahrheitstabelle**, welche Kombination aus Prüfungen alle Studenten zufriedenstellt.

(b) Wenn dies nicht möglich ist, schließen Sie einen Studenten aus der Gruppe aus und zeigen Sie welche welche Möglichkeiten für die

verbleibenden vier Studenten ergeben?
(Hinweis: Betrachten Sie den fünften Studenten separat in der Tabelle)

Lsg.: Die Aussage A bedeutet, dass die Studenten zur Mathematikklausur antreten. Analoges gilt für die Aussagen B und C bei der Klausur aus Statistik bzw. EBW.

Student 1: $A \wedge B \Rightarrow \neg C$
Student 2: $A \Rightarrow \neg B \vee \neg C$
Student 3: $A \Leftrightarrow B$
Student 4: $C \Rightarrow (A \vee B)$

A	B	C	Student 1	Student 2	Student 3	Student 4
W	W	W	F	F	W	W
W	W	F	W	W	W	W
W	F	W	W	W	F	W
W	F	F	W	W	F	W
F	W	W	W	W	F	W
F	W	F	W	W	F	W
F	F	W	W	W	W	F
F	F	F	W	W	W	W

Es gibt hierfür mehrere Möglichkeiten. Zum Beispiel: Student 5 ist zufrieden wenn man nur zu einer Prüfung antritt. Dies ist in der 4. 6. und 7. Zeile der Tabelle der Fall. Die verbleibenden Studenten sind nur in der 2. Zeile (Mathematik und Statistik) und der letzten Zeile (keine Prüfung) zufrieden. Wenn man den fünften Studenten aus der Gruppe ausschließt, bleiben diese beiden äquivalenten Alternativen übrig.

3. Die Datenbank der SoWi Fakultät liefert folgende Informationen über die Studierendenzahlen:

Beantworten Sie folgende Fragen:

(a) Wie viele Hörer gibt es an der Fakultät?

(b) Wie viele Personen studieren ausschließlich BWL?

Zumindest BWL	3867
Zumindest VWL	50
Zumindest Wipäd	240
Zumindest BWL und VWL	40
Zumindest BWL und Wipäd	233
Zumindest VWL und Wipäd	5
BWL und VWL und Wipäd	1

Hinweis: Die Verwendung eines Venn-Diagramms kann hilfreich sein (ist aber nicht notwendig)!

Lsg.:   Insgesamt gibt es 3880 Hörer. 3595 Personen studieren ausschließlich BWL.

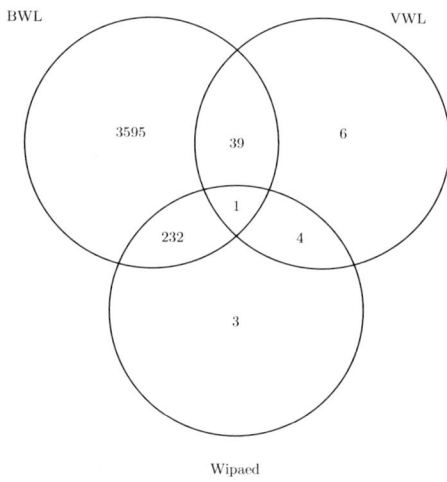

4. Gegeben sind die Mengen A und B:

$$A : [0,5] \times [0,2] \qquad\qquad B : x^2 + y^2 \le 4$$

Zeichnen Sie die Menge $A \backslash B$ in der Zahlenebene. Ist die Menge konvex?

Lsg.: $A \backslash B$ ist nicht konvex. Eine konvexe Teilmenge C wäre beispielsweise der Punkt $(3,1)$.

Kapitel 2

Lineare Algebra

2.1 Matrizen, Vektoren und Determinanten

Beispiel 1:
Im Folgenden untersuchen wir die Produktion von Bücherregalen, die aus zwei Teilen, aus Regalfächern und aus Seitenteilen bestehen. Für die Herstellung dieser beiden Produkte, also von Regalfächern und Seitenteilen, benötigt man bestimmte Mengen von Rohstoffen, das sind Holzplatten, Holzspäne, Leim und Kunststoffbeschichtung.
Die Mengen der benötigten Rohstoffe für die Erzeugung von jeweils **einem** Regalfach und **einem** Seitenteil sind in der folgenden Tabelle 2.1 angegeben.

Tabelle 2.1 Datenmatrix für die Produktion von Regalfächern und Seitenteilen

	Regalfach	Seitenteil
Holzplatten (m^2)	0.4	1.2
Holzspäne (m^3)	0.1	0.2
Leim (cl)	1.5	1.0
Kunststoffbeschichtung (cl)	2.5	2.5

Das Zahlenschema von Tabelle 2.1 wird **Datenmatrix**, beziehungsweise hier **Produktionsmatrix** genannt. Diese verwendet man in den Wirtschaftswissenschaften oft zur übersichtlichen Darstellung von Daten samt ihren Zusammenhängen. Die Zahlen der Datenmatrix sind üblicherweise von runden Klammern umgeben. Damit lässt sich nun für beliebige Mengen der beiden

33

Produkte der Bedarf an Holzplatten in Quadratmetern, der Bedarf an Holz-spänen in Kubikmetern, der Bedarf an Leim und an Kunststoffbeschichtung jeweils in Zentilitern angeben.

Hat man laut Produktionsplan etwa b_1 Stück Regalfächer und b_2 Stück Seitenteile herzustellen, so braucht man entsprechend viele Rohstoffe:

$(b_1 \cdot 0.4 + b_2 \cdot 1.2) m^2$ Holzplatten,

$(b_1 \cdot 0.1 + b_2 \cdot 0.2) m^3$ Holzspäne,

$(b_1 \cdot 1.5 + b_2 \cdot 1.0) cl$ Leim und

$(b_1 \cdot 2.5 + b_2 \cdot 2.5) cl$ Kunststoffbeschichtung.

Ist b_1 etwa 100, so hat man einen Rohstoffbedarf von 40 m^2 Holzplatten, 10m^3 Späne, 150 Zentiliter Leim und 250 Zentiliter Kunststoffbeschichtung für die Regalfächer.

Definition 2.1.1 *Ein rechteckig angeordnetes Schema von reellen Zahlen*

$$A = (a_{ij}) = \begin{pmatrix} a_{11} & a_{12} & \cdots & a_{1n} \\ a_{21} & a_{22} & \cdots & a_{2n} \\ \vdots & \vdots & \vdots & \vdots \\ a_{m1} & a_{m2} & \cdots & a_{mn} \end{pmatrix} \; mit \; m, n \in \mathbb{N}$$

*nennt man **Matrix mit m Zeilen und n Spalten** oder kurz **m × n-Matrix**, wobei m × n die **Dimension** der Matrix heißt.*

Die Zahlen a_{ij} heißen **Elemente** oder **Komponenten** der Matrix A, wobei der Index i die Zeile und der Index j die Spalte angibt, in der das Element a_{ij} im obigen Schema steht.
Demnach gilt:
i ist der **Zeilenindex** ($i = 1, 2, \ldots, m$) und
j ist der **Spaltenindex** ($j = 1, 2, \ldots, n$) des Elements a_{ij}.
Üblicherweise sind alle Elemente a_{ij} der Matrix reelle Zahlen.

Matrizen werden gewöhnlich mit Großbuchstaben $A, B, \ldots$ abgekürzt und die Zahlen bzw. Elemente mit runden Klammern umfasst. Für A schreibt man auch $A_{m,n}$ oder $A_{m \times n}$.
So ist beispielsweise die Matrix zu Beispiel 1

$$A_{4,2} = \begin{pmatrix} 0.4 & 1.2 \\ 0.1 & 0.2 \\ 1.5 & 1.0 \\ 2.5 & 2.5 \end{pmatrix}$$

eine 4×2-Matrix mit 4 Zeilen und 2 Spalten, die in knapper Form den jeweiligen Rohstoffbedarf angibt.

Das Element a_{32} der Matrix von Beispiel 1 gibt demnach die Menge Leim an (dritter Rohstoff steht in dritter Zeile), die zur Produktion eines Seitenteils (zweites Produkt steht in zweiter Spalte) in den angegebenen Mengeneinheiten - nämlich ein Zentiliter - benötigt wird.

Matrizen verwendet man häufig zur tabellarischen Darstellung von Lieferströmen zwischen den Sektoren in einem Unternehmen; ebenso werden auch bei Wählerstrom- oder Käuferstromanalysen oft Matrizen angewandt.

Definition 2.1.2 *Besteht eine Matrix aus nur einer Spalte oder einer Zeile, so verwendet man folgende Begriffe:*

*(a)   Ist $n = 1$, so ist die $m \times 1$- Matrix ein geordnetes Tupel der Dimension m, und es heißt $A_{m,n} = A_{m,1}$ ein **m-dimensionaler Spaltenvektor** ; man schreibt:*

$$A_{m,1} = a = \begin{pmatrix} a_1 \\ \vdots \\ a_m \end{pmatrix}.$$

*(b)   Ist $m = 1$, so ist die $1 \times n$- Matrix ein geordnetes Tupel der Dimension n, und man nennt $A_{m,n} = A_{1,n}$ einen **n-dimensionalen Zeilenvektor** ; man schreibt also:*

$$A_{1,n} = a^T = (a_1, \ldots, a_n).$$

*(c)   Ist $m = n = 1$, so heißt die 1×1-Matrix A ein **Skalar** .*

Vektoren und Skalare werden mit Kleinbuchstaben $a, b, \ldots, x, \ldots$ abgekürzt.

Bei einer Produktionsmatrix beschreibt der j-te Spaltenvektor die nötigen Inputmengen zur Erzeugung einer Einheit des j-ten Produktes. In dem obigen Beispiel 1 gibt etwa der 2. Spaltenvektor die notwendigen Mengen von Rohstoffen zur Erzeugung eines Seitenteils an. Der i-te Zeilenvektor beschreibt die Inputmenge des i-ten Rohstoffes zur Erzeugung je einer Einheit der jeweiligen Produkte.

Ein Zeilenvektor $(x_1, \ldots, x_k)$ bzw. ein Spaltenvektor $\begin{pmatrix} a_1 \\ \vdots \\ a_k \end{pmatrix}$ kann geometrisch gesehen als Punkt des $\mathbb{R}^k$ aufgefasst werden (vgl. Abb. 2.1).

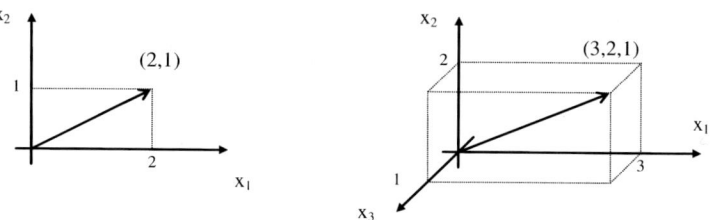

Abb. 2.1 Graphische Darstellung von Vektoren im $\mathbb{R}^2$ und $\mathbb{R}^3$

Definition 2.1.3 *Sei A eine m × n - Matrix, so heißt*

(a)   *die n × m - Matrix*

$$A^T = (a^T_{kl}) \quad mit \quad a^T_{kl} = a_{lk}, \quad k = 1, \ldots, n und \ l = 1, \ldots, m$$

*die **Transponierte von A**.*
*Das Transponieren ändert nichts am **Informationsgehalt** der Matrix. Allerdings ist auf die vertauschte Bedeutung von Zeilen und Spalten zu achten!*
A^T erhält man aus A, indem man deren Zeilen als Spalten schreibt und umgekehrt.

(b)   *Ist die Anzahl der Zeilen und Spalten gleich, also m = n, dann heißt die Matrix **quadratisch**. Die Elemente $a_{11}, \ldots, a_{nn}$ bilden die **Hauptdiagonale**.*
*Eine quadratische Matrix A heißt **symmetrisch**, wenn $A = A^T$. In diesem Fall verändert das Transponieren die Matrix nicht.*

Beispiel 2:

Für die Matrix $A = \begin{pmatrix} 1 & 2 & 0 \\ 0 & 3 & 1 \end{pmatrix}$ ergibt sich $A^T = \begin{pmatrix} 1 & 0 \\ 2 & 3 \\ 0 & 1 \end{pmatrix}$.

Für die quadratische Matrix $\quad B = \begin{pmatrix} 1 & 2 \\ 2 & 4 \end{pmatrix} \quad$ ergibt sich $\quad B^T = \begin{pmatrix} 1 & 2 \\ 2 & 4 \end{pmatrix}$.

B ist also symmetrisch.

Offensichtlich gilt immer : $(A^T)^T = A$.

Bemerkung: Die Definition 2.1.3 über das Transponieren von Matrizen gilt analog auch für Vektoren. Durch Transponieren eines Spaltenvektors entsteht ein Zeilenvektor und umgekehrt.

Sei $x = \begin{pmatrix} x_1 \\ \vdots \\ x_n \end{pmatrix}$ ein Spaltenvektor der Dimension n, so ist $x^T = (x_1, \ldots, x_n)$

der zugehörige Zeilenvektor der Dimension n.

Definition 2.1.4 *Seien A, B zwei m × n - Matrizen, dann heißt*

(a)   **A kleiner oder gleich B**, *in Zeichen $A \leq B$, wenn $a_{ij} \leq b_{ij}$,*

(b)   **A kleiner als B**, *in Zeichen $A < B$, wenn $a_{ij} < b_{ij}$,*

(c)   **A gleich B**, *in Zeichen $A = B$, wenn $a_{ij} = b_{ij}$,*
      für alle $i = 1, 2, \ldots, m$ und $j = 1, 2, \ldots, n$.

Für Matrizen mit übereinstimmender Dimension kann also ein paarweiser Größenvergleich durchgeführt werden.

Bemerkung: Für Vektoren x, y gleicher Dimension k bedeutet dann $\mathbf{x} \leq \mathbf{y}$, dass jede Komponente y_i des Vektors y mindestens gleich groß ist wie die entsprechende Komponente x_i des Vektors x $(i = 1, 2, \ldots, k)$.
Die Beziehung $x \leq y$ nennt man die **natürliche Halbordnung** auf der Menge der k-dimensionalen Vektoren.

Besteht für vergleichbare Vektoren die „kleiner"- oder „kleiner/gleich"- Beziehung, so gilt die Transitivität (vgl. Kapitel 3, Relationen).

Beispiel 3:
Folgende zwei Vektoren lassen sich leicht miteinander vergleichen; offensichtlich gilt die kleiner/gleich-Beziehung

$$\begin{pmatrix} 1 \\ 3 \end{pmatrix} \leq \begin{pmatrix} 4 \\ 3 \end{pmatrix}.$$

Werden diese beiden Vektoren als Güterbündel aufgefasst, so kann man sagen, dass das zweite Güterbündel „besser" ist als das erste, weil es in keiner Komponente weniger, aber in einer Komponente mehr enthält.

Definition 2.1.5 *Eine quadratische* $n \times n$ *- Matrix* $A = (a_{ij})$
mit $i, j \in \{1, 2, ..., n\}$

$$\begin{pmatrix} a_{11} & \cdots & a_{1n} \\ \vdots & \ddots & \vdots \\ a_{n1} & \cdots & a_{nn} \end{pmatrix}$$

heißt

(a) **obere Dreiecksmatrix** , *falls* $a_{ij} = 0$ *für* $i > j$, *das heißt, dass (mindestens) alle Elemente* **unterhalb** *der Hauptdiagonale Null sind bzw.* **untere Dreiecksmatrix**, *falls* $a_{ij} = 0$ *für* $i < j$, *das heißt, dass (mindestens) alle Elemente* **oberhalb** *der Hauptdiagonale Null sind;*

(b) **Diagonalmatrix** , *falls* $a_{ij} = 0$ *für* $i \neq j$; *das heißt, dass alle Elemente* **außer** *jenen der Haupdiagonale Null sind;*

(c) **Einheitsmatrix E der Dimension n** , *falls* A *Diagonalmatrix ist und* $a_{ij} = 1$ *für* $i = j = 1, ..., n$. *Das heißt, dass alle Elemente der Hauptdiagonale gleich* **Eins** *und alle anderen Elemente der Matrix genau* **Null** *sind. Schreibweise:*

$$(a_{ij}) = (e_{ij}) = E = \begin{pmatrix} 1 & 0 & \cdots & 0 \\ 0 & 1 & & 0 \\ \vdots & & \ddots & \vdots \\ 0 & 0 & \cdots & 1 \end{pmatrix}$$

(d) *Nullmatrix , falls* $a_{ij} = 0$ *für alle* a_{ij}. *Die gesamte Matrix besteht aus Nullen. Man schreibt dafür auch einfach O.*

Definition 2.1.6 *Ein* n*-dimensionaler Vektor* $x = (x_1, ..., x_n)$ *heißt*

(a) **i-ter Einheitsvektor** , *wenn* $x_i = 1$ *und* $x_j = 0$ *für* $j \neq i$. *Das heißt, dass an der i-ten Stelle eine Eins steht, sonst lauter Nullen. Man bezeichnet diesen Vektor mit* $e_i = (0, ..., 0, 1, 0, ..., 0)$.

(b) **Nullvektor**, *wenn* $x_i = 0$, $\forall\, i \in \{1, 2, ..., n\}$. *Man schreibt dafür auch einfach O.*

Bemerkung: Die Bezeichnungen *i*-ter Einheitsvektor und Nullvektor, die hier auf Grund der effizienteren Ausnutzung des Platzes für Zeilenvektoren eingeführt worden sind, gelten analog auch für Spaltenvektoren. (Wir erinnern, dass prinzipiell unter einem Vektor ein Spaltenvektor zu verstehen ist.)

Bemerkung: Die Einheitsvektoren sind genau die Spalten bzw. Zeilen der Einheitsmatrix.

Beispiel 4:

$$
\underset{\text{obere Dreiecksmatrix}}{\begin{pmatrix} 1 & 3 & 0 \\ 0 & 0 & 2 \\ 0 & 0 & 1 \end{pmatrix}} \qquad \underset{\text{Diagonalmatrix}}{\begin{pmatrix} 2 & 0 & 0 \\ 0 & 1 & 0 \\ 0 & 0 & 4 \end{pmatrix}} \qquad \underset{\text{Einheitsvektor}}{\begin{pmatrix} 0 \\ 1 \\ 0 \\ 0 \end{pmatrix}}
$$

Ähnlich zu dem eben erwähnten Größenvergleich zwischen Vektoren oder Matrizen gleicher Dimension kann es notwendig sein, Matrizen zusammenzuzählen oder Differenzen zwischen Matrizen zu bilden.

Auch das Berechnen des Vielfachen einer Matrix ist für verschiedene Anwendungen in der Praxis eine wichtige Überlegung.

Für Matrizen derselben Dimension können

- **Addition**

- **Subtraktion** und

- **Multiplikation mit einer reellen Zahl (Vervielfachen)**

durchgeführt werden, indem man alle Operationen **elementweise** vornimmt.

Definition 2.1.7

(a) Ist $A = (a_{ij})$ eine $m \times n$-Matrix und $d \in \mathbb{R}^2$, so erhält man das **Produkt der reellen Zahl d mit der Matrix A**, indem man d mit jedem Element a_{ij} von A multipliziert, und man schreibt: $\mathbf{d} \cdot \mathbf{A} = (\mathbf{d} \cdot \mathbf{a_{ij}})$.

(b) Sind $A = (a_{ij})$ und $B = (b_{ij})$ zwei $m \times n$-Matrizen, so bezeichnet man die $m \times n$-Matrix $C = (a_{ij} + b_{ij})$ als **Summe dieser Matrizen** und man schreibt $\mathbf{A} + \mathbf{B} = (\mathbf{a_{ij}} + \mathbf{b_{ij}})$.

(c)   *Entsprechend wird die **Differenz D dieser Matrizen** definiert durch*
$$\mathbf{D} = \mathbf{A} + (-1) \cdot \mathbf{B} = \mathbf{A} - \mathbf{B} = (\mathbf{a_{ij}} - \mathbf{b_{ij}}).$$

Beispiel 6:

Gegeben seien

$$A = \begin{pmatrix} 1 & 3 \\ 2 & 0 \end{pmatrix} \text{ und } B = \begin{pmatrix} 3 & 2 \\ 1 & 1 \end{pmatrix},$$

dann erhält man:

$$A + B = \begin{pmatrix} 4 & 5 \\ 3 & 1 \end{pmatrix} \quad A - B = \begin{pmatrix} -2 & 1 \\ 1 & -1 \end{pmatrix} \quad 3 \cdot A = \begin{pmatrix} 3 & 9 \\ 6 & 0 \end{pmatrix}.$$

Weiters ist:

$$3 \cdot (A + B) = 3 \cdot \begin{pmatrix} 4 & 5 \\ 3 & 1 \end{pmatrix} = 3 \cdot A + 3 \cdot B = \begin{pmatrix} 3 & 9 \\ 6 & 0 \end{pmatrix} + \begin{pmatrix} 9 & 6 \\ 3 & 3 \end{pmatrix}.$$

Bemerkung: Da die Bildung von Summe und Differenz von Matrizen auf genau dieselben Operationen mit reellen Zahlen zurückgeführt werden, gelten für Matrizen dieselben Rechenregeln wie für die Grundrechenarten überhaupt. Für Matrizen derselben Dimension gilt also:

$$
\begin{array}{ll}
A + B = B + A & \text{(Kommutativität der Addition)} \\
A + (B + C) = (A + B) + C & \text{(Assoziativität der Addition)} \\
k \cdot (r \cdot A) = (k \cdot r) \cdot A & \text{(Assoziativität der Multiplikation)} \\
k \cdot (A + B) = k \cdot A + k \cdot B & \text{(Distributivität)} \\
(k + r) \cdot A = k \cdot A + r \cdot A & \text{(Distributivität)}
\end{array}
$$

Beispiel 7:

Gegeben seien die Matrizen A und B, sowie die Faktoren k und r:

$$A = \begin{pmatrix} 1 & 2 \\ 3 & 4 \end{pmatrix} \quad B = \begin{pmatrix} 5 & 6 \\ 7 & 8 \end{pmatrix} \quad \text{und } k = 3, \ r = 2.$$

Überprüfen Sie die Gültigkeit der Distributivität an Hand dieser Matrizen.

Fortsetzung von Beispiel 1:

Betrachtet man den ersten Spaltenvektor der vorigen Produktionsmatrix, so lässt sich das Ergebnis der Multiplikation dieses Vektors mit einer beliebigen Zahl $d \in \mathbb{R}$, etwa $d = 1000$, einfach errechnen:

$$1000 \cdot \begin{pmatrix} 0.4 \\ 0.1 \\ 1.5 \\ 2.5 \end{pmatrix} = \begin{pmatrix} 400 \\ 100 \\ 1500 \\ 2500 \end{pmatrix}$$

Dieses Ergebnis interpretieren wir als Vektor des Materialbedarfs für die Herstellung von 1000 Regalbrettern.

Die Multiplikation des zweiten Spaltenvektors der Produktionsmatrix mit der Zahl $c = 200$

$$200 \cdot \begin{pmatrix} 1.2 \\ 0.2 \\ 1.0 \\ 2.5 \end{pmatrix} = \begin{pmatrix} 240 \\ 40 \\ 200 \\ 500 \end{pmatrix}$$

ergibt den Vektor des Materialbedarfs für die Erzeugung von 200 Seitenteilen für Bücherregale.

Die Summe der beiden Vektoren liefert dann den Bedarfsvektor zur Erfüllung des Produktionsplans von 1000 Regalbrettern und 200 Seitenteilen zusammen:

$$\begin{pmatrix} 640 \\ 140 \\ 1700 \\ 3000 \end{pmatrix}$$

also sind

640 m^2 Holzplatten,

140 m^3 Holzspäne,

1700 Zentiliter Leim und

3000 Zentiliter Kunststoffbeschichtung

notwendig, um diesen Produktionsplan für 1000 Regalbretter und 200 Seitenteile zu erfüllen.

Definition 2.1.8 *Seien x und y zwei n-dimensionale Vektoren, so heißt die folgendermaßen erklärte Multiplikation des Zeilenvektors x^T mit dem Spaltenvektor y*

$$x^T \cdot y = (x_1, \ldots, x_n) \cdot \begin{pmatrix} y_1 \\ \vdots \\ y_n \end{pmatrix} = \sum_{i=1}^{n} x_i \cdot y_i = x_1 \cdot y_1 + x_2 \cdot y_2 + \ldots + x_n \cdot y_n$$

*das **Skalarprodukt der beiden Vektoren** .*

Beispiel 8:

Wird für die vier notwendigen Rohstoffe ein Preisvektor $p^T = (10,9,6,5)$ angenommen (also 10.- für die Holzplatten pro m^2 und 9.- für die Holzspäne pro m^3, weiters 6.- pro Zentiliter Leim, sowie 5.- pro Zentiliter Kunststoffbeschichtung), dann ergeben sich für den Produktionsplan $x^T = (1000, 200)$ von obigem Beispiel die Gesamtmaterialkosten

$$K = p^T \cdot x = (10,9,6,5) \cdot \begin{pmatrix} 640 \\ 140 \\ 1700 \\ 3000 \end{pmatrix}$$
$$= 10 \cdot 640 + 9 \cdot 140 + 6 \cdot 1700 + 5 \cdot 3000 = 32.860. - .$$

Dieser Betrag ist demnach notwendig, um 1000 Bretter und 200 Seitenteile für Bücherregale herstellen zu können.

Definition 2.1.9 *Sei A eine m × n-Matrix und B eine n × r-Matrix, so ist*

$$C = A \cdot B$$

*das **Produkt der beiden Matrizen** A und B wie folgt erklärt:*
C = (c_{ij}) ist eine m × r-Matrix, deren einzelne Elemente folgendermaßen berechnet werden:

$$c_{ij} = \sum_{k=1}^{n} a_{ik} \cdot b_{kj} \quad \forall \, i,j \ \ mit \quad i = 1,2,\ldots,m; j = 1,2,\ldots,r$$

Bezeichnet man mit a_i den i-ten Zeilenvektor von A und mit b^j den j-ten Spaltenvektor von B, so lässt sich das Element c_{ij} der Produktmatrix $A \cdot B$ als $c_{ij} = a_i \cdot b^j$ schreiben; d.h. das Element c_{ij} ist das Skalarprodukt des i-ten Zeilenvektors von A mit dem j-ten Spaltenvektor von B.

Um die Multiplikation durchführen zu können, muss die Anzahl der Spalten von A mit der Anzahl der Zeilen von B übereinstimmen. Die Ergebnismatrix C hat die Dimension $m \times r$.

Es gilt also

$$A_{m \times n} \cdot B_{n \times r} = C_{m \times r}.$$

Beispiel 9:

$$A = \begin{pmatrix} 1 & 0 & 2 \\ 4 & -1 & 0 \end{pmatrix} \quad B = \begin{pmatrix} 3 & 1 \\ -2 & 0 \\ 0 & 5 \end{pmatrix}$$

$$A_{2\times3} \cdot B_{3\times2} = C_{2\times2} = \begin{pmatrix} 3 & 11 \\ 14 & 4 \end{pmatrix}$$

$$\text{wobei etwa } c_{21} = (4, -1, 0) \cdot \begin{pmatrix} 3 \\ -2 \\ 0 \end{pmatrix} = 14.$$

Beispiel 10:

Aus den Regalfächern und den Regalseitenteilen von Beispiel 1 werden in der Montageabteilung drei verschiedene Typen von Bücherregalen hergestellt: einfache (UNO), doppelte (DUE) und dreifache (TRE).

Der Bedarf an Fächern und Seitenteilen kann folgender Produktionsmatrix B entnommen werden:

$$\begin{array}{c} \text{Regaltyp} \\ \begin{array}{cc} & \begin{array}{ccc} \text{UNO} & \text{DUE} & \text{TRE} \end{array} \\ \begin{array}{c} \text{Regalfächer} \\ \text{Seitenteile} \end{array} & \begin{pmatrix} 5 & 10 & 14 \\ 2 & 3 & 4 \end{pmatrix} = B \end{array} \end{array}$$

Um den Rohstoffbedarf für jeden Regaltyp zu berechnen, bedarf es der multiplikativen Verknüpfung der beiden Matrizen A und B:

$$A \cdot B = \begin{pmatrix} 0.4 & 1.2 \\ 0.1 & 0.2 \\ 1.5 & 1.0 \\ 2.5 & 2.5 \end{pmatrix} \cdot \begin{pmatrix} 5 & 10 & 14 \\ 2 & 3 & 4 \end{pmatrix} = \begin{pmatrix} 2+2.4 & 4+3.6 & 5.6+4.8 \\ 0.5+0.4 & 1+0.6 & 1.4+0.8 \\ 7.5+2 & 15+3 & 21+4 \\ 12.5+5 & 25+7.5 & 35+10 \end{pmatrix}$$

	UNO	DUE	TRE
Holzplatten (m^2)	4.4	7.6	10.4
Holzspäne (m^3)	0.9	1.6	2.2
Leim (cl)	9.5	18	25
Kunstoffbeschichtung (cl)	17.5	32.5	45

Das Endergebnis dieser Matrizenmultiplikation gibt an, wie groß der Rohstoffbedarf für jeden Regaltyp ist.

Bemerkung: Man kann Produkte einer $m \times n$-Matrix mit Vektoren entsprechender Dimension bilden:

(a) Man kann die Matrix von rechts mit einem n-dimensionalen Spaltenvektor multiplizieren. Das Ergebnis ist ein Spaltenvektor!

(b) Man kann die Matrix von links mit einem m-dimensionalen Zeilenvektor multiplizieren. Das Ergebnis ist ein Zeilenvektor!

Beispiel 11:

(a)   Die Multiplikation einer Matrix mit einem (Spalten)Vektor:

$$A_{2\times3} \cdot x_{3\times1} = \begin{pmatrix} 1 & 2 & 0 \\ 0 & 1 & 1 \end{pmatrix} \cdot \begin{pmatrix} 2 \\ 4 \\ 1 \end{pmatrix} = \begin{pmatrix} 10 \\ 5 \end{pmatrix}_{2\times1}.$$

(b)   Die Multiplikation eines Zeilenvektors mit einer Matrix:

$$z_{1\times2}^T \cdot A_{2\times3} = (3,1) \cdot \begin{pmatrix} 1 & 2 & 0 \\ 0 & 1 & 1 \end{pmatrix} = (3,7,1)_{1\times3}.$$

Bemerkung: Man kann auch das Produkt eines m-dimensionalen Spalten-vektors mit einem n-dimensionalen Zeilenvektor bilden. Das Produkt ist eine $m \times n$ - Matrix!

$$x_{m\times1} \cdot z_{1\times n}^T = A_{m\times n}.$$

Beispiel 12:
Multiplikation eines Spaltenvektors mit einem Zeilenvektor:

$$\begin{pmatrix} 4 \\ 0 \\ -1 \end{pmatrix}_{3\times1} \cdot (2,7)_{1\times2} = \begin{pmatrix} 8 & 28 \\ 0 & 0 \\ -2 & -7 \end{pmatrix}$$

Ein häufiger Anwendungsfall für die Matrizenmultiplikation ist die Produktionsverknüpfung. Ein zweistufiger Produktionsprozess, bei dem in Stufe 1 aus m Rohstoffen genau n Zwischenprodukte und in Stufe 2 aus diesen Zwischenprodukten genau r Endprodukte erzeugt werden, wird durch zwei Produktionsmatrizen $A_{m\times n}$ (für Stufe 1) und $B_{n\times r}$ (für Stufe 2) gegeben. Da alle n Zwischenprodukte für die Erzeugung der Endprodukte Verwendung finden, ist das Produkt $A \cdot B$ berechenbar und liefert die Matrix bzw. die Tabelle des Rohstoffbedarfs für alle Endprodukte.

Beispiel 13:
Gegeben sei ein Produktionsprozess, in dem aus zwei Rohstoffen $R1$ und $R2$ drei Zwischenprodukte $Z1$, $Z2$ und $Z3$ hergestellt werden, die wiederum zu zwei Endprodukten $E1$ und $E2$ weiterverarbeitet werden.
Uns interessiert die Endproduktionsmatrix, die angibt, wie viel Rohstoffe für die Endprodukte notwendig sind. Das kann durch Multiplikation der beiden Produktionsmatrizen erreicht werden.

Die multiplikative Verknüpfung der beiden Matrizen A und B liefert die

	Z1	Z2	Z3
R1	3	1	2
R2	1	1	4

$$A = \begin{pmatrix} 3 & 1 & 2 \\ 1 & 1 & 4 \end{pmatrix}$$

	E1	E2
Z1	2	4
Z2	1	9
Z3	3	1

$$B = \begin{pmatrix} 2 & 4 \\ 1 & 9 \\ 3 & 1 \end{pmatrix}$$

Rohstoffmengen, die zur Herstellung je einer Einheit der Endprodukte notwendig sind:

$$C = A \cdot B = \begin{pmatrix} 13 & 23 \\ 15 & 17 \end{pmatrix}$$

Demnach sind für die Erzeugung des ersten Endproduktes genau

13 Einheiten von Rohstoff $R1$ und

15 Einheiten von Rohstoff $R2$ notwendig,

für das zweite Endprodukt

23 Einheiten von Rohstoff $R1$ und

17 Einheiten von $R2$.

Satz 2.1.1 *Für Matrizen gelten, sofern die Multiplikationen ausführbar sind, folgende Rechenregeln:*

(a) $A(BC) = (AB)C$ *Assoziativgesetz*

(b) $A(B+C) = AB + AC$ *Distributivgesetz*

(c) $(A+B)C = AC + BC$ *Distributivgesetz*

(d) $d(AB) = (dA)B = A(dB)$ *für $d \in \mathbb{R}$*

(e) $(AB)^T = B^T A^T$

(f) $EA = AE = A$

Bemerkung:
Die Matrizenmultiplikation ist (im Allgemeinen) nicht kommutativ!
Es kommt also auf die Reihenfolge an, in der die Matrizen angeschrieben
werden! Die Rechenregeln (a) und (b) können leicht verifiziert werden.

$$Zu(a): A \cdot (B \cdot C) = (a_{ij}) \left[(b_{jk})(c_{kl}) \right] = (a_{ij}) \left(\sum_k b_{jk} c_{kl} \right) =$$

$$= \left(\sum_j \sum_k a_{ij} b_{jk} c_{kl} \right) = \left(\sum_j a_{ij} b_{jk} \right) (c_{kl}) = \left[(a_{ij})(b_{jk}) \right] \cdot (c_{kl}) = (A \cdot B) \cdot C$$

$$Zu(b): A(B+C) = (a_{ij}) \left[(b_{jk}) + (c_{jk}) \right] = \left(\sum_j a_{ij} \left(b_{jk} + c_{jk} \right) \right)$$

$$= \left(\sum_j a_{ij} b_{jk} + \sum_j a_{ij} c_{jk} \right) = \left(\sum_j a_{ij} b_{jk} \right) + \left(\sum_j a_{ij} c_{jk} \right)$$

$$= AB + AC$$

Eine $m \times n$ - Matrix $A_{m,n}$ lässt sich interpretieren als eine Abbildung vom
$\mathbb{R}^n$ in den $\mathbb{R}^m$, denn durch das Produkt $A \cdot x$ wird jedem n-dimensionalen
(Spalten)Vektor x der m-dimensionale Vektor $y = A \cdot x$ zugeordnet. D.h. A
beschreibt eine Abbildung

$$A: \quad \mathbb{R}^n \to \mathbb{R}^m .$$

Beispiel 14:
Mittels der gegebenen Matrix $A = \begin{pmatrix} 1 & 3 & 2 \\ 2 & 1 & 4 \end{pmatrix}$ ist y als das **Bild des Vektors**

$x = \begin{pmatrix} 3 \\ 5 \\ 2 \end{pmatrix}$ durch $A \cdot x = \begin{pmatrix} 1 & 3 & 2 \\ 2 & 1 & 4 \end{pmatrix} \cdot \begin{pmatrix} 3 \\ 5 \\ 2 \end{pmatrix} = \begin{pmatrix} 22 \\ 19 \end{pmatrix} = y$ eindeutig bestimmt.

Folgerung aus Satz 2.1.1
Die durch die Matrix $A_{m,n}$ definierte Abbildung

$$A: \quad \mathbb{R}^n \to \mathbb{R}^m, \ x \mapsto y = A \cdot x$$

ist **linear**, d.h.
für beliebige Vektoren $x^1, x^2 \in \mathbb{R}^n$ und $\lambda, \mu \in \mathbb{R}$ gilt

$$A \cdot (\lambda x^1 + \mu x^2) = \lambda \cdot A \cdot x^1 + \mu \cdot A \cdot x^2.$$

Beispiel 15:

Gegeben sei die Matrix

$$A = \begin{pmatrix} 2 & 5 \\ 1 & 3 \end{pmatrix}.$$

Diese beschreibt eine Abbildung vom $\mathbb{R}^2$ in den $\mathbb{R}^2$. Durch A wird also jedem **Urbild** $x^T = (x_1, x_2) \in \mathbb{R}^2$ ein **Bild** $y \in \mathbb{R}^2$ zugeordnet. (Vgl. Kapitel 4, Funktionen).

$$y = A \cdot x = \begin{pmatrix} 2 & 5 \\ 1 & 3 \end{pmatrix} \cdot \begin{pmatrix} x_1 \\ x_2 \end{pmatrix} = \begin{pmatrix} 2 \cdot x_1 + 5 \cdot x_2 \\ 1 \cdot x_1 + 3 \cdot x_2 \end{pmatrix}.$$

Dem Vektor $x = \begin{pmatrix} 1 \\ 1 \end{pmatrix}$ wird also demnach das Bild $y = \begin{pmatrix} 7 \\ 4 \end{pmatrix}$ zugeordnet.

Die Berechnung des Vektors y ist einfach durchzuführen als Multiplikation

$$y = A \cdot x.$$

Darüber hinaus laufen wirtschaftliche Probleme häufig auf die umgekehrte, schwierigere Fragestellung hinaus: Zur bekannten Matrix A und einem gegebenen Vektor y ist ein Vektor x zu suchen, derart, dass

$$y = A \cdot x$$

gilt. Diese Gleichung nach x aufzulösen bedeutet zum Bild y ein Urbild x zu suchen.

Beispiel 16:

Für die Matrix A aus Beispiel 14 ist das Urbild von $y = \begin{pmatrix} 12 \\ 7 \end{pmatrix}$ gesucht.

Aus $y = A \cdot x$ ergibt sich $\begin{pmatrix} 12 \\ 7 \end{pmatrix} = \begin{pmatrix} 2 \cdot x_1 + 5 \cdot x_2 \\ 1 \cdot x_1 + 3 \cdot x_2 \end{pmatrix}.$

Die beiden Vektoren rechts und links des Gleichheitszeichens sind gleich, wenn sie in beiden Komponenten übereinstimmen, d.h. wenn x_1 und x_2 die zwei Gleichungen erfüllen:

$$2 \cdot x_1 + 5 \cdot x_2 = 12$$
$$x_1 + 3 \cdot x_2 = 7$$

Diese haben die gemeinsame Lösung $x_1 = 1$ und $x_2 = 2$ bzw. vektoriell geschrieben

$$\begin{pmatrix} x_1 \\ x_2 \end{pmatrix} = \begin{pmatrix} 1 \\ 2 \end{pmatrix}.$$

Nach dieser einfachen Berechnung stellt sich die Frage, ob es eine Matrix A^{-1} gibt, die jedem Vektor y durch $x = A^{-1} \cdot y$ den entsprechenden Vektor x zuordnet.

Angenommen, es gibt eine derartige 2x2-Matrix A^{-1}, dann kann $A^{-1} \cdot y = x$ von links mit A multipliziert werden, und man erhält $A \cdot A^{-1} \cdot y = A \cdot x$. Das ist wegen $E \cdot y = y$ genau dann äquivalent zur ursprünglichen Gleichung $y = A \cdot x$, wenn

$$A \cdot A^{-1} = E$$

ist.

Das Problem, aus der Gleichung $y = A \cdot x$ zu gegebenem Bild y das Urbild x zu bestimmen, kann also darauf zurückgeführt werden, zu einer gegebenen Matrix A eine Matrix A^{-1} zu suchen, sodass

$$A \cdot A^{-1} = E.$$

Im folgenden Beispiel werden wir exemplarisch ein derartiges Problem lösen, noch ohne einen Algorithmus dafür zu kennen.

Beispiel 17:

Wir suchen A^{-1} zur Matrix $A = \begin{pmatrix} 2 & 5 \\ 1 & 3 \end{pmatrix}$. Setzt man $A^{-1} = \begin{pmatrix} a & b \\ c & d \end{pmatrix}$, dann

errechnet man aus $A \cdot A^{-1} = \begin{pmatrix} 2 & 5 \\ 1 & 3 \end{pmatrix} \cdot \begin{pmatrix} a & b \\ c & d \end{pmatrix} = \begin{pmatrix} 1 & 0 \\ 0 & 1 \end{pmatrix}$ durch Auflösen der

Gleichungen

$$\begin{aligned} 2a + 5c &= 1 \\ 2b + 5d &= 0 \\ 1a + 3c &= 0 \\ 1b + 3d &= 1 \end{aligned}$$

die Matrix $A^{-1} = \begin{pmatrix} 3 & -5 \\ -1 & 2 \end{pmatrix}$.

Als Probe berechnet man:

$$A \cdot A^{-1} = \begin{pmatrix} 2 & 5 \\ 1 & 3 \end{pmatrix} \cdot \begin{pmatrix} 3 & -5 \\ -1 & 2 \end{pmatrix} = \begin{pmatrix} 1 & 0 \\ 0 & 1 \end{pmatrix} = E.$$

Bei der Matrix $A = \begin{pmatrix} 2 & 5 \\ 1 & 3 \end{pmatrix}$ war sowohl das Urbild x zu jedem Bild y eindeutig berechenbar, als auch die Bestimmung von A^{-1} möglich. Diese Eindeutigkeit ist keineswegs immer gegeben, wie das folgende Beispiel zeigt.

Beispiel 18:
Modifiziert man die in Beispiel 17 gegebene Matrix A nur an einer Stelle und bezeichne die neue Matrix mit $B = \begin{pmatrix} 2 & 6 \\ 1 & 3 \end{pmatrix}$. Zwar wird auch durch B jedem x aus $\mathbb{R}^2$ eindeutig ein Bild y zugeordnet, es ist aber nicht möglich, zu gegebenem y das Urbild von x eindeutig zu bestimmen. So ist z.B.

$$\begin{pmatrix} 2 & 6 \\ 1 & 3 \end{pmatrix} \cdot \begin{pmatrix} 1 \\ 1 \end{pmatrix} = \begin{pmatrix} 8 \\ 4 \end{pmatrix}, \text{ aber auch } \begin{pmatrix} 2 & 6 \\ 1 & 3 \end{pmatrix} \cdot \begin{pmatrix} 4 \\ 0 \end{pmatrix} = \begin{pmatrix} 8 \\ 4 \end{pmatrix}$$

Sowohl $(1,1)^T$, als auch $(4,0)^T$ sind Urbilder von $y = (8,4)^T$. Ebenso wenig lässt sich zu B eine Matrix B^{-1} finden mit $B \cdot B^{-1} = E$.

Die Suche nach den Urbildern von y aus $y = A \cdot x$, sowie die Frage nach deren Existenz und Eindeutigkeit werden wir im Kapitel 2.3 Lineare Gleichungssysteme ausführlich behandeln.

Definition 2.1.10 *Eine quadratische Matrix $A_{n,n}$ heißt **invertierbar oder regulär**, wenn eine $n \times n$ - Matrix A^{-1} existiert, sodass gilt:*

$$A \cdot A^{-1} = A^{-1} \cdot A = E_{n \times n} \, .$$

*A^{-1} nennt man die zu A **inverse Matrix** oder kurz **Inverse**. Eine Matrix, die nicht invertierbar ist, heißt **singuläre Matrix**.*

Bemerkung: Die Inverse der Einheitsmatrix bleibt die Einheitsmatrix. Demnach gilt:

$$E^{-1} = E \, .$$

Satz 2.1.2 *Sind die jeweiligen Produkte definiert (Dimensionen beachten!) und existieren die Inversen, dann gelten die folgenden Rechenregeln:*

(a) $\left(A^{-1} \right)^{-1} = A.$

(b) $(A \cdot B)^{-1} = B^{-1} \cdot A^{-1}$

(c) $\left(A^T \right)^{-1} = \left(A^{-1} \right)^T$

(d) $\quad (k \cdot A)^{-1} = \dfrac{1}{k} \cdot A^{-1}$

Ob die Inverse einer Matrix existiert, lässt sich mit Hilfe einer aus der Matrix zu berechnenden Zahl, der sogenannten Determinante bestimmen.

Definition 2.1.11 *Sei A eine $n \times n$ - Matrix, so ist die **Determinante von A** - Schreibweise* $\det(A)$ *oder* $|A|$ *- eine reelle Zahl, die wie folgt berechnet wird:*

1. Ist $A = (a)$ eine 1×1 - Matrix, so ist $\det(A) = a$.

2. Ist $n \geq 2$, so wird die Determinante von A mit Hilfe der Determinanten bestimmter $(n-1) \times (n-1)$ - Teilmatrizen von A berechnet.

Bezeichnet D_{ij} diejenige $(n-1) \times (n-1)$ - Teilmatrix von A, die durch Streichen der i-ten Zeile und j-ten Spalte von A entsteht, so heißt die Determinante dieser Teilmatrix $\det(D_{ij})$ eine **$(n-1)$-reihige Unterdeterminante von A** und

$$d_{ij} = (-1)^{i+j} \cdot \det(D_{ij})$$

die **Adjunkte zum Element a_{ij}** , für $i = 1, \ldots, n$ und $j = 1, \ldots, n$.

Zu jedem Element der Matrix bildet man eine dazugehörige Teilmatrix, die durch Streichen der jeweiligen Zeile und Spalte entsteht, also eine Dimension kleiner ist als die Ausgangsmatrix.

Berechnet man davon die Determinante und versieht diese mit dem entsprechenden Vorzeichen, so erhält man die dazugehörige Adjunkte. Unter Verwendung der Adjunkten gilt der Laplace'sche Entwicklungssatz für Determinanten.

Hinweis: Die Adjunkten finden auch zur Berechnung der Inversen Verwendung. (Vgl.: Satz 2.3.4)

Satz 2.1.3 *Laplace'scher Entwicklungssatz: Die Determinante kann durch folgende Möglichkeiten berechnet werden:*

(a) $\quad$ *Entwicklung nach der j-ten Spalte:*

$$\det(A) = \sum_{k=1}^{n} a_{kj} \cdot d_{kj} \qquad \text{für beliebiges } j$$

(b)   Entwicklung nach der i-ten Zeile:

$$\det(A) = \sum_{k=1}^{n} a_{ik} \cdot d_{ik} \quad \text{für beliebiges } i.$$

Für die Dimension $n = 2$:

Gegeben sei die Matrix $A = \begin{pmatrix} a_{11} & a_{12} \\ a_{21} & a_{22} \end{pmatrix}$. Allgemein erhält man D_{11} durch Streichen der ersten Zeile und der ersten Spalte, also ist die Adjunkte zu a_{11} genau

$$(-1)^{1+1} \cdot a_{22} = a_{22}.$$

D_{12} entsteht durch Streichen der 1. Zeile und 2. Spalte.
$D_{12} = (a_{21})$, also die Adjunkte ist $d_{12} = (-1)^{1+2} \cdot a_{21} = -a_{21}$.
Ebenso werden die übrigen Adjunkten $d_{21} = (-1)^{2+1} \cdot a_{12} = -a_{12}$ und
$d_{22} = (-1)^{2+2} \cdot a_{11} = a_{11}$ berechnet.
Somit ergibt sich die Determinante *det(A)* nach der 1.Zeile entwickelt:

$$\det(A) = a_{11} \cdot d_{11} + a_{12} \cdot d_{12} = a_{11} \cdot a_{22} - a_{12} \cdot a_{21}.$$

Entwickelt man nach der 2. Zeile oder nach einer Spalte, erhält man dasselbe Ergebnis.

Beispiel 19:
Für $A = \begin{pmatrix} 2 & 1 \\ 3 & -1 \end{pmatrix}$ ergibt $\det(A) = 2 \cdot (-1) - 3 \cdot 1 = -5$.
Die Determinante von A ist -5.

Beispiel 20:
Wählen wir eine Matrix von der Dimension $n = 3$.
$$A = \begin{pmatrix} a_{11} & a_{12} & a_{13} \\ a_{21} & a_{22} & a_{23} \\ a_{31} & a_{32} & a_{33} \end{pmatrix}$$
Die Entwicklung nach der 1. Zeile gemäß des Laplace'schen Entwicklungssatzes führt zu:

$$\det(A) = a_{11} \cdot \begin{vmatrix} a_{22} & a_{23} \\ a_{32} & a_{33} \end{vmatrix} - a_{12} \cdot \begin{vmatrix} a_{21} & a_{23} \\ a_{31} & a_{33} \end{vmatrix} + a_{13} \begin{vmatrix} a_{21} & a_{22} \\ a_{31} & a_{32} \end{vmatrix}$$

$$= a_{11} \cdot a_{22} \cdot a_{33} + a_{12} \cdot a_{23} \cdot a_{31} + a_{13} \cdot a_{21} \cdot a_{32}$$
$$- a_{13} \cdot a_{22} \cdot a_{31} - a_{12} \cdot a_{21} \cdot a_{33} - a_{11} \cdot a_{23} \cdot a_{32}.$$

Daraus erkennt man die nur im $\mathbb{R}^3$ gültige **Regel von Sarrus.**

Beispiel 21:

Für $A = \begin{pmatrix} 1 & 4 & 0 \\ 2 & 0 & 3 \\ 1 & 2 & 1 \end{pmatrix}$ ist

$$\det(A) = 1 \cdot \begin{vmatrix} 0 & 3 \\ 2 & 1 \end{vmatrix} - 4 \cdot \begin{vmatrix} 2 & 3 \\ 1 & 1 \end{vmatrix} + 0 \cdot \begin{vmatrix} 2 & 0 \\ 1 & 2 \end{vmatrix} = -6 + 4 = -2.$$

Für größere Determinanten ist demzufolge sukzessive nach Zeilen oder Spalten zu entwickeln, bis man schließlich zu Determinanten von 3×3 -Matrizen gelangt und diese nach obigem Schema berechnet.

Der Rechenaufwand wird verkleinert, wenn man die Entwicklung nach einer Zeile oder Spalte vornimmt, die möglichst viele Nullen enthält.

Bemerkung: Wie man sich leicht überlegen kann, gilt für Dreiecksmatrizen und für Diagonal-Matrizen, dass die Determinante von A

$$\det(A) = a_{11} \cdot a_{22} \cdot \cdots \cdot a_{nn}.$$

Entwickelt man beispielsweise eine untere Dreiecksmatrix A

$$A = \begin{pmatrix} a_{11} & 0 & \cdots & 0 \\ a_{21} & a_{22} & & 0 \\ \vdots & & \ddots & \vdots \\ a_{n1} & a_{n2} & \cdots & a_{nn} \end{pmatrix}$$

nach der 1.Zeile, so erhält man

$$\det(A) = a_{11} \cdot \begin{vmatrix} a_{22} & 0 & \cdots & 0 \\ a_{32} & a_{33} & & 0 \\ \vdots & & \ddots & \vdots \\ a_{n2} & a_{n3} & \cdots & a_{nn} \end{vmatrix} + 0 \cdot \begin{vmatrix} a_{21} & 0 & \cdots & 0 \\ a_{31} & a_{33} & & 0 \\ \vdots & & \ddots & \vdots \\ a_{n1} & a_{n3} & \cdots & a_{nn} \end{vmatrix} + 0 \cdots + 0$$

$$\Leftrightarrow \det(A) = a_{11} \cdot a_{22} \cdot \cdots \cdot a_{nn}.$$

Unter Verwendung der nächsten beiden Sätze kann man die Berechnung der Determinanten auf die Bestimmung der Determinanten von Dreiecksmatrizen zurückführen.

Satz 2.1.4 *Wert der Determinante für bestimmte Arten von Matrizen*

(a)   Sind in einer Zeile (oder einer Spalte) von A alle Elemente gleich Null, so ist die Determinante dieser Matrix

$$\det(A) = 0.$$

(b)   Sind zwei Zeilen (oder Spalten) der Matrix A gleich, so ist

$$det(A) = 0.$$

(c)   Ist eine Zeile (oder Spalte) Vielfaches einer anderen Zeile (oder Spalte), so ist

$$det(A) = 0.$$

(d)   Ist eine Zeile (oder Spalte) eine Linearkombination anderer Zeilen (oder Spalten), so ist

$$det(A) = 0.$$

(e)   Ist A eine Dreiecksmatrix, so gilt

$$\det(A) = a_{11} \cdot a_{22} \cdot \dots \cdot a_{nn} = \prod_{i=1}^{n} a_{ii} \,.$$

Satz 2.1.5 *Eigenschaften der Determinante* $\det(\mathbf{A})$
*Bestimmte Operationen können an der Matrix durchgeführt werden, **ohne** dass sich der Wert der Determinante ändert:*

(a)   Addiert man zur k-ten Zeile (Spalte) von A ein Vielfaches einer anderen Zeile (Spalte), so bleibt die Determinante der neuen Matrix A' unverändert, also

$$\det(A') = \det(A).$$

Folgende Operationen an der Matrix verändern den Wert der Determinante wie angegeben:

(b)   Vertauscht man zwei Zeilen oder zwei Spalten, so ändert die Determinante ihr Vorzeichen.

(c)   Multipliziert man eine Zeile oder Spalte von A mit einer reellen Zahl k, so gilt für die neue Matrix A'

$$\det(A') = k \cdot \det(A).$$

Diese Sätze bieten die Möglichkeit, auch die Determinanten von Matrizen großer Dimension leicht zu berechnen.

Man formt dazu die Matrix A, ohne den Wert der Determinante zu ändern, derart um, dass man auf eine Dreiecksmatrix gelangt.

Ihre Determinante ist dann das Produkt der Diagonalelemente.

Beispiel 22:
Determinantenberechnung durch Umformen auf eine Dreiecksmatrix:

$$\begin{pmatrix} -1 & 1 & 2 \\ -3 & 4 & 9 \\ 1 & -1 & 5 \end{pmatrix} = \text{(zur dritten Zeile die erste addieren)}$$

$$\begin{pmatrix} -1 & 1 & 2 \\ -3 & 4 & 9 \\ 0 & 0 & 7 \end{pmatrix} = \text{(von der zweiten Zeile das Dreifache der ersten abziehen)}$$

$$\begin{pmatrix} -1 & 1 & 2 \\ 0 & 1 & 3 \\ 0 & 0 & 7 \end{pmatrix} \quad \text{Deren Determinante ist } (-1) \cdot 1 \cdot 7 = -7.$$

Satz 2.1.6 *Für die Determinante des Produktes zweier Matrizen - falls dieses erklärt ist - gilt:*

$$\det(A_{nk} \cdot B_{kn}) = \det(A) \cdot \det(B).$$

$$\det(A_{nk} \cdot B_{kn}) = 0 \text{ für } n > k.$$

Bemerkung: Wann gibt es zu einer Zahl a (also auch zu einer 1×1-Matrix) eine Zahl a^{-1}, sodass

$$a^{-1} \cdot a = 1.$$

Offensichtlich ist $a^{-1} = \dfrac{1}{a}$, was nur möglich ist, wenn $a \neq 0$, also wenn

$$\det(a) \neq 0.$$

Eine analoge Behauptung gilt für quadratische Matrizen:

Satz 2.1.7 *Eine quadratische Matrix ist genau dann invertierbar, wenn ihre Determinante von Null verschieden ist.*

Satz 2.1.8 *Die Inverse einer Matrix können wir (auch) unter Verwendung der Adjunkten folgendermaßen berechnen:*

$$A^{-1} = \frac{1}{|A|} \cdot (d_{ij})^T$$

Wir werden im Kapitel 2.2 die mehrfach verwendbare **elementare Basistransformation** einführen und danach im Kapitel 2.3 die Inverse einer Matrix auch damit berechnen.

Für Aufgaben aus den Kapiteln 5 und 6 über Funktionen von n Veränderlichen benötigt man die folgende Definition:

Definition 2.1.12 *Sei C eine $n \times n$ - Matrix. Dann heißt*

$$D_m(C) = \det \begin{pmatrix} c_{11} & \cdots & c_{1m} \\ \vdots & & \vdots \\ c_{m1} & \cdots & c_{mm} \end{pmatrix}$$

*m-te **Hauptabschnittsdeterminante** von C für* $1 \leq m \leq n$.

Beispiel 23: Gegeben sei die Matrix C

$$C = \begin{pmatrix} 1 & 3 & 2 \\ 1 & 0 & 0 \\ 0 & 0 & 2 \end{pmatrix};$$

die dazugehörigen Hauptabschnittsdeterminanten sind :

$$D_1 = 1;$$

$$D_2 = \begin{vmatrix} 1 & 3 \\ 1 & 0 \end{vmatrix} = -3;$$

$$D_3 = |C| = -6.$$

Hinweis: Die Berechnung von Hauptabschnittsdeterminanten wird im Kapitel über Funktionen mehrerer Veränderlicher (Kapitel 5), insbesondere bei der Untersuchung spezieller Eigenschaften, sowie bei Optimierungsaufgaben wieder aufgegriffen werden.

2.2 Linearkombinationen und Basis

Häufig ist es bei ökonomischen Fragestellungen notwendig, eine Summe von Vielfachen verschiedener Vektoren zu bilden. Eine derartige Summe nennt man eine Linearkombination dieser Vektoren. Interessiert uns beispielsweise der gesamte Rohstoffbedarf für 100 Bücherregale von Beispiel 1 aus Kapitel 2.1, so erhält man ihn als die Summe des hundertfachen Rohstoffbedarfs für Regalfächer und Seitenteile. Dies nennt man eine Linearkombination der Rohstoffbedarfsvektoren.

Definition 2.2.1 *Gegeben seien die m-dimensionalen Vektoren $b_1, b_2, \ldots, b_n$ des $\mathbb{R}^m$ und beliebige reelle Zahlen $\lambda_1, \lambda_2, \ldots, \lambda_n$ dann heißt der Vektor*

$$b = \sum_{i=1}^{n} \lambda_i \cdot b_i = \lambda_1 \cdot b_1 + \lambda_2 \cdot b_2 + \cdots + \lambda_n \cdot b_n$$

*eine **Linearkombination der Vektoren** $b_1, b_2, \ldots, b_n$. Diese Linearkombination ist wieder ein Vektor des $\mathbb{R}^m$. Falls sämtliche $\lambda_i \geq 0$ sind, spricht man von einer **nichtnegativen Linearkombination**.*

*Gilt zusätzlich $\sum_{i=1}^{n} \lambda_i = 1$, so nennt man dies eine **konvexe Linearkombination**.*

Beispiel 1:

Für die Vektoren $b_1 = \begin{pmatrix} 3 \\ 2 \end{pmatrix}$, $b_2 = \begin{pmatrix} 4 \\ 1 \end{pmatrix}$, $b_3 = \begin{pmatrix} 2 \\ -1 \end{pmatrix}$, ist

$$2 \cdot b_1 - b_2 + 7 \cdot b_3 = 2 \cdot \begin{pmatrix} 3 \\ 2 \end{pmatrix} - 1 \cdot \begin{pmatrix} 4 \\ 1 \end{pmatrix} + 7 \cdot \begin{pmatrix} 2 \\ -1 \end{pmatrix}$$

$$= \begin{pmatrix} 2 \cdot 3 - 1 \cdot 4 + 7 \cdot 2 \\ 2 \cdot 2 - 1 \cdot 1 + 7 \cdot (-1) \end{pmatrix} = \begin{pmatrix} 16 \\ -4 \end{pmatrix}$$

deren Linearkombination mit $\lambda_1 = 2, \lambda_2 = -1, \lambda_3 = 7$.

Weiters ist beispielsweise $0.2 \cdot b_1 + 0.5 \cdot b_2 + 0.3 \cdot b_3 = \begin{pmatrix} 3.2 \\ 0.6 \end{pmatrix}$ eine nicht-negative Linearkombination, und darüber hinaus - wegen $0.2 + 0.5 + 0.3 = 1$ - eine konvexe Linearkombination der Vektoren b_1, b_2 und b_3.

Linearkombinationen, die man aus zweidimensionalen Vektoren erhält, lassen sich graphisch in der Ebene darstellen.

Wählt man beispielsweise $\lambda_1 = 1/2$, $\lambda_2 = 0$ und $\lambda_3 = 3$, so ist die Linearkombination $\dfrac{1}{2} \cdot b_1 + 3 \cdot b_3 = \dfrac{1}{2} \cdot \begin{pmatrix} 3 \\ 2 \end{pmatrix} + 3 \cdot \begin{pmatrix} 2 \\ -1 \end{pmatrix} = \begin{pmatrix} 15/2 \\ -2 \end{pmatrix}$ ein Vektor bzw. ein Punkt im $\mathbb{R}^2$. Dieser Punkt ist in Abbildung 2.2 dargestellt.

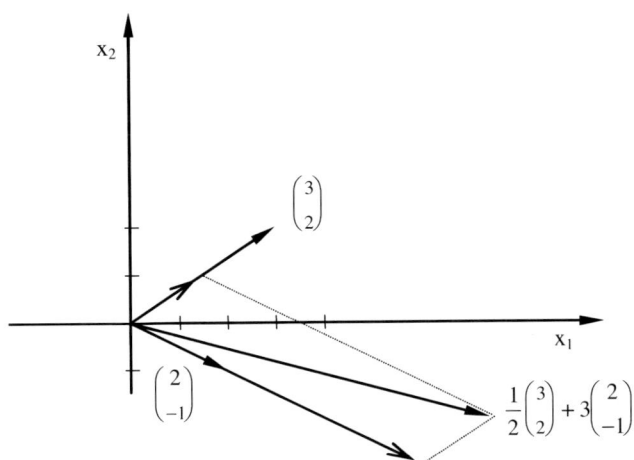

Abb. 2.2 Graphische Darstellung einer Linearkombination im $\mathbb{R}^2$

Jeder Punkt der Ebene ist durch je zwei der drei Vektoren des Beispiels 1 als Linearkombination eindeutig darstellbar. Dazu sagt man, dass der dem Punkt entsprechende Vektor linear abhängig ist von den beiden anderen Vektoren. In diesem Sinn ist **jeder** beliebige Vektor des $\mathbb{R}^2$ von den beiden gegebenen Vektoren b_1 und b_3 linear abhängig, ebenso von b_1 und b_2 oder von b_2 und b_3.

Beispiel 2:
Gegeben seien die beiden Einheitsvektoren e_1 und e_2 des $\mathbb{R}^2$. Dann ergibt deren Linearkombination mit $\lambda_1 = 2$ und $\lambda_2 = -3$ den Vektor

$$c = 2 \cdot \begin{pmatrix} 1 \\ 0 \end{pmatrix} - 3 \cdot \begin{pmatrix} 0 \\ 1 \end{pmatrix} = \begin{pmatrix} 2 \\ -3 \end{pmatrix}.$$

Offensichtlich sind die λ_i genau die Komponenten des Vektors c. Jeder Punkt des $\mathbb{R}^2$ lässt sich als Linearkombination der beiden Vektoren e_1 und e_2 darstellen.
Man sagt, diese beiden Vektoren spannen die ganze Ebene $\mathbb{R}^2$ auf oder sie bilden eine Basis des $\mathbb{R}^2$ (vgl. Definition 2.2.3).

Beispiel 3:

Betrachtet man zwei Vektoren des $\mathbb{R}^2$:

$$b_1 = \begin{pmatrix} -2 \\ 1 \end{pmatrix}, \quad b_2 = \begin{pmatrix} 1 \\ 3 \end{pmatrix}.$$

Jeder beliebige Vektor bzw. Punkt des $\mathbb{R}^2$ lässt sich auch als Linearkombination dieser beiden Vektoren ausdrücken und das kann auch graphisch dargestellt werden. Um zum Punkt $(-7, -7)$ zu gelangen, geht man gemäß Abbildung 2.3 zweimal in Richtung des Vektors b_1 und gelangt zu Punkt $(-4, 2)$. Von dort geht man minus dreimal in Richtung b_2. So können wir

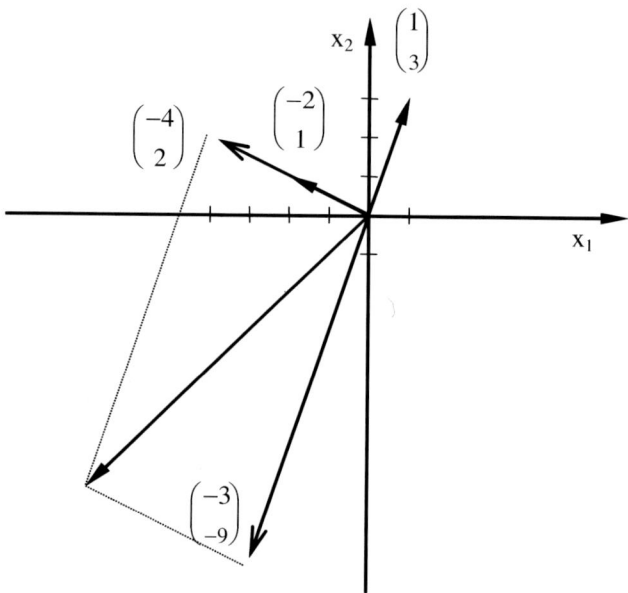

Abb. 2.3 Graphische Darstellung einer Linearkombination im $\mathbb{R}^2$

den Vektor $b_3 = \begin{pmatrix} -7 \\ -7 \end{pmatrix}$ bzw. den Punkt $(-7, -7)$ als Linearkombination von b_1 und b_2 graphisch darstellen und rechnerisch sieht man:

$$2b_1 - 3b_2 = 2 \cdot \begin{pmatrix} -2 \\ 1 \end{pmatrix} - 3 \cdot \begin{pmatrix} 1 \\ 3 \end{pmatrix} = \begin{pmatrix} -4 \\ 2 \end{pmatrix} + \begin{pmatrix} -3 \\ -9 \end{pmatrix} = \begin{pmatrix} -7 \\ -7 \end{pmatrix}$$

Offensichtlich lässt sich wie in Beispiel 3 jeder beliebige Vektor der Ebene $\mathbb{R}^2$ eindeutig als Linearkombination von b_1 und b_2 darstellen. Man muss dazu die Vektoren b_1 und b_2 bzw. deren Trägergeraden als Achsen eines - hier schiefwinkeligen - Koordinatensystems betrachten. In diesem Sinn spannen auch b_1 und b_2 den ganzen $\mathbb{R}^2$ auf. Der Vektor $\begin{pmatrix} -7 \\ -7 \end{pmatrix}$ bzw. der Punkt $(-7, -7)$ hat in diesem schiefwinkeligen Koordinatensystem die Koordinaten $(2, -3)$.

Bemerkung: Je zwei Vektoren die die ganze Ebene aufspannen, nennen wir eine **Basis des** $\mathbb{R}^2$. Unter einer Basis versteht man somit zwei Vektoren, die nicht auf einer Geraden liegen.

Beispiel 4:

Betrachtet man nun die beiden Vektoren $b_1 = \begin{pmatrix} 4 \\ -2 \end{pmatrix}$ und $b_2 = \begin{pmatrix} -2 \\ 1 \end{pmatrix}$, so ist $b_1 = -2 \cdot b_2$. Aus der Graphik 2.4 ist leicht ersichtlich, dass jede Linear-

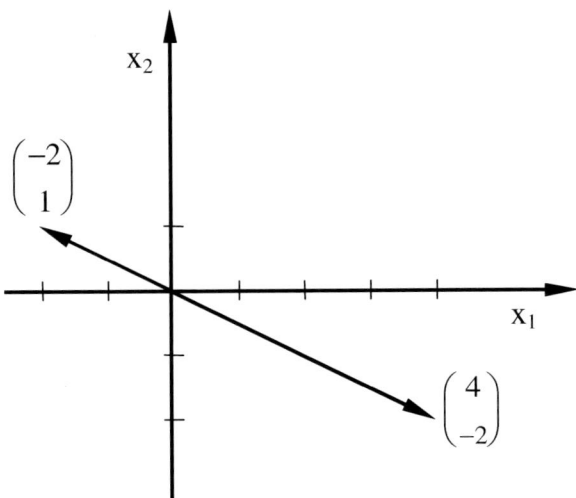

Abb. 2.4 Graphische Darstellung linear abhängiger Vektoren

kombination dieser Vektoren immer nur einen Vektor ergibt, der ein Vielfaches von b_1 (bzw. von b_2) ist. Nicht jeder Punkt des $\mathbb{R}^2$ ist als Linearkombination der beiden Vektoren darstellbar. Man sagt auch, die beiden Vektoren sind voneinander **linear abhängig**. Diese Vektoren spannen **nicht** die ganze Ebene auf.

Definition 2.2.2 *Die m-dimensionalen Vektoren b_1, b_2, ..., b_n des $\mathbb{R}^m$ heißen* **linear unabhängig,** *wenn die* **einzige** *Linearkombination dieser Vektoren,* *die den Nullvektor ergibt, also*

$$\lambda_1 \cdot b_1 + \lambda_2 \cdot b_2 + \cdots + \lambda_n \cdot b_n = 0$$

genau diejenige (triviale) ist, bei der alle $\lambda_i = 0$ sind.

Andernfalls heißen die Vektoren b_1, b_2,$\cdots$,b_n **linear abhängig**.

Bemerkung: Diese Vektoren $b_1,\ldots, b_n$ sind also linear abhängig, wenn sich (irgend)einer von ihnen als Linearkombination der übrigen darstellen lässt.

Beispiel 5:
Gegeben seien drei 3-dimensionale Vektoren

$$b_1 = \begin{pmatrix} 1 \\ 3 \\ 1 \end{pmatrix} \quad b_2 = \begin{pmatrix} 0 \\ 1 \\ 1 \end{pmatrix} \quad b_3 = \begin{pmatrix} 1 \\ 5 \\ 3 \end{pmatrix}.$$

Hier ist offensichtlich folgende Gleichung gültig:

$$1 \cdot \begin{pmatrix} 1 \\ 3 \\ 1 \end{pmatrix} + 2 \cdot \begin{pmatrix} 0 \\ 1 \\ 1 \end{pmatrix} - 1 \cdot \begin{pmatrix} 1 \\ 5 \\ 3 \end{pmatrix} = \begin{pmatrix} 0 \\ 0 \\ 0 \end{pmatrix},$$

d.h. diese Vektoren sind voneinander linear unabhängig. Jeder dieser Vektoren kann als Linearkombination der beiden anderen geschrieben werden. Aus $b_1 + 2 \cdot b_2 - b_3 = 0$ ergibt sich nämlich: $b_1 = b_3 - 2 \cdot b_2$ bzw. $b_2 = \dfrac{1}{2} \cdot b_3 - \dfrac{1}{2} \cdot b_1$ bzw. $b_3 = b_1 + 2 \cdot b_2$.

Ändert man in Beispiel 5 den Vektor b_3 durch $\overline{b}_3 = \begin{pmatrix} 1 \\ 2 \\ 3 \end{pmatrix}$, so sind die drei Vektoren b_1, b_2 und $\overline{b}_3$ linear unabhängig, und man kann jeden dreidimensionalen Vektor eindeutig als Linearkombination dieser drei Vektoren darstellen. Man nennt drei derartige Vektoren eine Basis des $\mathbb{R}^3$.

Definition 2.2.3 *m linear unabhängige m-dimensionale Vektoren b_1, b_2,..., b_m heißen eine* **Basis des $\mathbb{R}^m$**. *Jeder dieser Vektoren heißt* **Basisvektor**, *jeder andere Vektor heißt - bezüglich dieser Basis -* **Nichtbasisvektor**.

Folgerung 2.2.1 *Die m verschiedenen m-dimensionalen Einheitsvektoren e_1, e_2, ..., e_m bilden eine Basis des $\mathbb{R}^m$.*

Ob m Spaltenvektoren der Dimension m linear unabhängig sind, also eine Basis des $\mathbb{R}^m$ bilden, kann leicht durch Berechnung einer Determinante überprüft werden.

Satz 2.2.1 *Bildet man aus den m Spaltenvektoren b_i eine quadratische Matrix B, so gilt: Diese m Spaltenvektoren bilden eine Basis, wenn $|B| \neq 0$. Ob n Vektoren des $\mathbb{R}^n$ linear unabhängig sind, lässt sich einfacher zeigen, indem man die Determinante der aus den Spaltenvektoren gebildeten Matrix berechnet. Falls die Determinante Null ist besteht **lineare Abhängigkeit**, falls die Determinate ungleich Null ist besteht **lineare Unabhängigkeit**.*

Beispiel 6:
Für die drei 3-dimensionalen Einheitsvektoren

$$e_1 = \begin{pmatrix} 1 \\ 0 \\ 0 \end{pmatrix} \quad e_2 = \begin{pmatrix} 0 \\ 1 \\ 0 \end{pmatrix} \quad e_3 = \begin{pmatrix} 0 \\ 0 \\ 1 \end{pmatrix}$$

lässt sich leicht die lineare Unabhängigkeit zeigen, indem man nachweist, dass sich **keiner** der drei Einheitsvektoren durch eine Linearkombination der beiden anderen Einheitsvektoren darstellen lässt.

Beispiel 7:
Auch die folgenden drei Vektoren b_1, b_2, b_3 des $\mathbb{R}^3$ bilden eine Basis des $\mathbb{R}^3$:

$$b_1 = \begin{pmatrix} 1 \\ 0 \\ 0 \end{pmatrix} \quad b_2 = \begin{pmatrix} 0 \\ 1 \\ 2 \end{pmatrix} \quad b_3 = \begin{pmatrix} 1 \\ 0 \\ 1 \end{pmatrix}.$$

Eine Zeichnung könnte deutlich machen, dass diese Vektoren nicht in einer Ebene liegen.

Rechnerisch zeigt man die Unabhängigkeit, indem man die folgende Gleichung löst:

$$\lambda_1 \cdot \begin{pmatrix} 1 \\ 0 \\ 0 \end{pmatrix} + \lambda_2 \cdot \begin{pmatrix} 0 \\ 1 \\ 2 \end{pmatrix} + \lambda_3 \cdot \begin{pmatrix} 1 \\ 0 \\ 1 \end{pmatrix} = \begin{pmatrix} 0 \\ 0 \\ 0 \end{pmatrix} \Leftrightarrow$$

$$1 \cdot \lambda_1 + 0 \cdot \lambda_2 + 1 \cdot \lambda_3 = 0$$
$$0 \cdot \lambda_1 + 1 \cdot \lambda_2 + 0 \cdot \lambda_3 = 0$$
$$0 \cdot \lambda_1 + 2 \cdot \lambda_2 + 1 \cdot \lambda_3 = 0$$

Da die Determinante der Koeffizienten ungleich Null ist, lautet die einzige Lösung $\lambda_1 = \lambda_2 = \lambda_3 = 0$, womit die Unabhängigkeit gezeigt ist. (Vgl.: Kapitel 2.3)

Einfacher hätte man auch die Determinante $\begin{vmatrix} 1 & 0 & 1 \\ 0 & 1 & 0 \\ 0 & 2 & 1 \end{vmatrix} = 1 \neq 0$ berechnen können.

Zur Bestimmung der Koordinaten $\bar{c}_1, \bar{c}_2, \bar{c}_3$ des Vektors $c^T = (1,2,4)$ bezgl. der Basis b_1, b_2, b_3 ist folgende Gleichung

$$\bar{c}_1 \cdot \begin{pmatrix} 1 \\ 0 \\ 0 \end{pmatrix} + \bar{c}_2 \cdot \begin{pmatrix} 0 \\ 1 \\ 2 \end{pmatrix} + \bar{c}_3 \cdot \begin{pmatrix} 1 \\ 0 \\ 1 \end{pmatrix} = \begin{pmatrix} 1 \\ 2 \\ 4 \end{pmatrix}$$

nach den Variablen $\bar{c}_j$ zu lösen.
Man erhält als Lösung $\bar{c}_1 = 1, \bar{c}_2 = 2, \bar{c}_3 = 0$ die drei Koordinaten des Vektors c bezüglich der Basis b_1, b_2, b_3.

Bemerkung: Jeder Vektor $c \in \mathbb{R}^m$ ist durch seine Koordinaten $c_1, \ldots, c_m$ eindeutig als Linearkombination der speziellen Basis der Einheitsvektoren $e_1, \ldots, e_m$ gegeben:

$$c = c_1 \cdot e_1 + c_2 \cdot e_2 + \ldots + c_m \cdot e_m.$$

Man nennt die Zahlen $c_1, \ldots, c_m$ Koordinaten von c und meint damit genauer gesagt, die **Koordinaten von c bezüglich der Basis der Einheitsvektoren** $e_1, \ldots, e_m$. Der Vektor c kann aber auch durch seine Koordinaten bezüglich einer anderen Basis eindeutig angegeben werden.

Beispiel 8:
Der Vektor $c^T = (1,2,4)$ ist durch $c = 1 \cdot e_1 + 2 \cdot e_2 + 4 \cdot e_3$ d.h. durch die Linearkombination

$$c = \begin{pmatrix} 1 \\ 0 \\ 0 \end{pmatrix} + 2 \cdot \begin{pmatrix} 0 \\ 1 \\ 0 \end{pmatrix} + 4 \cdot \begin{pmatrix} 0 \\ 0 \\ 1 \end{pmatrix}$$

gegeben. Die Koordinaten von c bezüglich der Basis b_1, b_2, b_3 von Bsp.7 sind dann gegeben durch: $c = \bar{c}_1 \cdot b_1 + \bar{c}_2 \cdot b_2 + \bar{c}_3 \cdot b_3$ oder

$$c = 1 \cdot \begin{pmatrix} 1 \\ 0 \\ 0 \end{pmatrix} + 2 \cdot \begin{pmatrix} 0 \\ 1 \\ 2 \end{pmatrix} + 0 \cdot \begin{pmatrix} 1 \\ 0 \\ 1 \end{pmatrix} = \begin{pmatrix} 1 \\ 2 \\ 4 \end{pmatrix}.$$

So bilden hier die Vektoren $\begin{pmatrix} 1 \\ 0 \\ 0 \end{pmatrix}$, $\begin{pmatrix} 1 \\ 2 \\ 4 \end{pmatrix}$ und $\begin{pmatrix} 1 \\ 0 \\ 1 \end{pmatrix}$ eine Basis des $\mathbb{R}^3$.

Allgemein gilt:

Satz 2.2.2 *Ist $b_1, \ldots, b_m$ eine Basis des $\mathbb{R}^m$, so ist jeder Vektor $c \in \mathbb{R}^m$ eindeutig als Linearkombination*

$$c = \sum_{i=1}^{m} \overline{c}_i \cdot b_i$$

der Basisvektoren $b_1, \ldots, b_m$ darstellbar. Die $\overline{c}_i$ heißen Koordinaten von c bezüglich dieser Basis.

Bemerkung: Die Berechnung der Koordinaten eines Vektors bezüglich einer neuen Basis nennt man **Basistransformation**. Unterscheidet sich die neue Basis von der alten nur in **einem** Vektor, so spricht man von **elementarer Basistransformation**. Unser Ziel wird darin bestehen, den Übergang von einer Basis zur anderen durchzuführen.

Satz 2.2.3 *Sei $b_1, \ldots, b_m$ eine Basis des $\mathbb{R}^m$ und sei a ein m-dimensionaler Vektor, gegeben durch*

$$a = \sum_{i=1}^{m} \overline{a}_i \cdot b_i \ .$$

Ist $\overline{a}_j \neq 0$, so ist auch $b_1, \ldots, b_{j-1}, a, b_{j+1}, \ldots, b_m$ eine Basis des $\mathbb{R}^m$.

Bemerkung:
Die Determinante einer Matrix ist gleich Null (lineare Abhängigkeit), wenn ein Spaltenvektor (Zeilenvektor) eine Linearkombination der anderen ist.

Wieder enthält die neue Basis genau m linear unabhängige Vektoren. Die neue Basis unterscheidet sich von der alten Basis durch den Austausch von b_j mit dem Vektor a. Bedingung: a kann jeden Vektor b_j ersetzen, sofern die Koordinate $\overline{a}_j$ von a ungleich Null ist.

2.3 Lineare Gleichungssysteme

Viele ökonomische Fragestellungen führen auf das Problem, eine oder mehrere Gleichungen lösen zu müssen. Insbesondere erhält man oft Systeme linearer Gleichungen, wie das folgende Beispiel zeigt:

Beispiel 1:
Zur Produktion zweier Güter G1 und G2 werden zwei Rohstoffe gemäß folgender Tabelle benötigt:

	Gut 1	Gut 2
Rohstoff 1	3	4
Rohstoff 2	2	7

Von den beiden Rohstoffen stehen die Mengen $y_1 = 48$ und $y_2 = 58$ zur Verfügung. Ist es möglich, einen Produktionsplan (x_1, x_2) zu finden, derart dass die vorhandenen Rohstoffe vollständig verbraucht werden? Falls das möglich ist, stellt sich die Frage, wie groß sind die Mengen (x_1) bzw. (x_2) der Güter, die somit hergestellt werden können. Ausformuliert bedeutet das, wir suchen einen Vektor (x_1, x_2), der das Gleichungssystem

$$(I) \quad 3 \cdot x_1 + 4 \cdot x_2 = 48$$
$$(II) \quad 2 \cdot x_1 + 7 \cdot x_2 = 58$$

löst. Wir fragen uns, ob es überhaupt eine solche Lösung gibt. Man erkennt leicht, dass Gleichung (I) beispielsweise durch $x_1 = 16$ und $x_2 = 0$, aber auch durch $x_1 = 4$ und $x_2 = 9$ erfüllt wird. Allerdings ist keine dieser Lösungen auch Lösung von (II). Eine solche ist z.B. $(1, 8)$; dieser Vektor ist allerdings keine Lösung von Gleichung (I).
Der einzige Vektor, der beide Gleichungen simultan erfüllt, ist $(x_1, x_2) = (8, 6)$, wie man leicht nachrechnen kann. Wenn wir diese beiden Mengen der Güter G1 und G2 erzeugen, werden die vorhandenen Rohstoffe vollständig verwendet.
Im Folgenden werden nun mit Hilfe von Vektoren bzw. Matrizen lineare Gleichungssysteme beschrieben, es wird die Lösbarkeit und gegebenenfalls die Eindeutigkeit der Lösung diskutiert und schließlich ein Lösungsverfahren unter Verwendung der Basistransformation angegeben werden.

Definition 2.3.1 *Sei A eine m × n - Matrix, und b ein m-dimensionaler Vektor, so heißt die Gleichung*

$$A \cdot x = b$$

*ein **lineares Gleichungssystem (LGS)** mit n Variablen x_1, x_2, ..., x_n und mit m Gleichungen. Ist b ungleich dem Nullvektor, so nennt man das Gleichungssystem **inhomogen**, andernfalls **homogen**.*
Ein Vektor $\overline{x}^T = (\overline{x}_1, \overline{x}_2, ..., \overline{x}_n)$ heißt Lösung dieses Gleichungssystems, wenn

$$A \cdot \overline{x} = b$$

gilt.

Unterschiedliche Schreibweisen für LGS:

(a) Die **übliche Schreibweise** eines LGS ist folgende:

$$a_{11} \cdot x_1 + a_{12} \cdot x_2 + \cdots + a_{1n} \cdot x_n = b_1$$
$$a_{21} \cdot x_1 + a_{22} \cdot x_2 + \cdots + a_{2n} \cdot x_n = b_2$$
$$\dotfill$$
$$a_{m1} \cdot x_1 + a_{m2} \cdot x_2 + \cdots + a_{mn} \cdot x_n = b_m$$

(b) Das LGS in **Vektorenschreibweise**

$$x_1 \cdot \begin{pmatrix} a_{11} \\ a_{21} \\ \vdots \\ a_{m1} \end{pmatrix} + x_2 \cdot \begin{pmatrix} a_{12} \\ a_{22} \\ \vdots \\ a_{m2} \end{pmatrix} + \cdots + x_n \cdot \begin{pmatrix} a_{1n} \\ a_{2n} \\ \vdots \\ a_{mn} \end{pmatrix} = b.$$

(c) bzw. kürzer mit der Bezeichnung a^i für den i−ten Spaltenvektor von A (mit $i = 1, ..., n$), wobei hier zur besseren Unterscheidung von den Komponenten des Vektors b der rechten Seite der Index hochgestellt wird.

$$x_1 \cdot a^1 + x_2 \cdot a^2 + \cdots + x_n \cdot a^n = b.$$

(d) Die in Definition 2.3.1 gegebene Form $A \cdot x = b$ heißt **Matrizenschreibweise**.

An den Schreibweisen (b) und (c) für LGS erkennt man deutlich, dass die Suche nach der Lösung eines LGS gleichbedeutend damit ist, dass man eine derartige Linearkombination (vgl. Def. 2.2.1) der Spaltenvektoren a^i der Matrix A findet, die genau den Vektor b ergibt. Offensichtlich sind LGS dann lösbar, wenn der Vektor b von den Spaltenvektoren a^i linear abhängig ist. Daher interessiert bei einer Matrix die Anzahl ihrer linear unabhängigen Spaltenvektoren. Das führt zur nächsten Definition.

Definition 2.3.2 *Sei A eine m × n-Matrix. Dann heißt die größte Anzahl linear unabhängiger Spaltenvektoren von A der **Rang von A**, geschrieben r(A).*

Bemerkung: $r(A)$ ist zugleich die größte Anzahl linear unabhängiger Zeilenvektoren von A. Es gilt:

$$\text{Zeilenrang} = \text{Spaltenrang}.$$

Beispiel 2:
Gegeben sei die Matrix A

$$A = \begin{pmatrix} 1 & 0 & 1 \\ 3 & 1 & 4 \\ 2 & 1 & 3 \end{pmatrix}.$$

Ihr Rang $r(A) = 2$, denn die dritte Spalte ist offensichtlich die Summe der beiden anderen, was man in diesem Fall leicht sehen kann. Die ersten beiden Spalten von A sind voneinander linear unabhängig.

Da in der Matrix A eine Spalte Linearkombination zweier anderer Spalten ist, muss $det(A) = 0$ sein. Daher ist $r(A) < 3$.
Der Rang einer Matrix A kann bestimmt werden als die Anzahl der Zeilen (= Anzahl der Spalten) der größten, nichtverschwindenden Unterdeterminante. Bei der vorliegenden Matrix A ist sogar jede 2×2-Unterdeterminante von Null verschieden.

Bemerkung: $r(A)$ ist die Anzahl der Zeilen der grössten nicht verschwindenden Unterdeterminante von A. Somit ist der Rang einer $m \times n$-Matrix kleiner oder gleich $\min\{m,n\}$.

Ein allgemeines Verfahren zur Rangbestimmung wird mit Hilfe der Basistransformation vorgestellt werden.

Bemerkung: Falls **r(A) = r** gilt, und der Rang der Matrix (A,b), das ist die Matrix A, die um die rechte Seite b erweitert wurde, also $r(A,b)$ auch wiederum genau r ist, dann ist offensichtlich, dass der Vektor b von den Spaltenvektoren a^i der Matrix A **linear abhängig** und somit das **LGS lösbar** ist.

Die Komponenten des Lösungsvektors $(\bar{x}_1, \ldots, \bar{x}_n)$ sind genau die Koeffizienten jener Linearkombination der Spaltenvektoren von A, die b ergeben.

Beispiel 3:
Gegeben seien die Koeffizientenmatrix A und der Vektor b

$$A = \begin{pmatrix} 1 & 3 \\ 2 & 0 \end{pmatrix} \qquad b = \begin{pmatrix} 5 \\ 4 \end{pmatrix},$$

dann kann das Gleichungssystem folgendermaßen geschrieben werden:

$$\begin{array}{ll} (I) & x_1 + 3 \cdot x_2 = 5 \\ (II) & 2 \cdot x_1 + 0 \cdot x_2 = 4 \end{array} \qquad \text{oder} \qquad x_1 \cdot \begin{pmatrix} 1 \\ 2 \end{pmatrix} + x_2 \cdot \begin{pmatrix} 3 \\ 0 \end{pmatrix} = \begin{pmatrix} 5 \\ 4 \end{pmatrix}$$

Die einzige Lösung ist $x_1 = 2$ und $x_2 = 1$, oder $\bar{x} = \begin{pmatrix} 2 \\ 1 \end{pmatrix}$, das LGS ist **eindeutig lösbar**.

Die beiden Spalten a^1 und a^2 der Matrix A sind keine Vielfachen voneinander, also linear unabhängig. Der Rang $r(A) = 2$, und der Rang der um die b-Spalte erweiterten Matrix $r(A, b)$ kann ebenfalls nur zwei sein, da auch diese erweiterte Matrix nur zwei Zeilen hat. Das bedeutet, die b-Spalte ist von a^1 und a^2 linear abhängig:

$$2 \cdot \begin{pmatrix} 1 \\ 2 \end{pmatrix} + 1 \cdot \begin{pmatrix} 3 \\ 0 \end{pmatrix} = \begin{pmatrix} 5 \\ 4 \end{pmatrix}$$

Beispiel 4:
Ersetzt man in Beispiel 3 die Matrix A durch die folgende Matrix

$$A = \begin{pmatrix} 1 & 3 \\ 2 & 6 \end{pmatrix}$$

so ergibt sich das LGS: $\quad x_1 \cdot \begin{pmatrix} 1 \\ 2 \end{pmatrix} + x_2 \cdot \begin{pmatrix} 3 \\ 6 \end{pmatrix} = \begin{pmatrix} 5 \\ 4 \end{pmatrix}$

oder anders geschrieben

$$\begin{array}{l} 1 \cdot x_1 + 3 \cdot x_2 = 5 \\ 2 \cdot x_1 + 6 \cdot x_2 = 4 \end{array} \qquad \Leftrightarrow \qquad \begin{array}{l} x_1 + 3 \cdot x_2 = 5 \\ x_1 + 3 \cdot x_2 = 2 \end{array}$$

In diesem Fall widersprechen die beiden Gleichungen einander. Demnach existiert hier **keine Lösung**, weil b nicht von a^1 und a^2 linear abhängig ist.

Es ist aber a^2 linear abhängig (ein Vielfaches) von a^1.

D.h. für den Rang der Matrix A gilt: $r(A) = 1$; aber der Rang der erweiterten Matrix ist: $r(A,b) = 2$.

Beispiel 5:

Gegeben sei die Matrix A aus Beispiel 4, aber der Vektor der rechten Seite sei nun: $b = \begin{pmatrix} 2 \\ 4 \end{pmatrix}$, dann lautet das LGS folgendermaßen:

$$x_1 \cdot \begin{pmatrix} 1 \\ 2 \end{pmatrix} + x_2 \cdot \begin{pmatrix} 3 \\ 6 \end{pmatrix} = \begin{pmatrix} 2 \\ 4 \end{pmatrix} \qquad \text{oder} \qquad \begin{matrix} x_1 + 3 \cdot x_2 = 2 \\ 2 \cdot x_1 + 6 \cdot x_2 = 4 \end{matrix}$$

Offensichtlich gibt es hier **unendlich viele Lösungen**, man setzt beispielsweise die Variable $x_2 = y$ und $x_1 = 2 - 3 \cdot y$ für beliebiges $y \in \mathbb{R}$. Der Vektor $\begin{pmatrix} 2 - 3 \cdot y \\ y \end{pmatrix}$ mit beliebigem $y \in \mathbb{R}$ ist Lösung des Gleichungssystems. Hier ist $r(A) = r(A,b) = 1$. Hier ist sowohl die zweite Spalte von A ein Vielfaches der ersten, aber auch die Spalte b, die rechte Seite, ist ein Vielfaches von a^1. Der Rang der Matrix A hat sich durch Hinzufügen der Spalte b nicht erhöht. Die zweite Gleichung des LGS ist nur eine Umformung (nämlich das Doppelte) der ersten Gleichung!

Mit den Beispielen 3, 4 und 5 sind alle möglichen Fälle zur Lösbarkeit von linearen Gleichungssystemen aufgezählt und es gilt allgemein:

Satz 2.3.1 *Sei A eine $m \times n$-Matrix und b der m-dimensionale Vektor der rechten Seite. Das LGS $A \cdot x = b$ ist genau dann lösbar, wenn*

$$r(A) = r(A,b).$$

Gilt außerdem:

(a) $r(A) = n$.

*Dann ist die Lösung **eindeutig**, d.h. es gibt genau **eine** Lösung. Für ein homogenes Gleichungssystem ist diese eindeutige Lösung der Nullvektor.*

(b) $r(A) < n$.

*Dann gibt es **unendlich viele** Lösungen.*

Beispiel 6:

Im Folgenden wird ein LGS einerseits auf herkömmliche Art gelöst, indem wir sukzessive eine Variable durch die anderen ausdrücken und in die restliche(n) Gleichung(en) einsetzen, andererseits wird die Lösung schematisch, durch Zeilenumformungen durchgeführt. Links steht immer das Gleichungssystem, rechts das zugehörige Koeffizientenschema: Zum vorliegenden LGS gehört also das Schema (1)

$$(I)\ 4x - 10y + 6z = 6 \qquad\qquad \begin{pmatrix} 4 & -10 & 6 & 6 \\ 1 & -3 & 2 & 1 \\ 3 & 1 & -2 & 9 \end{pmatrix} \qquad (1)$$
$$(II)\ \ x - 3y + 2z = 1$$
$$(III)\ 3x + y - 2z = 9$$

Division der ersten Gleichung durch 2 und Umordnen führt zum nächsten Schema (2). Dieses enthält schon eine 1 links oben

$$(I)\ \ x - 3y + 2z = 1 \qquad\qquad \begin{pmatrix} 1 & -3 & 2 & 1 \\ 2 & -5 & 3 & 3 \\ 3 & 1 & -2 & 9 \end{pmatrix} \qquad (2)$$
$$(II)\ 2x - 5y + 3z = 3$$
$$(III)\ 3x + y - 2z = 9$$

Die Variable x aus (II) und (III) eliminieren: $x = 1 + 3y - 2z$; in (II) und (III) einsetzen

$$(I)\ x - 3y + 2z = 1 \qquad\qquad \begin{pmatrix} 1 & -3 & 2 & 1 \\ 0 & 1 & -1 & 1 \\ 0 & 10 & -8 & 6 \end{pmatrix} \qquad (3)$$
$$(II)\ \ \ \ \ \ \ \ y - z = 1$$
$$(III)\ \ \ \ \ \ \ 10y - 8z = 6$$

Die Variable y aus (III) eliminieren: $(y = 1 + z)$

$$(I)\ x - 3y + 2z = 1 \qquad\qquad \begin{pmatrix} 1 & -3 & 2 & 1 \\ 0 & 1 & -1 & 1 \\ 0 & 0 & 2 & -4 \end{pmatrix} \qquad (4)$$
$$(II)\ \ \ \ \ \ \ y - z = 1$$
$$(III)\ \ \ \ \ \ \ \ \ \ 2z = -4$$

Letzte Zeile durch 2 dividiert:

$$z = -2 \qquad \begin{pmatrix} 0 & 0 & 1 & -2 \end{pmatrix}$$

Aus $z = -2$ erhält man durch Rückrechnung $y = -1$ und $x = 1 - 3 + 4 = 2$, womit das Beispiel gelöst ist. Man sieht: Der Übergang von Schema (2) zu Schema (3) besteht darin, von der zweiten Zeile genau zweimal, von der dritten Zeile gerade dreimal die erste Zeile zu subtrahieren. Schema (4) entsteht aus Schema(3), indem wir von der dritten Zeile aus (3) genau zehnmal die zweite Zeile subtrahieren. Nachdem man die letzte Gleichung aus (4) bzw. die letzte Zeile des Schemas (4) noch durch zwei dividiert, wird die Matrix der Koeffizienten zu einer Dreiecksmatrix mit Einsen in der Hauptdiagonale und die Lösung des ursprünglichen LGS ist leicht ablesbar.

Um lineare Gleichungssysteme zu lösen, aber auch zur Bestimmung des Ranges einer Matrix und zur Berechnung der inversen Matrix verwenden wir ein Rechenschema zur elementaren Basistransformation (vgl. Satz 2.2.2), auf das im Folgenden eingegangen wird.

Anwendung der bereits im Kapitel 2.2 erwähnten **elementaren Basistransformation**:

Ist A eine $m \times n$ - Matrix und b ein m-dimensionaler Vektor, dann können die folgenden drei Probleme

A **Bestimmung des Rangs der Matrix A** ,

B **Lösen des LGS** $A \cdot x = b$ und

C **Berechnung der Inversen der Matrix A**

mit dem im Folgenden beschriebenen Verfahren der elementaren Basistransformation gelöst werden. Dieses Verfahren beruht auf dem nach Carl Friedrich Gauß benannten Algorithmus.

Die Spaltenvektoren werden hier (sowie in Kapitel 6.1) **oben** indiziert, für die Einheitsvektoren bleibt überall die einheitliche Indizierung **unten** erhalten, unabhängig davon, ob es sich um Spalten- oder Zeilenvektoren handelt.

Im **Anfangstableau** werden die Koordinaten der Spaltenvektoren a^j von A und die Koordinaten der Einheitsvektoren e_j sowie des Vektors b bezüglich der Einheitsvektoren $e_1, \ldots, e_m$ folgendermaßen dargestellt:

Basis	a^1	$\cdots$	a^j	$\cdots$	a^n	e_1	$\cdots$	e_i	$\cdots$	e_m	b
e_1	a_{11}	$\cdots$	a_{1j}	$\cdots$	a_{1n}	1	0	0	$\cdots$	0	b_1
e_2	a_{21}		a_{2j}		a_{2n}	0	1	0		$\vdots$	b_2
$\vdots$	$\vdots$		$\vdots$		$\vdots$	$\vdots$	$\cdots$	0	$\cdots$	$\vdots$	$\vdots$
e_i	a_{i1}	$\cdots$	a_{ij}	$\cdots$	a_{in}	0	$\cdots$	1	$\cdots$	$\vdots$	b_i
$\vdots$	$\vdots$		$\vdots$		$\vdots$	$\vdots$		0		0	$\vdots$
e_m	a_{m1}	$\cdots$	a_{mj}	$\cdots$	a_{mn}	0	$\cdots$	0	0	1	b_m

D.h. in einer Spalte stehen die Koordinaten des über der Spalte angegebenen Vektors bezüglich der Basisvektoren, die in der ersten Spalte (Basis) angegeben sind.

Nun wird als elementarer Basisaustausch a^j an Stelle von e_i in der Basis aufgenommen, wobei der Tausch offensichtlich nur möglich ist, wenn das ausgewählte Element $a_{ij} \neq 0$. Man nennt a_{ij} das **Pivotelement** zu diesem Tausch.

Das zweite Tableau lautet:

Basis	a^1	$\cdots$	a^j	$\cdots$	a^n	e_1	$\cdots$	e_i	$\cdots$	e_m	b
e_1	$\bar{a}_{11}$	$\cdots$	$\bar{a}_{1j}$	$\cdots$	$\bar{a}_{1n}$	1	0	$\bar{e}_{1i}$	$\cdots$	0	$\bar{b}_1$
e_2	$\bar{a}_{21}$	$\ddots$	$\bar{a}_{2j}$	$\ddots$	$\bar{a}_{2n}$	0	1	$\bar{e}_{2i}$	$\ddots$	$\vdots$	$\bar{b}_2$
$\vdots$	$\vdots$		$\vdots$		$\vdots$	$\vdots$	$\cdots$		$\cdots$	$\vdots$	$\vdots$
a^j	$\bar{a}_{i1}$	$\cdots$	1	$\cdots$	$\bar{a}_{in}$	0	$\cdots$	$\dfrac{1}{a_{ij}}$	$\cdots$	$\vdots$	$\bar{b}_i$
$\vdots$	$\vdots$	$\ddots$	$\vdots$	$\ddots$	$\vdots$	$\vdots$	$\ddots$		$\ddots$	0	$\vdots$
e_m	$\bar{a}_{m1}$	$\cdots$	$\bar{a}_{mj}$	$\cdots$	$\bar{a}_{mn}$	0	$\cdots$	$\bar{e}_{mi}$	0	1	$\bar{b}_m$

Die Berechnung des neuen Schemas wird nun im Detail vorgestellt, wobei i und j fix sind, während k der Laufindex für die übrigen Zeilen und l der Laufindex für die übrigen Spalten ist. (Der Buchstabe l ist oft nur durch genaues Hinsehen von der Zahl 1 unterscheidbar.)

Die neuen Elemente der (beliebig) **ausgewählten Zeile** einschließlich der Einheitsmatrix und der b-Spalte sind: $\bar{a}_{il} = \dfrac{a_{il}}{a_{ij}}$ also die neue i-te Zeile ist das $\dfrac{1}{a_{ij}}$-fache der **alten** i-ten Zeile.

Die neuen Elemente der **übrigen Zeilen** einschließlich der Einheitsmatrix und des b-Vektors sind:

$$\bar{a}_{kl} = a_{kl} - a_{kj} \cdot \bar{a}_{il},$$

bzw.

$$\bar{k}_k = b_k - b_j \cdot \bar{b}_i,$$

also eine neue k-te Zeile ist der Wert der **alten** k-ten Zeile minus dem a_{kj}-fachen der **neuen** i-ten Zeile. Damit ist eine elementare Basistransformation durchgeführt. Dadurch ergeben sich in allen übrigen Zeilen in der j-ten Spalte Nullen. Je nach Fragestellung benötigt man jedoch nur **Teile dieses Schemas**.

Zur Rechenvereinfachung suche man vorerst für die Basistransformation (B.T.) jene Elemente a_{ij}, die **Eins** sind, dann ist die ausgewählte Zeile des neuen Tableaus ident mit der Zeile des alten Tableaus. Falls keine Eins vorhanden ist, wähle man ein möglichst kleines, **ganzzahliges** Element.

Beispiel 7:

Übergang von einem Tableau der Basistransformation zum nächsten:

Basis	a^1	a^2	a^3
e_1	6	2	0
e_2	3	7	0
a^3	9	0	1

$\leftarrow$ ausgewählte Zeile

$\uparrow$

ausgewählte Spalte

Berechnungen des ersten Austausch-Schrittes in der B.T.:

Das ausgewählte Element $a_{ij} = a_{12} = 2$.

Die neue erste Zeile ist das $\frac{1}{2}$-fache der alten ersten Zeile also: $\bar{a}_{1l} = \frac{a_{1l}}{2}$ für $l = 1, 2, 3$; d.h. die neue erste Zeile lautet: $(3, 1, 0)$.

Die übrigen Zeilen werden folgendermaßen neu berechnet:

Neue k-te Zeile = alte k-te Zeile minus a_{kj}-faches der neuen ersten Zeile, also:

$$\bar{a}_{kl} = a_{kl} - a_{kj} \cdot \bar{a}_{1l}.$$

Für die zweite Zeile gilt: $k = 2$.

Für das erste Element $\quad l = 1$ also: $\bar{a}_{21} = a_{21} - a_{22} \cdot \bar{a}_{11} = 3 - 7 \cdot 3 = -18$
Für das zweite Element $\quad l = 2$ also: $\bar{a}_{22} = a_{22} - a_{22} \cdot \bar{a}_{12} = 7 - 7 \cdot 1 = 0$

Für die dritte Zeile gilt: $k = 3$.

Für das erste Element $\quad l = 1$ also: $\bar{a}_{31} = a_{31} - a_{32} \cdot \bar{a}_{11} = 9 - 0 \cdot 3 = 9$
Für das zweite Element $\quad l = 2$ also: $\bar{a}_{32} = a_{32} - a_{32} \cdot \bar{a}_{12} = 0 - 0 \cdot 1 = 0$

Somit sieht das Tableau nach dem ersten Schritt der Basistransformation folgendermaßen aus:

Basis	a^1	a^2	a^3
a^2	3	1	0
e_2	-18	0	0
a^3	9	0	1

Ein neuerlicher Basistausch würde das erste Element der zweiten Zeile betreffen, d.h. e_2 soll mit a^1 ausgetauscht werden. Dazu muss die gesamte zweite Zeile durch das Element $a_{21} = -18$ dividiert werden, ohne eine

Änderung der zweiten und dritten Spalte der Matrix. Im Endtableau sind die Vektoren a^2, a^1 und a^3 alle in der Basis und rechts davon stehen die Einheitsvektoren.

A Bestimmung des Rangs einer Matrix:

Satz 2.3.2 Rangbestimmung
Ist r die Maximalzahl der Spaltenvektoren von A, die in die Basis gebracht werden können, dann ist diese Zahl der Rang der Matrix:

$$r = r(A).$$

Beispiel 8:
Gegeben sei die Matrix A, deren Rang berechnet werden soll,

$$A = \begin{pmatrix} 5 & 1 & 3 \\ 3 & 1 & -1 \\ 1 & 0 & 2 \end{pmatrix}.$$

Ausgangstableau:

Basis	a^1	a^2	a^3	
e_1	5	1	3	← ausgewählte Zeile
e_2	3	1	−1	
e_3	1	0	2	
		↑		

ausgewählte Spalte

Berechnungen der ersten Basistransformation:

- Die 1. Zeile bleibt wegen $a_{12} = 1$ gleich.

- Die 2. Zeile entsteht folgendermaßen: alte 2. Zeile minus einmal neue 1. Zeile, also:
$(\bar{a}_{21}, \bar{a}_{22}, \bar{a}_{23}) = (3, 1, -1) - (1) \cdot (5, 1, 3) = (-2, 0, -4).$

- Die 3. Zeile entsteht folgendermaßen: alte 3. Zeile minus Null mal neue 1. Zeile, also:
$(\bar{a}_{31}, \bar{a}_{32}, \bar{a}_{33}) = (1, 0, 2) - (0) \cdot (5, 1, 3) = (1, 0, 2).$

2.Tableau:

Basis	a^1	a^2	a^3
a^2	5	1	3
e_2	-2	0	-4
e_3	1	0	2	← ausgewählte Zeile

↑
ausgewählte Spalte

Die Berechnungen der 2.Basistransformation erfolgen analog zur ersten:
Die neue dritte Zeile ist gleich der alten dritten Zeile, weil das Pivotelement
1 ist. Wegen der Null in der ausgewählten 3.Zeile gibt es in der zweiten Spalte keine Veränderung.
Die zwei restlichen Elemente des dritten Spaltenvektors werden folgendermaßen neu berechnet:

$$a_{13} = 3 - 2 \cdot 5 = -7$$
$$a_{23} = -4 - 2 \cdot (-2) = 0$$

Somit ergibt sich nach der zweiten Transformation das folgende Schema:

Basis	a^1	a^2	a^3
a^2	0	1	-7
e_2	0	0	0
a^1	1	0	2

Aufgrund der **Nullzeile** kann a^3 nicht mehr in die Basis gebracht werden.
Der Spaltenvektor a^3 ist linear abhängig von a^2 und a^1, das bedeutet, dass
maximal zwei Spalten in die Basis gebracht werden können, also der Rang
der Matrix

$$r(A) = 2.$$

Man entnimmt dem Endtableau den Zusammenhang zwischen den Vektoren
in folgender Weise:

Für a^3 als Vektor der dritten Spalte gilt:

$$a^3 = 2 \cdot a^1 - 7 \cdot a^2$$

Dieser Zusammenhang zwischen den Vektoren kann leicht auch an der gegebenen Matrix A erkannt werden.

B Lösen von Linearen Gleichungssystemen (LGS):

Zur Lösung von LGS mit Hilfe der B.T. versucht man, eine möglichst große Zahl von Spaltenvektoren der Matrix A in die Basis zu bringen. Dem Endtableau ist dann zu entnehmen, ob das LGS lösbar ist bzw. welche Lösung(en) es besitzt.

Im Endtableau steht b als Linearkombination der in die Basis gebrachten Spaltenvektoren.

Beispiel 9:
Gegeben sei folgendes LGS mit drei Gleichungen und drei Variablen:

$$(I)\ 3x_1 +\ x_2 + 2x_3 = 9$$
$$(II)\ 4x_1 -\ x_2 - 3x_3 = 4$$
$$(III)\ \ x_1 + 2x_2 +\ x_3 = 5$$

Erster Lösungsweg: Sukzessives Einsetzten mit dem Ziel zuerst auf eine Dreiecksmatrix zu gelangen. Danach die Lösungen entsprechend ausrechnen.
Erster Schritt: x_1 aus (I) ausrechnen und in (II) und (III) einsetzen.

$$(II_{neu}) =\ (II_{alt}) - \tfrac{1}{3}(I)$$
$$(III_{neu}) = (III_{alt}) - \tfrac{3}{4}(I)$$

$$(I_{neu})\ 3x_1 +\ x_2 +\ 2x_3 =\ \ 9$$
$$(II_{neu})\qquad -\ \tfrac{7}{3}x_2 - \tfrac{17}{3}x_3 = -8$$
$$(III_{neu})\qquad +\ \tfrac{5}{3}x_2 +\ \tfrac{1}{3}x_3 =\ \ 2$$

Zweiter Schritt: x_2 aus (II_{neu}) ausrechnen und in (III_{neu}) einsetzen mit $(III_{end}) = (III_{neu}) + \tfrac{5}{7}(II_{neu})$ lautet die dritte Gleichung

$$\left(\frac{1}{3} + \frac{5}{7} \cdot \left(-\frac{17}{3}\right)\right) \cdot x_3 = 2 + \frac{5}{7} \cdot (-8);$$

$$x_3 = 1$$

Rückrechnung liefert aus (II_{neu}):

$$-\frac{7}{3}x_2 = -8 + \frac{17}{3} \cdot 1$$

$$x_2 = 1$$

und aus (I): $3x_1 + 1 + 2 = 9$ folgt $x_1 = 2$.

Dieser Rechenvorgang war völlig schematisch, die letzte Koeffizientenmatrix, aus der die Lösung sukzessive berechnet werden konnte, ist die Dreiecksmatrix.

$$\begin{pmatrix} 3 & 1 & 2 \\ 0 & -\frac{7}{3} & -\frac{17}{3} \\ 0 & 0 & -\frac{78}{21} \end{pmatrix}$$

Leichter wäre hier gewesen zuerst y aus (I) zu berechnen und dann in (II) und (III) einzusetzen.

Zweiter Lösungsweg: Komplettes Durchführen der Basistransformation bis genau alle Spaltenvektoren von A die Basis bilden. Anfangstableau:

Basis	a^1	a^2	a^3	b
e_1	3	1	2	9
e_2	4	-1	-3	4
e_3	1	2	1	5

1. Austauschschritt: $a^3 \leftrightarrow e_3$

2. Austauschschritt: $a^1 \leftrightarrow e_1$

3. Austauschschritt: $a^2 \leftrightarrow e_2$

Endtableau:

Basis	a^1	a^2	a^3	b
a^1	1	0	0	2
a^2	0	1	0	1
a^3	0	0	1	1

Die (eindeutige) Lösung $\bar{x}$ ist zu entnehmen aus dem Endtableau

$$b = 2 \cdot a^1 + 1 \cdot a^2 + 1 \cdot a^3 \quad \text{also} \quad \begin{pmatrix} \bar{x}_1 \\ \bar{x}_2 \\ \bar{x}_3 \end{pmatrix} = \begin{pmatrix} 2 \\ 1 \\ 1 \end{pmatrix}.$$

Beispiel 8, Fortsetzung:

Ergänzt man in diesem Beispiel die rechte Seite durch einen beliebigen Spaltenvektor b, und unterzieht diese Spalte den gleichen Umformungen, dann liefert der b-Vektor im Endtableau die Lösung des LGS.

Nach der Transformation sieht man im 2. bzw. 3. Tableau ob das LGS lösbar bzw. nicht lösbar ist.

Beispiel 10:
Gegeben sei die Matrix A und der Vektor b der rechten Seite

$$A = \begin{pmatrix} 1 & 2 \\ 2 & 4 \end{pmatrix} \; ; \quad b = \begin{pmatrix} 4 \\ 6 \end{pmatrix},$$

als Gleichungssystem ergibt sich

$$x_1 + 2 \cdot x_2 = 4$$
$$2 \cdot x_1 + 4 \cdot x_2 = 6$$

Anfangstableau:

Basis	a^1	a^2	b
e_1	1	2	4
e_2	2	4	6

Tausch: $a^1 \leftrightarrow e_1$
Endtableau:

Basis	a^1	a^2	b
a^1	1	2	4
e_2	0	0	-2

Tausch b gegen e_2 wäre noch möglich, also ist $r(A,b) = 2$. Aber $r(A) = 1$, daraus folgt demnach ein Widerspruch! Das Gleichungssystem ist unlösbar. Im Prinzip handelt es sich um nur eine Gleichung mit zwei Variablen.

Beispiel 11:
Gegeben sei folgendes LGS mit drei Variablen und zwei Gleichungen:

$$3x_1 + x_2 + 2x_3 = 9$$
$$4x_1 - x_2 - 3x_3 = 4$$

Offensichtlich gibt es hier mehr Variable als Gleichungen. Man wird eine Variable, z.B. x_3 mit einem beliebigen Wert versehen können. Nennen wir $x_3 = t$, dann erhält man die sogenannte **Parameterlösung**.
Führen Sie zwei Basisaustausch-Schritte beispielsweise von $a^2 \leftrightarrow e_1$ und $a^3 \leftrightarrow e_2$ durch und versuchen Sie, das Ergebnis zu interpretieren.

Um derart allgemeine Situationen beschreiben zu können, brauchen wir den folgenden Satz.

Satz 2.3.3 *Sei A eine $m \times n$-Matrix und $A \cdot x = b$ ein lineares Gleichungssystem mit dem Rang $r(A) = r(A,b) = m$.*

Ferner sei A_1 diejenige Teilmatrix von A, die im Endtableau der Basistrans-
formation die Basisvektoren bildet, sowie A_2 die Restmatrix, dann lautet -
eventuell nach Umordnen der Spalten - das LGS wie folgt:

$$(A_1, A_2) \cdot \begin{pmatrix} x^1 \\ x^2 \end{pmatrix} = A_1 \cdot x^1 + A_2 \cdot x^2 = b$$

*(a)   Eine **spezielle Lösung** des LGS ist gegeben durch*

$$\begin{pmatrix} \bar{x}^1 \\ \bar{x}^2 \end{pmatrix} \quad mit \quad \bar{x}^1 = A_1^{-1} \cdot b \quad und \quad \bar{x}^2 = 0$$

*(b)   Die **allgemeine Lösung** des LGS ist*

$$\begin{pmatrix} \bar{x}^1 \\ \bar{x}^2 \end{pmatrix} = \begin{pmatrix} A_1^{-1} \cdot b - A_1^{-1} \cdot A_2 \cdot \bar{x}^2 \\ \bar{x}^2 \end{pmatrix} \quad mit\ beliebigem \quad \bar{x}^2 \in \mathbb{R}^{n-m}.$$

Beispiel 12:
Die Koeffizientenmatrix

$$A = \begin{pmatrix} 3 & 1 & 2 \\ 4 & -1 & 3 \end{pmatrix}$$

hat genau zwei linear unabhängige Spalten, wobei hier sogar jeweils die
Spalten paarweise linear unabhängig sind. Es können genau zwei Spalten
in die Basis gebracht werden, demnach ist $r(A) = 2$. Da sich der Rang durch
Hinzufügen der rechten Seite nicht erhöhen kann - die Zeilenzahl bleibt zwei
- ist das LGS mit unendlich vielen Lösungen lösbar.
Nach zwei Austauschschritten (a^2 gegen e_1, dann a^3 gegen e_2) ergibt sich
folgendes Endtableau:

Basis	a^1	a^2	a^3	b
a^2	17	1	0	35
a^1	-7	0	1	-13

Liest man dieses Schema wieder als zwei Gleichungen, so ergibt eine einfache Umformung bei der die Variable x_1 auf die rechte Seite gebracht wird
folgendes:

$$1x_2 + 0x_3 = \quad 35 - \quad 17x_1$$
$$0x_2 + 1x_3 = -13 - (-7x_1)$$

Man entnimmt die Lösung als

$$x_2 = 35 - 17x_1$$
$$x_3 = -13 + 7x_1$$

und erkennt aus der Probe durch Einsetzen in das LGS, dass x_1 beliebig ist.

Beispiel 13:
Gegeben sei folgendes LGS mit vier Gleichungen und fünf Variablen:

$$
\begin{aligned}
x_2 + \quad x_3 + \quad x_4 + 3 \cdot x_5 &= 1 \\
-x_1 + \quad x_2 + \quad x_3 + 3 \cdot x_4 + 5 \cdot x_5 &= -1 \\
x_1 + 2 \cdot x_2 + 3 \cdot x_3 + \quad x_4 + 7 \cdot x_5 &= 5 \\
2 \cdot x_1 + \quad x_2 + 3 \cdot x_3 - \quad x_4 + 5 \cdot x_5 &= 7
\end{aligned}
$$

Anfangstableau:

Basis	a^1	a^2	a^3	a^4	a^5	b
e_1	0	1	1	1	3	1
e_2	-1	1	1	3	5	-1
e_3	1	2	3	1	7	5
e_4	2	1	3	-1	5	7

Tausch:
1. $a^1 \leftrightarrow e_3$
2. $a^3 \leftrightarrow e_1$

Endtableau nach zwei Austausch-Schritten:

Basis	a^1	a^2	a^3	a^4	a^5	b
a^3	0	1	1	1	3	1
e_2	0	0	0	0	0	0
a^1	1	-1	0	-2	-2	2
e_4	0	0	0	0	0	0

Eine spezielle Lösung kann beispielsweise folgendermaßen angegeben werden:

$$
\begin{pmatrix} \bar{x}_1 \\ \bar{x}_2 \\ \bar{x}_3 \\ \bar{x}_4 \\ \bar{x}_5 \end{pmatrix} = \begin{pmatrix} 2 \\ 0 \\ 1 \\ 0 \\ 0 \end{pmatrix}
$$

Der Rang der Koeffizientenmatrix ist zwei: $r(A) = 2$.
Der Rang der erweiterten Matrix ist ebenfalls zwei: $r(A, b) = 2$.

Die 2. und 4.Gleichung sind von der 1. und 3. linear abhängig.

Bestimmung der allgemeinen Lösung aus dem Endtableau durch sinnvolles Austauschen:

a.   0-Zeilen weglassen

b.   Basis in natürlicher Reihenfolge, d.h. Zeilen vertauschen

Neues Endtableau:

Basis	a^1	a^2	a^3	a^4	a^5	b
a^1	1	-1	0	-2	-2	2
a^3	0	1	1	1	3	1

d.h. jeder Vektor $\bar{x}^T = (\bar{x}_1, \bar{x}_2, \bar{x}_3, \bar{x}_4, \bar{x}_5)$, für den gilt:

$$\begin{pmatrix} \bar{x}_1 \\ \bar{x}_3 \end{pmatrix} = \begin{pmatrix} 2 \\ 1 \end{pmatrix} - \begin{pmatrix} -1 & -2 & -2 \\ 1 & 1 & 3 \end{pmatrix} \cdot \begin{pmatrix} \bar{x}_2 \\ \bar{x}_4 \\ \bar{x}_5 \end{pmatrix} \quad \text{mit } \bar{x}_2, \bar{x}_4, \bar{x}_5 \text{ beliebig reell,}$$

ist Lösung dieses Gleichungssystems.

$\bar{x}^T$ wird als allgemeine Lösung des LGS bezeichnet.

Eine andere spezielle Lösung ergibt sich beispielsweise für $\bar{x}_2 = \bar{x}_4 = \bar{x}_5 = 1$:

$$\begin{pmatrix} \bar{x}_1 \\ \bar{x}_2 \\ \bar{x}_3 \\ \bar{x}_4 \\ \bar{x}_5 \end{pmatrix} = \begin{pmatrix} 7 \\ 1 \\ -4 \\ 1 \\ 1 \end{pmatrix}$$

oder noch einfacher für $\bar{x}_2 = \bar{x}_4 = \bar{x}_5 = 0$ ergibt sich $\bar{x}^T = (2, 0, 1, 0, 0)$ (vgl. oben: spezielle Lösung).

Da die Variablen $\bar{x}_2$, $\bar{x}_4$ und $\bar{x}_5$ beliebige Werte aus dem Bereich der reellen Zahlen annehmen können, gibt es offensichtlich beliebig viele weitere spezielle Lösungen.

C Bestimmung der Inversen der Matrix A

Satz 2.3.4 *Berechnung der inversen Matrix:*
Lassen sich bei einer quadratischen Matrix A alle Spaltenvektoren in die Basis bringen, so steht - eventuell nach Umordnung der Zeilen zur Herstellung der richtigen Reihenfolge - dort, wo sich im Ausgangstableau die Einheitsvektoren befunden haben, nun die inverse Matrix A^{-1}.

Beispiel 14:
Gegeben sei die Matrix A, deren Inverse gesucht wird.

$$A = \begin{pmatrix} 1 & -1 & 1 \\ 0 & 2 & 1 \\ 1 & 1 & 1 \end{pmatrix}$$

Anfangstableau:

Basis	a^1	a^2	a^3	e_1	e_2	e_3
e_1	1	-1	1	1	0	0
e_2	0	2	1	0	1	0
e_3	1	1	1	0	0	1

Tausch:
1. $a^1 \leftrightarrow e_1$
2. $a^3 \leftrightarrow e_2$
3. $a^2 \leftrightarrow e_3$

Nach drei Austausch-Schritten kommt man zu folgendem Endtableau:
Endtableau:

Basis	a^1	a^2	a^3	e_1	e_2	e_3
a^1	1	0	0	$-\frac{1}{2}$	-1	$\frac{3}{2}$
a^3	0	0	1	1	1	-1
a^2	0	1	0	$-\frac{1}{2}$	0	$\frac{1}{2}$

und nach einem entsprechenden Zeilentausch, der die Basisvektoren in die natürliche Reihenfolge bringt:

Basis	a^1	a^2	a^3	e_1	e_2	e_3
a^1	1	0	0	$-\frac{1}{2}$	-1	$\frac{3}{2}$
a^2	0	1	0	$-\frac{1}{2}$	0	$\frac{1}{2}$
a^3	0	0	1	1	1	-1

Demnach ist die Inverse $A^{-1} = \begin{pmatrix} -\frac{1}{2} & -1 & \frac{3}{2} \\ -\frac{1}{2} & 0 & \frac{1}{2} \\ 1 & 1 & -1 \end{pmatrix}$.

Bemerkung: Diese Inverse konnte schon mit Hilfe der Adjunkten gemäß Definition 2.1.11 in Kapitel 2.1 berechnet werden.

2.4 Eigenwerte

Im vorigen Kapitel wurden Lineare Gleichungssysteme betrachtet und es wurde zwischen homogenen $(A \cdot x = 0)$ und inhomogenen Gleichungssystemen $(A \cdot x = b$ und der b-Vektor der rechten Seite ist ungleich dem Nullvektor) unterschieden. Bei Systemen mit n Gleichungen in n Variablen, also solchen mit quadratischer Koeffizientenmatrix A, ist für eindeutige Lösbarkeit des LGS notwendig, dass der Rang von A gleich n ist, d. h. dass die Spalten von A voneinander linear unabhängig sind. Dann und nur dann ist die Determinante $\det(A)$ von Null verschieden. Somit ist das homogene LGS $A \cdot x = 0$ im Falle einer nichtverschwindenden Determinante der Koeffizientenmatrix A ebenfalls eindeutig lösbar. Die einzige Lösung ist die sogenannte triviale Lösung $x = 0$. (Hier bedeuten natürlich die angeschriebenen Nullen immer den n-dimensionalen Nullvektor!). Andere, nichttriviale Lösungen des homogenen LGS gibt es genau dann, wenn $\det(A) = 0$.

Sei A eine quadratische Matrix. Das Lineare Gleichungssystem $A \cdot x = \lambda x$ hat zu jeder reellen Zahl λ immer den Nullvektor x als triviale Lösung. Wir interessieren uns nun für die Frage: Für welche reelle(n) Zahl(en) λ gibt es nichttriviale Lösungen zu $A \cdot x = \lambda x$?

Definition 2.4.1 *Es sei A eine quadratische Matrix. Eine Zahl λ heißt **Eigenwert von A**, wenn das Lineare Gleichungssystem $A \cdot x = \lambda x$ andere als die triviale Lösung $x = 0$ besitzt. Ist λ eine reelle Zahl, so handelt es sich um einen **reellen Eigenwert**.*
*Jeder Vektor x^*, der das LGS $A \cdot x = \lambda x$ erfüllt, heißt **Eigenvektor zum Eigenwert** λ.*

Folgerung 2.4.1 *Der Nullvektor ist, zu jedem Eigenwert, immer ein Eigenvektor.*

Ist x ein Eigenvektor zum Eigenwert λ, dann ist auch jedes Vielfache von x wieder Eigenvektor zum selben Eigenwert. Unter den Vielfachen eines Eigenvektors gibt es genau einen, dessen Betrag gleich eins ist: Dieser wird **normierter Eigenvektor** genannt.

Zur Erinnerung: Um aus einem beliebigen Vektor v den zugehörigen normierten Vektor zu bestimmen, ist der Vektor v durch seinen Betrag zu dividieren: $v_{\text{normiert}} = \dfrac{v}{|v|}$.

Der Betrag eines n dimensionalen Vektors $v = (v_1, v_2, \ldots, v_n)$ ist definiert als $|v| = \sqrt{(v_1^2 + v_2^2 + \cdots + v_n^2)}$ (vgl. Kap. 2.1).

Zur Berechnung von Eigenwerten einer $n \times n$-Matrix geht man wie folgt vor: Setzt man $\lambda x = \lambda E \cdot x$, dann kann das LGS $A \cdot x = \lambda x$ in der Form $(A - \lambda E) \cdot x = 0$ geschrieben werden. Darin bedeutet E die Einheitsmatrix der Dimension n. Dieses homogene LGS ist nur dann nichttrivial lösbar, wenn die Determinante von $(A - \lambda E)$ verschwindet. Offensichtlich ist $|A - \lambda E|$ ein Polynom n-ten Grades in λ, man nennt es das **Charakteristische Polynom** der Matrix A. Die Wurzeln dieses Polynoms, also die Lösungen der Gleichung $|A - \lambda E| = 0$ sind die Eigenwerte von A.

Folgerung 2.4.2 *Eine $n \times n$-Matrix kann höchstens n reelle Eigenwerte besitzen.*

Satz 2.4.1 *Für eine quadratische Matrix A gilt:*

(a)   Das Produkt aller Eigenwerte von A ist gleich ihrer Determinante $|A|$. Insbesondere: Eine Matrix mit $\det(A) = 0$ hat den Eigenwert $\lambda_1 = 0$.

*(b)   Die Summe aller Eigenwerte ist gleich der Summe der Elemente in der Hauptdiagonale von A, der **Spur von A**.*

(c)   Eine symmetrische Matrix hat nur reelle Eigenwerte.

Beispiel 1:

Zur Bestimmung der Eigenwerte der Matrix $\begin{pmatrix} 5 & 2 & 1 \\ 2 & 1 & 0 \\ 1 & 0 & 1 \end{pmatrix}$ benötigen wir die

Determinante der Matrix $\begin{pmatrix} 5 & 2 & 1 \\ 2 & 1 & 0 \\ 1 & 0 & 1 \end{pmatrix} - \begin{pmatrix} \lambda & 0 & 0 \\ 0 & \lambda & 0 \\ 0 & 0 & \lambda \end{pmatrix} = \begin{pmatrix} 5-\lambda & 2 & 1 \\ 2 & 1-\lambda & 0 \\ 1 & 0 & 1-\lambda \end{pmatrix}$

Diese ausgerechnet, ergibt das charakteristische Polynom

$$\begin{vmatrix} 5-\lambda & 2 & 1 \\ 2 & 1-\lambda & 0 \\ 1 & 0 & 1-\lambda \end{vmatrix} = (1-\lambda)\cdot((5-\lambda)\cdot(1-\lambda)-5)$$

Man setzt $|A-\lambda E| = (1-\lambda)\cdot((5-\lambda)\cdot(1-\lambda)-5) = 0$ und errechnet die drei Lösungen $\lambda_1 = 1$, $\lambda_2 = 0$ und $\lambda_3 = 6$.
Die Matrix A hat also drei reelle Eigenwerte. Diese erfüllen, wie man leicht erkennt, auch die in Satz 2.4.1 angegebenen Eigenschaften:
$|A| = 0 = 1\cdot 0\cdot 6$
$\text{Spur}(A) = 5+1+1 = 1+0+6$

Zu jedem Eigenwert - und nur zu diesen Werten - ist $A\cdot x = \lambda x$ nichttrivial lösbar.
Die Lösungen zu jedem dieser Eigenwerte sind die zugehörigen Eigenvektoren.

Um Eigenvektoren zu $\lambda = 1$ zu erhalten, löst man das LGS $A\cdot x = x$:

$$\begin{aligned} 5x_1 + 2x_2 + x_3 &= x_1 \\ 2x_1 + x_2 \phantom{{}+x_3} &= x_2 \\ x_1 \phantom{{}+2x_2} + x_3 &= x_3 \end{aligned}$$

Aus der letzten Gleichung erkennt man $x_1 = 0$, aus der ersten folgt dann $2x_2 + x_3 = 0$ und daraus $x_3 = -2x_2$ bei beliebigem x_2. Mit x_2 als Parameter t kann man die Lösungen als $(0,t,-2t)^T$, schreiben.

Der normierte Eigenvektor zu $(0,t,-2t)$ ist also
$$\frac{(0,t,-2t)}{\sqrt{0^2+t^2+(-2t)^2}} = \left(0, \frac{1}{\sqrt{5}}, \frac{-2}{\sqrt{5}}\right)$$

Zum Eigenwert $\lambda = 0$ ist das - in diesem Fall homogene - LGS $A\cdot x = 0\cdot x$ zu lösen:

$$\begin{aligned} 5x_1 + 2x_2 + x_3 &= 0 \\ 2x_1 + x_2 \phantom{{}+x_3} &= 0 \\ x_1 \phantom{{}+2x_2} + x_3 &= 0 \end{aligned}$$

Da $\det(A) = 0$ sind nur zwei dieser Gleichungen voneinander unabhängig. Wählt man z. B. die Variable x_3 als reellen Parameter t, so erhält man die Lösung: $x_1 = -t$, $x_2 = 2t$, als Vektor angeschrieben $(-t,2t,t)^T$.

Der normierte Eigenvektor dazu ist $\left(\dfrac{-1}{\sqrt{6}}, \dfrac{2}{\sqrt{6}}, \dfrac{1}{\sqrt{6}} \right)$

Für die Eigenvektoren zu $\lambda = 6$ ist das Gleichungssystem $A \cdot x = 6x$ zu lösen:

$$5x_1 + 2x_2 + x_3 = 6x_1$$
$$2x_1 + x_2 \qquad = 6x_2$$
$$x_1 \qquad + x_3 = 6x_3$$

Die Lösungsvektoren können geschrieben werden als $(5t, 2t, t)$, $t \in \mathbb{R}$, womit man als normierten Eigenvektor $\left(\dfrac{5}{\sqrt{30}}, \dfrac{2}{\sqrt{30}}, \dfrac{1}{\sqrt{30}} \right)$ erhält.

In einem späteren Kapitel werden „Definitheitseigenschaften" von speziellen Matrizen behandelt. (Vgl. Kap. 5.3). Oft ist es leichter, diese Definitheitseigenschaften nicht mit den dort angegebenen Methoden zu überprüfen, sondern mit Hilfe der Vorzeichen der Eigenwerte dieser Matrizen. Daher der an dieser Stelle noch nicht verständliche folgende

Satz 2.4.2 *Eine Quadratische Form $x^T C x$ bzw. die zugehörige symmetrische Matrix C ist*

(a) genau dann positiv definit, wenn all ihre Eigenwerte positiv sind,

(b) genau dann negativ definit, wenn all ihre Eigenwerte negativ sind,

(c) genau dann indefinit, wenn sie positive und negative Eigenwerte besitzt.

2.5 Lineare Produktionsmodelle

In der Wirtschaftstheorie wird ein Produktionssystems häufig als ein reales ökonomisches System beschrieben, welches

(a) aus Personen und Gütern besteht und Güter produziert,

(b) eine Umgebung besitzt und aus dieser Güter entnehmen oder an diese abgeben kann.

Will man nur die technischen Produktionsmöglichkeiten beschreiben, so genügt die Angabe jener Mengen von Inputgütern und jener Mengen von Outputgütern, welche durch die Mengen der Inputgüter erzeugt werden können.

Definition 2.5.1 *Für n Inputgüter und m Outputgüter heißt der Vektor*

$$\begin{pmatrix} x \\ u \end{pmatrix} \in \mathbb{R}^{n+m}_+$$

*ein **Produktionsprozess** mit $x^T = (x_1, x_2, \ldots, x_n) \in \mathbb{R}^n_+$ als **Inputvektor** und dem **Outputvektor** $u^T = (u_1, u_2, \ldots, u_m) \in \mathbb{R}^m_+$. Die Menge aller Produktionsprozesse eines Systems heißt **Technologie**, und wird durch*

$$T = \left\{ \begin{pmatrix} x \\ u \end{pmatrix} \ \middle| \ \begin{pmatrix} x \\ u \end{pmatrix} \ \text{ist Produktionsprozess} \right\} \subseteq \mathbb{R}^{n+m}_+$$

angegeben.

Hinweis: Das hochgestellte T bei Vektoren bedeutet deren Transponieren und darf nicht mit der Bezeichnung T für Technologie verwechselt werden.

Beispiel 1:
Für ein Produktionssystem mit nur einem Inputgut ($n = 1$) und einem Outputgut ($m = 1$) sei die Technologie durch die Menge der Punkte in der schraffierten Fläche des Halbkreises in Abb. 2.5 gegeben.

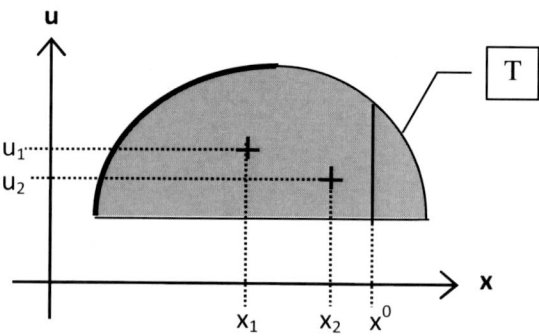

Abb. 2.5 Technologie eines Produktionssystems mit $n = 1$ und $m = 1$

Vergleicht man die beiden Produktionsprozesse $(x_1, u_1)^T$ und $(x_2, u_2)^T$, so ist offensichtlich der erste Prozess günstiger (effizienter) als der zweite Prozess, weil hier mit weniger Input (x_1 ist kleiner als x_2) mehr Output (u_1 ist größer als u_2) erzeugt wird.

Wie man sieht, sind gerade die Prozesse, die auf dem fett durchgezogenen Teil des Randes des Halbkreises liegen solche, für die es keinen effizienteren Prozess in der Technologie gibt.

Definition 2.5.2 *Ein Prozess* $\begin{pmatrix} x \\ u \end{pmatrix} \in T$ *heißt* **ineffizient**, *wenn es einen anderen Prozess in T gibt, der mit weniger Input mindestens denselben Output oder mit höchstens demselben Input mehr Output erzeugt. Wenn er nicht ineffizient ist, heißt er* **effizient** *oder* **pareto-optimal**.

Die Prozesse des nicht fett gezeichneten Viertelkreises, sowie alle Prozesse innerhalb des schraffierten Halbkreises aus Beispiel 1 sind ineffizient.

Bemerkung: Durch die Möglichkeit, für je zwei Prozesse einer Technologie festzustellen, ob einer der Prozesse effizienter ist als der andere, ist eine Relation in der Menge aller Prozesse beschrieben, die eine Halbordnung in T indiziert (vgl. Kap. 1.3). Die maximalen Elemente in dieser halbgeordneten Menge sind gerade die pareto-optimalen Prozesse.

Berücksichtigt man Preise für die Input- oder Outputgüter, so kann man die folgenden Optimierungsprobleme formulieren.

Definition 2.5.3

(a)   *Eine* **Lösung** $x^* \in \mathbb{R}_+^n$ *des Problems*

$$\min p^T \cdot x$$

$$bzgl. \quad \left\{ x \,\middle|\, \begin{pmatrix} x \\ u^0 \end{pmatrix} \in T \right\}$$

heißt eine **Minimalkostenkombination** *zur Herstellung des Outputvektors u_0 zu gegebenem Inputpreisvektor $p^T = (p_1, \ldots, p_n)$.*

(b)   *Eine* **Lösung** $u^* \in \mathbb{R}_+^m$ *des Problems*

$$\max \pi^T \cdot u$$

$$bzgl. \quad \left\{ u \,\middle|\, \begin{pmatrix} x^0 \\ u \end{pmatrix} \in T \right\}$$

heißt eine **Maximalumsatzkombination** *bei Einsatz des Inputvektors x_0 zu gegebenem Outputpreisvektor $\pi^T = (\pi_1, \ldots, \pi_m)$.*

Bemerkung: Die Lösungen sind nicht notwendig pareto-optimal, wie man auch in Beispiel 1 sieht. Unter den in Abb.1 eingezeichneten Prozessen zu der gegebenen Inputmenge x^0 gibt es keinen pareto-optimalen Prozess, also ist auch die Maximalumsatzkombination nicht pareto-optimal.

Aus der Interpretation eines Produktionsprozesses als **Produktionsmöglichkeit pro Zeiteinheit** ergibt sich, dass man beispielsweise in der gleichen Zeit mit den doppelten Inputmengen die doppelten Outputmengen erzeugen kann, dass also der verdoppelte Prozess ebenfalls ein Element der Technologie sein muss. Ebenso sollte man, falls man zwei verschiedene Prozesse gleichzeitig durchführt, aus der Summe der beiden Inputmengenvektoren genau die Summe der beiden Outputmengenvektoren erzeugen können. Dies gilt jedenfalls solange man keine zusätzlichen Kapazitätsrestriktionen berücksichtigen muss, und führt zu der folgenden Definition einer linearen Technologie.

Definition 2.5.4 *Eine Technologie T heißt*

(a)   **additiv**, *wenn für alle Prozesse*

$$\begin{pmatrix} x \\ u \end{pmatrix}, \begin{pmatrix} y \\ v \end{pmatrix} \in T \Rightarrow \begin{pmatrix} x+y \\ u+v \end{pmatrix} \in T,$$

also die Summe zweier Prozesse auch ein Prozess der Technologie ist,

(b)   **linear homogen**, *wenn für jede reelle Zahl* $\lambda > 0$ *gilt*

$$\begin{pmatrix} x \\ u \end{pmatrix} \in T \Rightarrow \begin{pmatrix} \lambda \cdot x \\ \lambda \cdot u \end{pmatrix} \in T,$$

also jedes positive Vielfache eines Prozesses ebenfalls ein Prozess der Technologie ist. Die Vielfachen werden auch **Intensitäten** *genannt,*

(c)   **linear**, *wenn sie* **additiv und linear homogen** *ist.*

Beispiel 2:

Besitzt eine lineare Technologie die zwei in der Abb. 2.6 fett gezeichneten Prozesse, dann ist jeder Punkt in der schraffierten Fläche des durch diese beiden Vektoren bestimmten (unbeschränkten) Zwickels mit Spitze Null ein Prozess dieser Technologie. Dies ist (vgl. Kap. 2.2) gerade die Menge aller nichtnegativen Linearkombinationen der beiden Vektoren. Man nennt eine solche Technologie eine von diesen Prozessen erzeugte Technologie.

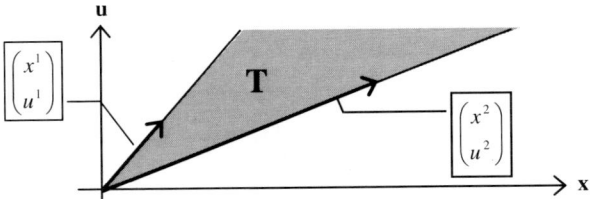

Abb. 2.6 Graphische Darstellung einer linearen Technologie $n = m = 1$

Definition 2.5.5 *Eine Technologie heißt **durch r Prozesse*** $\begin{pmatrix} x^i \\ u^i \end{pmatrix}$ $i = 1, \ldots, r$

erzeugbar, *wenn* $T = \left\{ \begin{pmatrix} x \\ u \end{pmatrix} = \sum_{i=1}^{r} \lambda_i \cdot \begin{pmatrix} x^i \\ u^i \end{pmatrix} \quad \lambda_i \geq 0, i = 1, \ldots, r \right\}$ *ist.*

Bemerkung: Jeder Prozess aus T lässt sich als nichtnegative Linearkombination der r erzeugenden Prozesse darstellen. Eine solche Technologie ist natürlich eine lineare Technologie.
Die zusätzliche Berücksichtigung von Kapazitäten, wie höchstens zur Verfügung stehende Inputmengen oder, weil man z.B. auf Lager produziert, die durch die Lagerkapazität bestimmte größtmögliche Outputmenge führt zum Begriff „Technologie mit Kapazitätsbeschränkung". Eine derartige Technologie wird auch linear genannt, wenn sie die in Definition 2.5.4 aufgezählten Eigenschaften jedenfalls hat, solange alle Kapazitätsgrenzen eingehalten werden.

Beispiel 3:
Für ein Inputgut und ein Outputgut ist in Abb. 2.7 eine lineare Technolgie mit Kapazitätsbeschränkung dargestellt, die von den zwei fett gezeichneten Prozessen erzeugt wird, und die eine maximal mögliche Inputmenge $\bar{x}$, sowie eine größtmögliche Outputmenge $\bar{u}$ besitzt. Die möglichen Prozesse dieser Technologie sind alle Punkte der schraffierten Fläche.

Für durch endlich viele Prozesse erzeugte, lineare Technologien kann man die Menge der möglichen Prozesse durch lineare Ungleichungen angeben. Die Bestimmung optimaler Produktionsprozesse unter Berücksichtigung von Input- und Outputpreisen ergibt sich damit als Lösung der im folgenden formulierten Linearen Programme (vgl. Kap. 6.1).

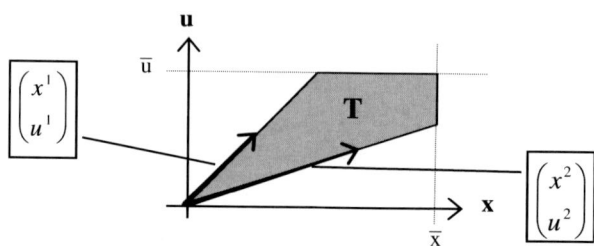

Abb. 2.7 Beispiel einer Technologie mit Kapazitätsbeschränkung $n = m = 1$

Folgerung 2.5.1 *Sei T eine lineare Technologie, die von den r Prozessen* $\begin{pmatrix} x^i \\ u^i \end{pmatrix}$ *für $i = 1, \ldots, r$ erzeugt ist, p sei der Inputpreisvektor und $\bar{x}$ der maximal verfügbare Input, sowie π der Outputpreisvektor und u^0 der mindestens beabsichtige Output.*

(a) *Die Intensitäten $(\lambda_1^*, \lambda_2^*, \ldots, \lambda_r^*)$ eines* **kostenminimalen Produktionsprozesses** *zur Erzeugung des gewünschten Mindest-Outputs u^0 ergeben sich als Optimallösung des folgenden Linearen Programms:*

$$\min z(\lambda_1, \ldots, \lambda_r) = c_1 \cdot \lambda_1 + c_2 \cdot \lambda_2 + \cdots + c_r \cdot \lambda_r$$

$$bzgl. \begin{cases} \lambda_1 \cdot x^1 + \lambda_2 \cdot x^2 + \cdots + \lambda_r \cdot x^r \leq \bar{x} \\ \lambda_1 \cdot u^1 + \lambda_2 \cdot u^2 + \cdots + \lambda_r \cdot u^r \geq u^0 \\ \lambda_1, \lambda_2, \ldots, \lambda_r \geq 0 \end{cases}$$

wobei die Hilfsgrößen $c_i = p^T \cdot x^i$ für $i = 1, \ldots, r$ die Kosten sind, die entstehen, wenn der i-te Prozess mit der Intensität $\lambda_i = 1$ durchgeführt wird.

(b) *Die Intensitäten $(\lambda_1^*, \lambda_2^*, \ldots, \lambda_r^*)$ eines* **umsatzmaximalen Produktionsprozesses** *ergeben sich als Optimallösung des folgenden Linearen Programms:*

$$\max z(\lambda_1, \ldots, \lambda_r) = q_1 \cdot \lambda_1 + q_2 \cdot \lambda_2 + \cdots + q_r \cdot \lambda_r$$

$$bzgl. \begin{cases} \lambda_1 \cdot x^1 + \lambda_2 \cdot x^2 + \cdots + \lambda_r \cdot x^r \leq \bar{x} \\ \lambda_1, \lambda_2, \ldots, \lambda_r \geq 0 \end{cases}$$

wobei die Hilfsgrößen $q_i = \pi^T \cdot u^i$ für $i = 1, \ldots, r$ die Umsätze sind, die entstehen, wenn der i-te Prozess mit der Intensität $\lambda_i = 1$ durchgeführt wird.

(c) *Die Intensitäten $(\lambda_1^*, \lambda_2^*, \ldots, \lambda_r^*)$ eines **gewinnmaximalen Produktionsprozesses** ergeben sich als Optimallösung des folgenden Linearen Programms:*

$$\max z(\lambda_1, \ldots, \lambda_r) = g_1 \cdot \lambda_1 + g_2 \cdot \lambda_2 + \cdots + g_r \cdot \lambda_r$$

$$bzgl. \begin{cases} \lambda_1 \cdot x^1 + \lambda_2 \cdot x^2 + \cdots + \lambda_r \cdot x^r \leq \bar{x} \\ \lambda_1, \lambda_2, \ldots, \lambda_r \geq 0 \end{cases}$$

wobei die Hilfsgrößen $g_i = \pi^T \cdot u^i - p^T \cdot x^i$ für $i = 1, \ldots, r$ die Gewinne sind, die entstehen, wenn der i-te Prozess mit der Intensität $\lambda_i = 1$ durchgeführt wird.

2.6 Übungsaufgaben

1. Gegeben seien die 3×3 Matrizen A und B mit

$$a_{ij} = \begin{cases} 0 & \ldots & i > j \\ 1 & \ldots & i = j \\ -1 & \ldots & i < j \end{cases} \qquad b_{ij} = \begin{cases} 0 & \ldots & i > j \\ 1 & \ldots & i = j \\ 2^{j-i-1} & \ldots & i < j \end{cases}$$

(a) Bestimmen Sie die Matrizen A und B!

(b) Berechnen Sie $A \cdot B$! Was können Sie aus diesem Ergebnis über den Zusammenhang der Matrizen A und B aussagen?

Lsg.: (a) $A = \begin{pmatrix} 1 & -1 & -1 \\ 0 & 1 & -1 \\ 0 & 0 & 1 \end{pmatrix}$ $B = \begin{pmatrix} 1 & 1 & 2 \\ 0 & 1 & 1 \\ 0 & 0 & 1 \end{pmatrix}$ (b) $A \cdot B = \begin{pmatrix} 1 & 0 & 0 \\ 0 & 1 & 0 \\ 0 & 0 & 1 \end{pmatrix}$

$$A \cdot B = I \Rightarrow B = A^{-1}$$

2. Die folgenden Tabellen zeigen die Anzahl der täglichen Direktflüge von Graz (G) und Klagenfurt (K) nach Wien (W), Frankfurt (F) und London (L) bzw. die entsprechende Anzahl täglicher Weiterflugmöglichkeiten

nach Dublin (*D*). Wie viele Möglichkeiten gibt es insgesamt, von Graz
bzw. Klagenfurt nach Dublin zu kommen?

$$A: \begin{array}{c} \\ G \\ K \end{array} \begin{pmatrix} W & F & L \\ 3 & 4 & 1 \\ 2 & 3 & 1 \end{pmatrix} \qquad\qquad B: \begin{array}{c} \\ W \\ F \\ L \end{array} \begin{pmatrix} D \\ 1 \\ 2 \\ 7 \end{pmatrix}$$

Lsg.: $\quad A \cdot B = \begin{array}{c} \\ G \\ K \end{array} \begin{pmatrix} D \\ 18 \\ 15 \end{pmatrix}$

3. Gegeben seien die Vektoren $a = (1,2,4)$; $b = (1,0,3)$; $c = (2,4,8)$; $d = (0,2,0)$. Berechnen Sie alle paarweisen Skalarprodukte und die Länge all dieser Vektoren. Welche von Ihnen sind parallel? Welche stehen aufeinander normal? (Zwei Vektoren des $\mathbb{R}^3$ stehen zueinander normal, wenn ihr Skalarprodukt gleich Null ist.)

   Lsg.:

   Länge: $|a| = \sqrt{(a \cdot x)^2 + (a \cdot y)^2 + (a \cdot z)^2}$

   Parallel: $a_x : a_y : a_z = b_x : b_y : b_z$

   Orthogonal Normal: $a_x \cdot b_x + a_y \cdot b_y + a_z \cdot b_z = 0$

4. Gegeben seien die Matrizen

$$A = \begin{pmatrix} 1 & 2 & 3 \\ 4 & 1 & 0 \\ 2 & 1 & 0 \end{pmatrix} \qquad\qquad B = \begin{pmatrix} 2 & 4 & 3 \\ 4 & 1 & 0 \\ 3 & 2 & 1 \end{pmatrix}$$

   (a)   Wie groß ist der Rang von *A* bzw. *B*?

   (b)   Zeigen Sie: $A^T \cdot B^T = (B \cdot A)^T$ und $A \cdot B \neq B \cdot A$.

   (c)   Berechnen Sie - falls möglich - folgende Matrizen: $2 \cdot A + 3 \cdot B$ und $B^T - A$.

5. Gegeben seien die LGS, deren Lösung auf verschiedenen Weg gesucht wird:

(a) $3x + 2y = 7$
$2x + 3y = 8$

(b) $2x + y = 9$
$2x + 2y = 16$

6. Versuchen Sie mit selbstgewählten Matrizen zu zeigen, dass die Transponierte einer Transponierten wieder die Ausgangsmatrix ergibt.

7. Gegeben seien die Matrizen

$$C = \begin{pmatrix} 3 & 0 \\ 4 & 2 \\ 1 & 2 \end{pmatrix} \qquad D = \begin{pmatrix} 2 & 1 & 0 \\ 0 & 2 & 1 \end{pmatrix}$$

Berechnen Sie, wenn möglich, $C \cdot D, D \cdot C, D^T \cdot C, D \cdot C^T, D^T \cdot C^T, C \cdot D^T,$ $C^T \cdot D$.

8. Gegeben seien:

$$A = \begin{pmatrix} 1 \\ 0 \\ 2 \end{pmatrix} \qquad B = \begin{pmatrix} 2 & 0 \\ 0 & 3 \\ 1 & -1 \end{pmatrix} \qquad C = \begin{pmatrix} 1 & -1 & 0 \\ 0 & 2 & 3 \\ 4 & 0 & -1 \end{pmatrix}$$

(a)   Bestimmen Sie den Rang jeder Matrix.

(b)   Berechnen Sie - sofern das möglich ist - folgende Matrizen:
$A^T, C^T, A \cdot B, A \cdot C, B \cdot C, C \cdot B, B^T \cdot C, A^T \cdot B, B \cdot A, B^T \cdot A, A^2, C^2,$
$A \cdot A^T, A^T \cdot C \cdot A$.

9. Man löse das das folgende inhomogene Gleichungssystem im $\mathbb{R}^3$

$$\begin{aligned} 3x + 4y + 3z &= 1 \\ 2x - y - z &= 6 \\ x + 3y + 2z &= -1 \end{aligned}$$

Lösungsweg:

$$\begin{aligned} (I) \ 3x + 4y + 3z &= 1 \\ (II) \ 2x - y - z &= 6 \qquad \Leftrightarrow \\ (III) \ \ x + 3y + 2z &= -1 \end{aligned}$$

$$(I) \quad 3x + \ 4y + 3z = \quad 1$$
$$(II) \qquad \ 11y + 9z = -16 \qquad \Leftrightarrow$$
$$(III) \quad - \ 5y - 3z = \quad 4$$

$$(I) \quad 3x + \ 4y + \ 3z = \quad 1$$
$$(II) \qquad \ 11y + \ 9z = -16 \qquad \Leftrightarrow$$
$$(III) \qquad \qquad \ 12z = -36$$

$$z = -3, y = 1, x = 2$$

10. Man löse, wenn möglich, die folgenden Gleichungssysteme im $\mathbb{R}^3$:

(a)

$$\begin{aligned} x - \ y + 2z &= \ 3 \\ 3x - 2y + \ z &= \ 2 \\ 3x + \ y - \ z &= -6 \end{aligned}$$

$$L = \{(-1, -2, 1)\}$$

(b)

$$\begin{aligned} x - \ y + 2z &= \ 3 \\ 3x - 2y + \ z &= \ 2 \\ x \qquad - 3z &= -4 \end{aligned}$$

$$L = \{(x,y,z) \in \mathbb{R}^3 \mid x = \frac{1}{5} + \frac{3}{5}t \wedge y = t \wedge z = \frac{7}{5} + \frac{1}{5}t\}, \text{mit bel. } t \in \mathbb{R}$$

(c)

$$\begin{aligned} x - \ y + 2z &= 3 \\ 3x - 2y + \ z &= 2 \\ x \qquad - 3z &= 4 \end{aligned}$$

$$L = \{\}$$

(d)

$$\begin{aligned} x - \ y + 2z &= 0 \\ 3x - 2y + \ z &= 0 \\ x \qquad - 3z &= 0 \end{aligned}$$

$$L = \{(x,y,z) \in \mathbb{R}^3 \mid x = \frac{3}{5}t \wedge y = t \wedge z = \frac{1}{5}t\}, \text{mit beliebigem } t \in \mathbb{R}$$

11. Wie muss bzw. wie darf man die reelle Zahl a wählen, damit das Gleichungssystem

$$
\begin{aligned}
x + 4y + az &= 1 \\
x + 2y - z &= 0.5 \\
2x \quad\quad + 2z &= 3.5
\end{aligned}
$$

(a)   keine Lösung,

(b)   unendlich viele Lösungen, oder

(c)   genau eine Lösung hat?

Lsg.:   (a) $a = -3$ (b) nicht möglich   (c) $a \neq -3$

12. Gegeben sind folgende zwei Vektoren a und b:

$$
a = \begin{pmatrix} 3 \\ 6 \\ 1 \end{pmatrix} \qquad b = \begin{pmatrix} 4 \\ 2 \\ 2 \end{pmatrix}
$$

Bestimmen Sie einen dritten Vektor c, sodass a, b und c eine Basis des $\mathbb{R}^3$
bilden! Zeigen Sie, dass diese drei Vektoren eine Basis bilden!

Lsg.:   Beispielsweise $c = (0, 0, 1)^T$. Wir berechnen $det(B) = -18$ von

$$
B = \begin{pmatrix} 3 & 4 & 0 \\ 6 & 2 & 0 \\ 1 & 2 & 1 \end{pmatrix}
$$

und wissen somit, dass die drei Vektoren linear unabhängig sind.

13. Lösen Sie folgendes Gleichungssystem:

$$
\begin{aligned}
x + 2y \quad\quad - w &= a \\
2x \quad\quad + z \quad\quad &= b \\
x + y \quad\quad + 2w &= c
\end{aligned}
$$

allgemein für $a, b, c \in \mathbb{R}$. Ist das Gleichungssystem immer lösbar?

$$\begin{pmatrix} 1 & 2 & 0 & -1 & | & a \\ 2 & 0 & 1 & 0 & | & b \\ 1 & 1 & 0 & 2 & | & c \end{pmatrix} \Leftrightarrow \begin{pmatrix} 1 & 0 & 0 & 5 & | & 2c-a \\ 0 & 1 & 0 & -3 & | & a-c \\ 0 & 0 & 1 & -10 & | & 2a+b-4c \end{pmatrix}$$

Für w ist ein freier Parameter zu bestimmen. Dieser sei t: $w = t$

$z = 2a + b - 4c + 10t$

$y = a - c + 3t$

$x = 2c - a - 5t$

$$L = \left\{ \begin{pmatrix} x \\ y \\ z \\ w \end{pmatrix} = \begin{pmatrix} 2c-a \\ a-c \\ 2a+b-4c \\ 0 \end{pmatrix} + t \begin{pmatrix} -5 \\ 3 \\ 10 \\ 1 \end{pmatrix} \,\middle|\, t \in \mathbb{R} \right\}$$

Der Rang der Koeffizientenmatrix ist 3. Daher stimmt der Rang der Koeffizientenmatrix mit dem Rang der erweiterten Koeffizientenmatrix überein und das Gleichungssystem ist unabhängig von a, b, c immer lösbar.

14. Gegeben ist ein lineares Gleichungssystem:

$$x + az = 2x + b$$
$$y + bz = x - b + a$$
$$x + y = -z + b$$

(a)   Für welche $a, b \in \mathbb{R}$ hat das LGS unendlich viele Lösungen?

(b)   Für welche $a, b \in \mathbb{R}$ hat das LGS eine eindeutige Lösung?

(c)   Für welche $a, b \in \mathbb{R}$ ist das LGS unlösbar?

Lsg.:   (a)

$$\begin{pmatrix} 1 & 1 & 1 & | & b \\ -1 & 1 & b & | & a-b \\ -1 & 0 & a & | & b \end{pmatrix} \Leftrightarrow \begin{pmatrix} 1 & 1 & 1 & | & b \\ 0 & 1 & a+1 & | & 2b \\ 0 & 0 & b-2a-1 & | & a-4b \end{pmatrix}$$

Damit unendliche viele Lösungen vorliegen, muß die dritte Zeile ein Nullvektor sein:

$$-2a + b - 1 = 0 \wedge a - 4b = 0.$$

Dieses Gleichungssystem liefert die Lösungen $a = -\frac{4}{7}, b = -\frac{1}{7}$.

(b) Das System ist eindeutig lösbar, falls

$$b - 2a - 1 \neq 0 \Rightarrow 2a + 1 \neq b.$$

(c) Das System ist unlösbar, falls $-2a + b = 1 \wedge a \neq 4b$.

15. Aufgrund einer Marktanalyse zu Jahresanfang weiß man, dass sich 3 Unternehmen A, B und C den Markt für ein bestimmtes Gut teilen, wobei Unternehmen A 20% des Marktanteils besitzt, Unternehmen B 30% und Unternehmen C den Rest. Eine aktuelle Analyse zeigt folgende Veränderungen:

A   behält 80% seiner Kunden, gibt jeweils 10% an B und C ab.

B   behält 60% seiner Kunden, gibt 15% an A und 25% an C ab.

C   behält 60% seiner Kunden, gibt 20% an A und 20% an B ab.

Geben Sie die Marktanteilsmatrix mit den Marktanteilen als Vektoren wieder. Diese sogenannte Übergangsmatrix A_{ij} beinhaltet die jeweiligen Prozentsätze der Kunden von Markt j, die in der nächsten Periode Kunden von i werden $(i, j = A, B, C)$. Der Vektor m der ursprünglichen Marktanteile sei Ausgangspunkt der Berechnung $A \cdot m$ für die nächste Periode. Berechnen Sie $A \cdot m$, zeigen Sie, dass dieser Vektor die Anforderungen erfüllt, und interpretieren Sie das Ergebnis:

$$A = \begin{pmatrix} 0.80 & 0.15 & 0.20 \\ 0.10 & 0.60 & 0.20 \\ 0.10 & 0.25 & 0.60 \end{pmatrix} \qquad m = \begin{pmatrix} 0.20 \\ 0.30 \\ 0.50 \end{pmatrix}$$

Lsg.:

$$A \cdot m = \begin{pmatrix} 0.16 + 0.045 + 0.10 = 0.305 \\ 0.02 + 0.180 + 0.10 = 0.300 \\ 0.02 + 0.075 + 0.30 = 0.395 \end{pmatrix}$$

Die Marktanteile nach einer Periode haben sich nahezu angeglichen!

16. Zur Matrix

$$\begin{pmatrix} 6 & 1 & 3 \\ 1 & 2 & 0 \\ 3 & 0 & 2 \end{pmatrix}$$

bestimme man alle Eigenwerte, sowie den normierten Eigenvektor zum ganzzahligen Eigenwert.

Lsg.: $\lambda_1 = 2, \lambda_2 \approx 7.742, \lambda_3 \approx 0.258;$ $(0, -\frac{3}{\sqrt{10}}, \frac{1}{\sqrt{10}})$

17. Eine Technologie T besteht aus sechs Prozessen $(x_1, x_2, x_3; u_1, u_2)^T$:

$(1,2,3;4,5)^T$, $(1,3,2;4,5)^T$, $(3,2,1;4,5)^T$, $(1,2,3;5,6)^T$, $(3,1,1;5,5)^T$,

$(4,2,1;4,4)^T$

(a)   Gibt es Prozesse aus T die effizient sind?

(b)   Beschreiben Sie die aus den Prozessen $(1,2,3;3,4)^T$, $(1,2,2;3,4)^T$, $(1,1,3;3,5)^T$ erzeugbare Technologie.

Lsg.:

(a) $(1,2,3;5,6)^T$ und $(3,1,1;5,5)^T$ sind effiziente Prozesse.

(b) $\left\{ \begin{pmatrix} x \\ u \end{pmatrix} \middle| \begin{pmatrix} x \\ u \end{pmatrix} = \lambda_1 \cdot \begin{pmatrix} 1 \\ 2 \\ 3 \\ 3 \\ 4 \end{pmatrix} + \lambda_2 \cdot \begin{pmatrix} 1 \\ 2 \\ 2 \\ 3 \\ 4 \end{pmatrix} + \lambda_3 \cdot \begin{pmatrix} 1 \\ 1 \\ 3 \\ 3 \\ 5 \end{pmatrix} \right\}$ mit $\lambda_i \geq 0$

18. Bestimmen Sie eine aus vier Prozessen $(x_1, x_2, x_3; u_1, u_2)^T$ bestehende Technologie derart, dass genau ein Prozess effizient ist!

Kapitel 3

Folgen, Reihen und Finanzrechnung

3.1 Folgen und Konvergenz

Betrachtet man eine abzählbar unendliche Menge M von reellen Zahlen, so bedeutet die Abzählbarkeit, dass man diese Zahlen eindeutig durchnummerieren kann, d. h. $M = \{r_1, r_2, r_3, r_4, \ldots\}$ oder auch $M = \{r_7, r_{53}, r_1, r_4, \ldots\}$. Die Reihenfolge spielt bei der aufzählenden Schreibweise einer Menge keine Rolle.

Soll hingegen die Reihenfolge wesentlich sein, so erklärt man:

Definition 3.1.1 *Ordnet man jeder natürlichen Zahl n genau eine reelle Zahl a_n zu, so entsteht dadurch eine **unendliche Zahlenfolge** $(a_1, a_2, a_3, \ldots)$. Man schreibt dafür $(a_n)_{n \in \mathbb{N}}$ oder kurz (a_n).*
*Die Zahl a_i heißt **i-tes Glied der Folge**. Jedes Anfangsstück einer unendlichen Folge, etwa $(a_1, a_2, \ldots, a_k)$, heißt **endliche Folge**.*

Damit ist jedes a_n eine (nummerierte) reelle Zahl. Man schreibt auch $a_n = a(n)$ und kann $a(n)$ als Wert einer Funktion $f : \mathbb{N} \to \mathbb{R}$ an der Stelle n (vgl. dazu Kap. 4.1) auffassen.

Beispiel 1:

(a) Die Folge der ungeraden natürlichen Zahlen $(1, 3, 5, 7, \ldots)$. Deren Bildungsgesetz kann angegeben werden als $a_n = 2 \cdot n - 1$.

(b) Die Folge mit dem allgemeinen Glied $a_n = \dfrac{1}{n+1}$ ergibt z.B. für a_7 den Wert $\frac{1}{8}$. Die Folge beginnt mit $\frac{1}{2}, \frac{1}{3}, \frac{1}{4}, \ldots$.

(c)   Ist jedes $a_n = 3$, so erhält man die Folge $(3, 3, 3, \ldots)$.

(d)   Die Folge mit $a_n = (-1)^n \cdot \frac{1}{n}$ beginnt mit $(-1, +\frac{1}{2}, -\frac{1}{3}, +\frac{1}{4}, \ldots)$.

Man erkennt in diesem Beispiel schon gewisse Eigenschaften von Folgen.

Bezeichnungen: Eine Zahlenfolge heißt

(a)   **monoton wachsend** (nichtfallend), wenn für alle $n \in \mathbb{N} : a_{n+1} \geq a_n$,

(b)   **streng monoton wachsend**, wenn für alle $n \in \mathbb{N} : a_{n+1} > a_n$,

(c)   **monoton fallend** (nichtwachsend), wenn für alle $n \in \mathbb{N} : a_{n+1} \leq a_n$,

(d)   **streng monoton fallend**, wenn für alle $n \in \mathbb{N} : a_{n+1} < a_n$,

(e)   **beschränkt nach oben**, wenn kein Folgenglied größer ist als eine feste
endliche Zahl $\bar{a}$, die eine **obere Schranke** genannt wird, d. h. $\exists \, \bar{a}$ so
dass $\forall n \in \mathbb{N} : a_n \leq \bar{a}$,

(f)   **beschränkt nach unten**, wenn es eine **untere Schranke** $\underline{a}$ gibt, für die
gilt: $\forall n \in \mathbb{N} : a_n \geq \underline{a}$,

(g)   **beschränkt**, wenn sie sowohl nach oben als auch nach unten be-
schränkt ist, d.h. $\exists \, a \in \mathbb{R}$, sodass $\forall n \in \mathbb{N} : -a \leq a_n \leq a$.

(h)   Eine Zahlenfolge heißt **alternierend**, wenn ihre Folgenglieder abwechselnd positiv und negativ sind.

Für die Folgen aus obigem Beispiel 1 erkennt man:

Folge (a) ist streng monoton wachsend und nach unten beschränkt. Eine un-
tere Schranke ist null, aber auch jede reelle Zahl $\underline{a} < 0$.
Folge (b) ist streng monoton fallend und beschränkt. Alle Folgenglieder lie-
gen zwischen null und eins.
Folge (c) ist eine konstante Folge, die aus lauter gleichen Gliedern besteht.
Sie ist sowohl monoton fallend als auch monoton steigend, allerdings beides
nicht streng.
Folge (d) ist eine alternierende Folge, sie ist also keinesfalls monoton. Die
Folge ist beschränkt, z. B. mit der unteren Schranke -2 und der oberen
Schranke $+3$.

Definition 3.1.2 *Eine Zahlenfolge* (a_n) *heißt*

(a) **arithmetische Folge**, *wenn für alle* $n \in \mathbb{N} : a_{n+1} = a_n + d$, *wobei* $d \in \mathbb{R}$
eine feste Zahl ist,

(b) **geometrische Folge**, *wenn für alle* $n \in \mathbb{N} : a_{n+1} = a_n \cdot q$, *wobei* $q \in \mathbb{R}$
eine feste Zahl ist (und $q \neq 0$*).*

Beispiel 2:
Zum Vergleich von arithmetischer und geometrischer Folge.
Welche Art von Gehaltserhöhung ist vorzuziehen,

Variante A: Jedes Jahr um 80.- mehr Gehalt (arithmetisch, $d = 80$), oder

Variante G: Jedes Jahr um 5% mehr Monatsgehalt (geometrisch, $q = 1.05$)?

Bei einem Anfangsgehalt von 1500.- sind 80.- mehr als die 5% von den
1500.-. Dennoch ist auf lange Sicht die Variante G vorzuziehen, man betrachte dazu die Gehaltsentwicklung im Lauf der Jahre:

Jahr	1	2	3	4	$\cdots$	10
Variante A	1500	1580	1660.0	1740.0	$\cdots$	2220
Variante G	1500	1575	1653.7	1736.4	$\cdots$	2327

Die Berechnung für a_{20} - das Monatsgehalt im 20. Jahr - ergibt für Variante A (arithmetische Folge mit $d = 80$) den Wert 3020.- , für Variante G
(geometrische Folge mit $q = 1.05$) den gerundeten Wert 3790.- .

Folgerung 3.1.1

(a) *Für eine arithmetische Folge gilt:* $a_n = a_1 + (n - 1) \cdot d$.

(b) *Für eine geometrische Folge gilt:* $a_n = a_1 \cdot q^{n-1}$.

Beispiel 3:
Die geometrische Folge mit $a_1 = 3$ und $q = 2$ beginnt mit $(3, 6, 12, 24, \ldots)$.
Das Folgenglied mit der Nummer 12 lautet $a_{12} = a_1 \cdot q^{11} = 6144$.

Definition 3.1.3 *Gegeben sei eine Zahlenfolge* (a_n). *Dann heißt die Folge
mit dem allgemeinen Folgenglied* $d_n = a_{n+1} - a_n$ **(erste) Differenzfolge**
der Folge (a_n). *Man schreibt dafür* $\left(\Delta^1 a_n\right)_{n \in \mathbb{N}}$, *kurz* $\left(\Delta^1 a_n\right)$.

Die Differenzenfolge der Folge $\left(\Delta^1 a_n\right)$ mit dem allgemeinen Folgenglied $\Delta^2 a_n = \Delta^1 a_{n+1} - \Delta^1 a_n$. nennt man **zweite Differenzenfolge** der Folge (a_n) und man schreibt dafür kurz $\left(\Delta^2 a_n\right)$.

Die Differenzenfolge von $\left(\Delta^{k-1} a_n\right)$ nennt man **k-te Differenzenfolge** der Folge (a_n).

Beispiel 4:
Sei $(a_n) = (3n^2 + 1)$. Dann berechnet man das allgemeine Glied der ersten Differenzenfolge $\Delta^1 a_n = \left(3(n+1)^2 + 1 - (3n^2 + 1)\right) = 6n + 3$. Wird davon wieder die Folge der Differenzen gebildet, erhält man die aus konstanten Gliedern bestehende zweite Differenzenfolge:

$$\left(\Delta^2 a_n\right)_{n \in \mathbb{N}} = \left(\left(6(n+1) + 3 - (6n+3)\right)\right)_{n \in \mathbb{N}} = (6)_{n \in \mathbb{N}}.$$

Bemerkung: Für eine arithmetische Folge (a_n) gilt: Ihre erste Differenzenfolge ist die konstante Folge mit $\Delta^1 a_n = d$.

Definition 3.1.4 *Sei $(a_n)_{n \in \mathbb{N}}$ eine Zahlenfolge und $(k_n)_{n \in \mathbb{N}}$ sei eine streng monoton wachsende Folge natürlicher Zahlen.*
*Dann heißt $\left(a_{k_n}\right)_{n \in \mathbb{N}}$ kurz $\left(a_{k_n}\right)$, **Teilfolge** von $(a_n)_{n \in \mathbb{N}}$.*

Beispiel 5:
Zur Folge mit $a_n = (-1)^n \cdot \dfrac{1}{n}$ ergibt sich etwa die Teilfolge aller geradzahligen Folgenglieder, d.h. die mit Hilfe von $(k_n) = (2, 4, 6, \dots)$ gebildete Teilfolge:

$$\left(a_{k_n}\right) = (a_2, a_4, a_6, \dots) = \left(\frac{1}{2}, \frac{1}{4}, \frac{1}{6}, \dots\right).$$

Im Gegensatz zur Folge (a_n) ist diese Teilfolge, die man auch als $\left(a_{2n}\right)_{n \in \mathbb{N}}$ schreiben kann, nicht alternierend. Sie besteht nur aus positiven Gliedern und ist monoton fallend.

Beispiel 6:
Man betrachte die Folge mit $a_n = (-1)^n + \left(1 + \dfrac{1}{n}\right)$. Diese Folge ist, wie man leicht sieht, beschränkt. Für alle Folgenglieder gilt: $0 \leq a_n \leq 3$.
Teilt man das Intervall $[0, 3]$ in zwei Hälften, so müssen in mindestens einer davon unendlich viele Glieder der Folge liegen. Bei der betrachteten Folge liegen sowohl in $[0, 1.5]$ als auch in $]1.5, 3]$ unendlich viele Folgenglieder. Um das zu zeigen, werden zwei Teilfolgen gebildet:

Jene zu $(k_n) = (1, 3, 5, \ldots)$, d.h. jene mit den ungeraden Nummern, (a_{2n-1}), und eine, die nur Folgeglieder mit geraden Nummern enthält, etwa die zu $(k_n) = (6n)$, die Folge $(a_6, a_{12}, a_{18}, \ldots) = (a_{6n})$.

Die erste dieser Teilfolgen, (a_{2n-1}), hat das allgemeine Folgenglied $a_{2n-1} = -1 + 1 + \dfrac{1}{2n-1} = \dfrac{1}{2n-1}$, d.h. jedes Glied dieser Teilfolge ist kleiner als 1.5.

Die Teilfolge $(a_{6n})_{n \in \mathbb{N}}$ hat das allgemeine Folgenglied $a_{6n} = 2 + \dfrac{1}{6n}$, womit jedes ihrer Glieder größer ist als 1.5 .

Beide Teilfolgen sind streng monoton fallend, die Teilfolge (a_{2n-1}) wird für hohe Nummern Werte annehmen, die immer näher an Null liegen, die andere Teilfolge (a_{6n}) wird mit hohen Nummern immer näher an die Zahl 2 heranrücken. Jede Teilfolge hat unendlich viele Glieder. Somit liegen also sowohl „in der Nähe der Zahl Null" als auch „in der Nähe der Zahl 2" unendlich viele Glieder der Folge (a_n) mit $a_n = (-1)^n + \left(1 + \dfrac{1}{n}\right)$.

Definition 3.1.5 *Eine Zahl a heißt **Häufungspunkt** der Folge (a_n), wenn für jedes beliebig kleine $\varepsilon > 0$ im Intervall $]a - \varepsilon, a + \varepsilon[$ unendlich viele Folgenglieder liegen.*

Ist eine unendliche Folge beschränkt, d.h. alle a_n liegen in $[\underline{a}, \overline{a}]$, so müssen in (mindestens) einer Hälfte dieses Intervalls unendlich viele Glieder der Folge liegen. Führt man die Überlegung der Intervallhalbierung immer weiter durch, so ergibt sich die folgende Aussage:

Satz 3.1.1 *Jede beschränkte unendliche Folge hat mindestens einen Häufungspunkt.*

Die Folge aus Beispiel 6 hat die zwei Häufungspunkte $a = 0$ und $b = 2$.

Definition 3.1.6 *Der kleinste Häufungspunkt einer Zahlenfolge (a_n) heißt **limes inferior** dieser Folge und wird mit $\liminf_{n \to \infty}(a_n)$ bezeichnet. Der größte Häufungspunkt, bezeichnet mit $\limsup_{n \to \infty}(a_n)$, wird **limes superior** dieser Folge genannt.*

Jede beschränkte, unendliche Folge hat also genau einen limes inferior und einen limes superior. Stimmen diese beiden Werte überein, so hat die Folge genau einen Häufungspunkt.

Ist a der einzige Häufungspunkt der beschränkten Folge (a_n), so liegen also in jedem (noch so kleinen) Intervall $]a - \varepsilon, a + \varepsilon[$ unendlich viele Folgenglieder, jedoch außerhalb davon nur endlich viele. Man sagt, „fast alle" Folgenglieder liegen in diesem Intervall $]a - \varepsilon, a + \varepsilon[$ um a und nennt die Zahl a den limes oder Grenzwert der Folge.

Definition 3.1.7 *Die Zahl a heißt **Grenzwert** oder **limes** der Folge* (a_n), *geschrieben* $a = \lim_{n \to \infty} (a_n)$, *wenn gilt,*

$$\forall \varepsilon > 0 \ \exists N(\varepsilon), \text{ sodass } a_k \in \ ]a - \varepsilon, a + \varepsilon[\text{ für alle } k \geq N(\varepsilon).$$

Man sagt auch, die Folge (a_n) ***konvergiert gegen** a oder **strebt gegen** a und schreibt dafür kurz:* $a_n \to a$.
*Eine Folge, die einen Grenzwert besitzt, heißt **konvergent**, eine Folge mit dem Grenzwert Null wird **Nullfolge** genannt.*
*Eine Folge heißt **divergent**, wenn sie keinen Grenzwert besitzt.*

Eine divergente Folge ist also nicht beschränkt oder sie hat mehrere Häufungspunkte (oder beides; vgl. dazu Kap. 1.1, die Oder-Verknüpfung).

Beispiel 7:
Jede geometrische Folge mit $|q| < 1$ ist konvergent und hat den Grenzwert Null, jede geometrische Folge mit $|q| > 1$ ist divergent.

Beispiel 8:
Die Folge mit $a_n = \left(1 - \dfrac{1}{n} \right)$ hat den Grenzwert $a = 1$. Sei $\varepsilon > 0$, ansonsten beliebig. Dann gilt: Der Betrag der Differenz von a_k und dem behaupteten Grenzwert 1 ist $|a_k - 1| = \left| \left(1 - \dfrac{1}{k} \right) - 1 \right| = \left| -\dfrac{1}{k} \right| = \dfrac{1}{k}$. Für alle k, die größer sind als $\dfrac{1}{\varepsilon}$, ist diese Differenz kleiner als ε. Für alle Indizes k, welche größer als $\dfrac{1}{\varepsilon}$ sind, gilt folglich: $a_k \in \ ]a - \varepsilon, a + \varepsilon[$. Damit ist $N(\varepsilon)$ die erste natürliche Zahl $N > \dfrac{1}{\varepsilon}$. Diese Zahl N hängt offensichtlich vom gewählten ε ab und wächst mit kleiner werdendem ε. So ergibt sich etwa für $\varepsilon = 0.05$ wie man leicht nachrechnet: $N > \dfrac{1}{0.05} = 20$. Alle Folgenglieder a_k ab der Nummer $k = 21$ liegen innerhalb des Intervalls $]1 - 0.05, 1 + 0.05[$.

Unter Verwendung des Konvergenzbegriffes gilt für jeden Häufungspunkt einer Folge:

Satz 3.1.2 *Sei b ein Häufungspunkt der Folge* (a_n). *Dann gibt es eine Teilfolge von* (a_n), *die gegen diesen Häufungspunkt konvergiert.*

Die Folge aus Beispiel 6 hat die Häufungspunkte $b = 0$ und $c = 2$.
Jede Teilfolge, die nur geradzahlige Folgenglieder a_{2n} enthält, hat den Grenzwert 2.
Jede Teilfolge, die nur Glieder mit ungeraden Nummern enthält, strebt gegen 0. Hat eine Folge (a_n) den Grenzwert a, so ist dieser zugleich Häufungspunkt der Folge. Aber nicht jeder Häufungspunkt ist auch Grenzwert.

Satz 3.1.3 *Für unendliche Zahlenfolgen gelten die folgenden Aussagen.*

(a)   Eine unendliche Zahlenfolge hat höchstens einen Grenzwert.

(b)   Jede konvergente Folge ist beschränkt.

(c)   Ist eine Folge beschränkt und monoton, dann ist sie konvergent.

Punkt (b) kann auch anders formuliert werden (vgl. Kap. 1.1): Jede nicht beschränkte Folge ist divergent.

Beispiel 9:
Die Folge mit $a_n = (n - n^2)$ ist nach unten unbeschränkt. Man sieht leicht: $a_n = n \cdot (1 - n)$ unterschreitet bei ausreichend hoher Nummer n jede noch so kleine Zahl. (Beispielsweise ist $a_n < -1000$, sobald $n > 32$.) Damit ist diese Folge divergent.

Beispiel 10:
Für die Folge mit $a_n = \left(1 + \dfrac{1}{n}\right)^n$ lässt sich zeigen, dass sie einen Grenzwert besitzt, indem man nachweist, dass sie monoton und beschränkt ist. Dieser Grenzwert ist die **Eulersche Zahl e**. Ihr Wert ist eine unendliche nichtperiodische Dezimalzahl und lautet $e = 2.71828\ldots$.
Die Eulersche Zahl ist zugleich auch Grenzwert einer unendlichen Reihe (vgl. Kap. 3.2) und dient als Basis der sogenannten natürlichen Logarithmen.
In der Finanzrechnung wird sie bei der stetigen Verzinsung Anwendung finden. Die Funktion mit dem Funktionsterm $f(x) = e^x$ (vgl. Kap. 4.2) ist die grundlegende Wachstumsfunktion der „exponentiellen Zunahme".

Satz 3.1.4 *Rechenregeln für konvergente Folgen*

Es seien $(a_n)_{n \in \mathbb{N}}$ und $(b_n)_{n \in \mathbb{N}}$ konvergente Zahlenfolgen mit den Grenzwerten $\lim\limits_{n \to \infty} a_n = a$ *und* $\lim\limits_{n \to \infty} b_n = b$. *Dann gilt auch*

(a) $(a_n + b_n)_{n \in \mathbb{N}}$ *konvergiert gegen* $a + b$,

(b) $(a_n - b_n)_{n \in \mathbb{N}}$ *konvergiert gegen* $a - b$,

(c) $(a_n \cdot b_n)_{n \in \mathbb{N}}$ *konvergiert gegen* $a \cdot b$.

(d)   *Ist k eine reelle Zahl, so ist* $(k \cdot a_n)_{n \in \mathbb{N}}$ *konvergent gegen* $k \cdot a$ *und*

(e) $\left(\dfrac{a_n}{b_n} \right)_{n \in \mathbb{N}}$ *konvergiert gegen* $\dfrac{a}{b}$, *falls alle* $b_n \neq 0$ *und* $b \neq 0$ *sind.*

Diese Rechenregeln ermöglichen oft die Berechnung der Grenzwerte von Folgen komplizierterer Form, indem man vorerst die Grenzwerte einfacher Bestandteile der Folgenglieder bestimmt und dann Satz 3.1.4 anwendet.

Beispiel 11:

Eine Folge sei gegeben durch $a_n = \dfrac{(3n^2 + 6n + 4)}{(n+1)^2} + 2$. Umformungen führen auf

$$a_n = \frac{3n^2 + 6n + 4}{(n+1)^2} + 2 = \frac{3n^2 + 6n + 4}{n^2 + 2n + 1} + 2 = \frac{n^2}{n^2} \cdot \left(\frac{3 + \frac{6}{n} + \frac{4}{n^2}}{1 + \frac{2}{n} + \frac{1}{n^2}} \right) + 2.$$

Die Folgen $\left(\dfrac{6}{n} \right)$, $\left(\dfrac{4}{n^2} \right)$, $\left(\dfrac{2}{n} \right)$ und $\left(\dfrac{1}{n^2} \right)$ konvergieren alle gegen Null, die Folge $\left(\dfrac{3 + \frac{6}{n} + \frac{4}{n^2}}{1 + \frac{2}{n} + \frac{1}{n^2}} \right)_{n \in \mathbb{N}}$ hat demnach den Grenzwert 3. Der herausgehobene Faktor $\left(\dfrac{n^2}{n^2} \right)$ ist gleich 1, kann also weggelassen werden. Damit erhält man: Die ursprüngliche Folge (a_n) konvergiert gegen $3 + 2 = 5$.

Diese Regeln gelten für divergente Folgen im Allgemeinen nicht.

Beispiel 12:

Die Folgen mit $a_n = n$ und $b_n = 3n + 1$ sind beide divergent, sie streben gegen $+\infty$. Die Folge der Quotienten $\dfrac{a_n}{b_n} = \dfrac{n}{3n + 1}$ lässt sich umformen auf $\dfrac{1}{3 + \frac{1}{n}}$ und ist konvergent gegen $\dfrac{1}{3}$.

Bildet man hingegen die Folge der Quotienten $\dfrac{b_n}{a_n} = \dfrac{3n+1}{n} = 3 + \dfrac{1}{n}$, so strebt diese gegen den Grenzwert 3.

In beiden Fällen entsteht bei der Quotientenbildung ein Ausdruck, bei dem mit wachsendem n sowohl der Zähler als auch der Nenner gegen unendlich streben. In diesem Beispiel ergibt sich durch geeignete Umformungen jeweils ein eindeutiger endlicher Grenzwert.

Man bezeichnet den Ausdruck $\dfrac{\infty}{\infty}$ als unbestimmte Form. In Kap. 4.3 werden Grenzwerte auch für nicht nur auf $\mathbb{N}$ definierte Funktionen erklärt. Dort wird auf unbestimmte Formen näher eingegangen.

Um die Konvergenz bzw. Divergenz einer Folge auch ohne einen vermuteten Grenzwert nachweisen zu können, steht das folgende Konvergenzkriterium für Folgen zur Verfügung.

Satz 3.1.5 *Cauchy-Konvergenzkriterium*
Für die Konvergenz der Folge (a_n) ist notwendig und hinreichend, dass die Differenz von je zwei Folgengliedern mit ausreichend hohen Nummern beliebig klein wird:
Die Folge (a_n) ist konvergent $\Leftrightarrow \forall \varepsilon > 0 \ \exists \ N(\varepsilon)$, derart dass $|a_n - a_m| < \varepsilon$, sobald m und n beide größer sind als $N(\varepsilon)$.

Mit Hilfe dieses Kriteriums lässt sich beispielsweise zeigen, dass die Folge mit dem allgemeinen Glied $a_n = \sum\limits_{i=1}^{n} \dfrac{1}{i} = \dfrac{1}{1} + \dfrac{1}{2} + \cdots + \dfrac{1}{n}$ divergent ist. Das heißt, die Summe der Zahlen $\dfrac{1}{1} + \dfrac{1}{2} + \cdots + \dfrac{1}{n}$ hat für $n \to \infty$ keinen Grenzwert.

Das mag vorerst völlig klar erscheinen, da man zur Bildung des Grenzwertes der Folge (a_n) unendlich viele nichtnegative Summanden aufzuaddieren hat. Allerdings wird sich im folgenden Kap. 3.2 zeigen, dass es auch Summen von unendlich vielen positiven Zahlen gibt, die dennoch eine endliche Zahl ergeben.

Der Begriff der Zahlenfolge kann verallgemeinert werden auf Folgen, deren Glieder nicht mehr reelle Zahlen, sondern Punkte des $\mathbb{R}^k$ sind. Jeder Punkt x des $\mathbb{R}^k$ (auch „k-dimensionaler Vektor" genannt, vgl. Kap. 1.2) wird geschrieben als $(x_1, x_2, \ldots, x_k)$.

Definition 3.1.8 *Nummeriert man eine abzählbare Menge von Punkten des $\mathbb{R}^k$, so erhält man eine **Punktfolge** $(x_n)_{n\in\mathbb{N}}$, kurz geschrieben (x_n) wobei hier jedes x_n durch $x_n = (x_{1n}, x_{2n}, \ldots, x_{kn})$ gegeben ist. Die Folge $(x_{in})_{n\in\mathbb{N}}$ nennt man die **i-te Komponentenfolge**.*

Beispiel 13:

Eine Punktfolge im $\mathbb{R}^2$ sei gegeben durch $x_n = \left(1 + \dfrac{1}{n}, \dfrac{5}{n^2}\right)$. Die Folge

beginnt mit $(x_1, x_2, x_3, \ldots) = \left((2,5), \left(\dfrac{3}{2}, \dfrac{5}{4}\right), \left(\dfrac{4}{3}, \dfrac{5}{9}\right), \ldots\right)$. Die Punkte

dieser Folge können in der Ebene eingezeichnet werden und man erkennt:
Die erste Komponentenfolge $\left(1 + \dfrac{1}{n}\right)$ ist streng monoton fallend und hat den

Grenzwert 1. Die zweite Komponentenfolge $\left(\dfrac{5}{n^2}\right)$ ist ebenfalls streng monoton fallend und ist eine Nullfolge. Damit streben die Punkte der gegebenen Punktfolge mit wachsendem n gegen den Grenzpunkt $(1, 0)$.
Bezüglich der natürlichen Halbordnung (vgl. dazu Kap. 1.3) im $\mathbb{R}^k$ ist also jeder Punkt der Folge $\left(1 + \dfrac{1}{n}, \dfrac{5}{n^2}\right)$ größer als $(1, 0)$, aber kleiner als $(2, 5)$.
In diesem Sinne ist die Punktfolge beschränkt in jeder ihrer Komponenten.

Definition 3.1.9 *Eine Folge $(x_n)_{n\in\mathbb{N}}$ von Punkten des $\mathbb{R}^k$ heißt*

(a) **beschränkt nach oben**, *wenn sie bezüglich der natürlichen Halbordnung eine obere Schranke besitzt, d. h. es existiert ein $x^0 \in \mathbb{R}^k$, sodass für alle $n \in \mathbb{N}: x_n < x^0$,*

(b) **beschränkt nach unten**, *wenn sie bezüglich der natürlichen Halbordnung eine untere Schranke besitzt, d. h. $\exists\, x^u \in \mathbb{R}^k$, sodass $x_n > x^u$ für alle $n \in \mathbb{N}$,*

(c) **beschränkt**, *wenn sie nach oben und nach unten beschränkt ist und*

(d) **monoton**, *wenn jede ihrer Komponentenfolgen monoton ist.*

Definition 3.1.10 *Ein Punkt $a \in \mathbb{R}^k$ heißt **Häufungspunkt** einer Punktfolge $(x_n)_{n\in\mathbb{N}}$, wenn in jedem k-dimensionalen Intervall um a der Seitenlänge 2ε unendlich viele Punkte der Folge liegen, d. h. mit $a = (a_1, a_2, \ldots, a_k)$ gilt: Für $\forall \varepsilon > 0$ liegen in $]a_1 - \varepsilon, a_1 + \varepsilon[\,\times\,]a_2 - \varepsilon, a_2 + \varepsilon[\,\times\,\cdots\,\times\,]a_k - \varepsilon, a_k + \varepsilon[$ unendlich viele Punkte der Folge.*

Satz 3.1.6 *Satz von Bolzano-Weierstraß*
Jede beschränkte unendliche Punktfolge des $\mathbb{R}^k$ besitzt mindestens einen Häufungspunkt.

Besitzt eine beschränkte Punktfolge nur einen Häufungspunkt, so wird dieser Punkt des $\mathbb{R}^k$ Grenzwert oder Grenzpunkt der Folge genannt, die Punktfolge heißt konvergent. Offensichtlich ist eine Punktfolge genau dann konvergent, wenn jede Komponentenfolge einen Grenzwert besitzt.

Definition 3.1.11 *Eine Punktfolge (x_n) des $\mathbb{R}^k$ heißt **konvergent gegen den Punkt** $x_0 = (x_{10}, x_{20}, \ldots, x_{k0}) \in \mathbb{R}^k$, geschrieben $x_n \to x_0$ oder $\lim\limits_{n \to \infty} x_n = x_0$, wenn für $\forall i = 1, \ldots, k$ gilt: die Komponentenfolge $(x_{in})_{n \in \mathbb{N}} \to x_{i0}$. Der Punkt x_0 heißt **Grenzpunkt** der Folge.*

Satz 3.1.7 *Ist eine unendliche Punktfolge des $\mathbb{R}^k$ beschränkt und monoton, dann ist sie konvergent.*

Beispiel 14:
Eine Folge von Punkten des $\mathbb{R}^3$ sei gegeben durch das allgemeine Folgenglied $x_n = \left(\dfrac{1}{n}, \dfrac{7n+3}{n}, \dfrac{4n-1}{n} \right)$.
Diese Folge ist monoton, und zwar fallend in der ersten und zweiten Komponente, steigend in der dritten. Jede Komponentenfolge $(x_{in})_{n \in \mathbb{N}}$ und damit auch die Punktfolge $(x_n)_{n \in \mathbb{N}}$ ist beschränkt, jede ist konvergent. Der Grenzpunkt ist der Punkt $x_0 = (0, 7, 4)$.

3.2 Reihen

Betrachtet man eine Zahlenfolge $(a_n)_{n \in \mathbb{N}}$ und bildet daraus die Summe $(a_1 + a_2 + \cdots + a_n)$, so erhält man für jede Anzahl n von Summanden als Ergebnis eine reelle Zahl. Diese wird mit S_n bezeichnet und man schreibt dafür kürzer
$$S_n = \sum_{i=1}^{n} a_i.$$
Führt man das für eine mit dem Anfangsglied 1 beginnende geometrische Folge $(a_1, a_2, a_3, \ldots) = (1, q, q^2, q^3, \ldots)$ durch, so erhält man

$$S_n = \sum_{i=1}^{n} a_i = 1 + q + q^2 + q^3 + \cdots + q^{n-1}, \text{ kurz } S_n = \sum_{i=0}^{n-1} q^i.$$

Aus

$$S_n \cdot (1-q) = (1+q+q^2+\cdots+q^{n-1}) \cdot (1-q)$$
$$= 1+q+q^2+\cdots+q^{n-1}-q-q^2-q^3-\cdots-q^n = 1-q^n$$

ergibt sich für die Summe von n derartigen Summanden $S_n = \dfrac{1-q^n}{1-q}$.
Da jedem $n \in \mathbb{N}$ genau eine Zahl S_n zugeordnet wird, bilden diese Summen
selbst wieder eine Zahlenfolge $(S_n)_{n\in\mathbb{N}} = \left(\dfrac{1-q^n}{1-q}\right)_{n\in\mathbb{N}}$.
Ist nun der Betrag $|q| < 1$, dann strebt q^n gegen Null und die Folge $(S_n)_{n\in\mathbb{N}}$
hat den Grenzwert $\dfrac{1}{1-q}$. In diesem Fall wird das Symbol $S = \displaystyle\sum_{i=0}^{\infty} q^i$ also
sinnvoll. Man sagt: Diese Summe von unendlich vielen Summanden hat den
endlichen Wert $S = \displaystyle\sum_{i=0}^{\infty} q^i = \dfrac{1}{1-q}$.

Beispiel 1:
Für $q = 0.5$ erhält man die Folge $\left(1, \dfrac{1}{2}, \dfrac{1}{4}, \dfrac{1}{8}, \ldots\right)$ und somit die ersten drei
Teilsummen $S_1 = 1$, $S_2 = 1 + \dfrac{1}{2} = \dfrac{3}{2}$, $S_3 = 1 + \dfrac{1}{2} + \dfrac{1}{4} = \dfrac{7}{4}$, weiter etwa
$S_6 = \dfrac{63}{32}$, usw..
Die Folge (S_n) hat den Grenzwert $S = \dfrac{1}{1-0.5} = 2$.

Definition 3.2.1 *Sei $(a_i)_{i\in\mathbb{N}}$ eine Zahlenfolge. Dann nennt man die unendliche Summe $a_1 + a_2 + a_3 + \ldots$ eine **unendliche Reihe**. Man schreibt dafür mit
Hilfe des Summenzeichens $S = a_1 + a_2 + a_3 + \ldots = \displaystyle\sum_{i=1}^{\infty} a_i$.*

Die Folge $(S_n)_{n\in\mathbb{N}} = \left(\displaystyle\sum_{i=1}^{n} a_i\right)_{n\in\mathbb{N}}$ nennt man **Folge der Partialsummen** dieser Reihe.

Gelegentlich bezeichnet man auch den ersten Summanden mit a_0, somit beginnt also die Reihe mit $S = a_0 + a_1 + a_2 + \ldots$ und man bezeichnet auch
$\displaystyle\sum_{i=0}^{\infty} a_i = a_0 + a_1 + \cdots$ als eine unendliche Reihe.

Das einführende Beispiel zeigt, dass auch eine Summe von unendlich vielen Folgengliedern endlich bleiben kann - natürlich höchstens dann, wenn die aufsummierte Folge eine Nullfolge ist.

Definition 3.2.2 *Konvergenz und absolute Konvergenz*

(a)   *Die unendliche Reihe* $\sum_{i=1}^{\infty} a_i$ *heißt* **konvergent**, *wenn die Folge ihrer Partialsummen einen endlichen Grenzwert S besitzt, d.h. wenn* $S_n \to S$.

Eine unendliche Reihe, die nicht konvergent ist, heißt **divergent**.

(b)   *Die Reihe* $\sum_{i=1}^{\infty} a_i$ *heißt* **absolut konvergent**, *wenn die Summe der Beträge ihrer Summanden* a_i, *also* $\sum_{i=1}^{\infty} |a_i|$, *konvergent ist.*

Folgerung 3.2.1 *Jede absolut konvergente Reihe ist konvergent. Nicht jede konvergente Reihe ist auch absolut konvergent.*

Definition 3.2.3 *Die aus den Gliedern einer mit* a_0 *beginnenden geometrischen Folge gebildete Reihe* $\sum_{i=0}^{\infty} a_0 \cdot q^i$ *heißt* **geometrische Reihe**.
Ist $q < 0$, *so nennt man sie* **alternierende geometrische Reihe**.

Folgerung 3.2.2 *Ist* $|q| < 1$, *so konvergiert die geometrische Reihe und sie hat die Summe* $S = \sum_{i=0}^{\infty} a_0 \cdot q^i = a_0 \cdot \dfrac{1}{1-q}$.
Speziell für $a_0 = 1$ *ergibt sich die oben angegebene Formel* $S = \dfrac{1}{1-q}$.

Beispiel 2:
Die geometrische Reihe mit $a_0 = 4$ und $q = 0.6$ hat die endliche Summe
$S = 4 \cdot \dfrac{1}{1-0.6} = 10$.

Will man zur selben Reihe etwa $\sum_{i=10}^{\infty} a_i$, bestimmen, so berechnet man dies

als Differenz $S - \sum_{i=0}^{9} a_i = S - S_{10} = 10 - 4 \cdot \dfrac{1 - 0.6^{10}}{1 - 0.6} \approx 0.0605$.

Beispiel 3:

Auch Summen von bestimmten Gliedern einer alternierenden geometrischen Reihe lassen sich derart berechnen. So ist etwa

$$\sum_{i=2}^{\infty} \left(-\frac{3}{4}\right)^i = \sum_{i=0}^{\infty} \left(-\frac{3}{4}\right)^i - \sum_{i=0}^{1} \left(-\frac{3}{4}\right)^i$$

$$= \frac{1}{1 - \left(-\frac{3}{4}\right)} - \left(\left(-\frac{3}{4}\right)^0 + \left(-\frac{3}{4}\right)^1\right) = \frac{9}{28}.$$

Beispiel 4:

Betrachtet wird die sogenannte **Harmonische Reihe**, die Summe der Reziprokwerte aller natürlichen Zahlen:

$$\sum_{i=1}^{\infty} \frac{1}{i} = 1 + \frac{1}{2} + \frac{1}{3} + \frac{1}{4} + \cdots.$$

Unter Anwendung von Satz 3.1.5, des Cauchy-Konvergenzkriteriums auf die Folge der Partialsummen dieser Reihe lässt sich zeigen, dass diese Reihe divergent ist. Obwohl die aufsummierten Folgenglieder $a_i = \frac{1}{i}$ eine Nullfolge bilden, ergibt sich keine endliche Summe.

Wie dieses Beispiel zeigt, ist das Vorliegen einer Nullfolge nicht hinreichend, um die Konvergenz der daraus gebildeten unendlichen Reihe zu gewährleisten. Man benötigt also allgemeine Kriterien, mit deren Hilfe eine Reihe auf ihr Konvergenzverhalten überprüft werden kann.

Ob eine unendliche Summe konvergent ist oder nicht, entscheidet sich nicht bei den Summanden a_i mit niedrigen Nummern, sondern ist nur abhängig davon, wie rasch diese Summanden schließlich gegen Null konvergieren. Eine Veränderung der ersten n Summanden ändert, falls die Reihe konvergent ist, nur deren Wert S. Eine divergente Reihe kann dadurch nicht konvergent gemacht werden.

Satz 3.2.1 *Quotientenkriterium*

Die Reihe $\sum_{i=0}^{\infty} a_n$ ist konvergent, wenn die Quotienten aufeinanderfolgender Summanden dem Betrag nach schließlich immer kleiner als eins werden.

Das ist sicher der Fall, wenn deren Grenzwert $\lim_{n \to \infty} \left|\frac{a_{n+1}}{a_n}\right| < 1$ ist, dann ist folglich die Reihe konvergent.

Ist der Grenzwert $\lim_{n \to \infty} \left|\frac{a_{n+1}}{a_n}\right| > 1$, dann ist die Reihe divergent. Ergibt sich genau der Grenzwert 1, so ist mit diesem Kriterium keine Entscheidung möglich.

Beispiel 5:

Betrachtet wird die unendliche Reihe $\sum_{n=1}^{\infty} \frac{n+1}{n^3}$. Man berechnet

$$\left|\frac{a_{n+1}}{a_n}\right| = \frac{(n+2)}{(n+1)^3} \cdot \frac{n^3}{n+1} = \frac{n^4+\cdots}{n^4+\cdots}$$ und es ergibt sich $\lim_{n\to\infty}\left|\frac{a_{n+1}}{a_n}\right| = 1$; Die

Anwendung des Quotientenkriteriums führt zu keiner Entscheidung!

Satz 3.2.2 *Wurzelkriterium*

Die Reihe $\sum_{i=0}^{\infty} a_i$ ist konvergent, wenn der Grenzwert $\lim_{n\to\infty}\left(\sqrt[n]{|a_n|}\right) < 1$ ist, sie

divergiert, wenn $\lim_{n\to\infty}\left(\sqrt[n]{|a_n|}\right) > 1$.

Ergibt sich genau der Grenzwert 1, so ist auch mit diesem Kriterium keine Entscheidung möglich.

Beispiel 6:

Betrachtet wird die aus den Folgengliedern $a_n = \left(\frac{1}{n}\right)^n$ gebildete unendliche

Reihe $\sum_{n=1}^{\infty} \left(\frac{1}{n}\right)^n$. Man sieht sofort, dass $\sqrt[n]{|a_n|} = \frac{1}{n}$ gegen Null konvergiert

und somit ist diese Reihe konvergent.

In vielen Fällen ergeben diese beiden Kriterien die Situation der Unentscheidbarkeit. Kennt man nun eine konvergente Reihe mit nur positiven Summanden, so muss jede Reihe, die aus jeweils kleineren positiven Summanden besteht, erst recht konvergent sein. Daraus - und aus den Überlegungen nach Beispiel 4 - ergibt sich ein Vergleichskriterium.

Satz 3.2.3 *Majorantenkriterium und Minorantenkriterium*

(a)   *Die Reihe $\sum_{i=0}^{\infty} a_i$ ist konvergent, wenn, zumindest für alle ausreichend*

großen Indizes n, die Beträge ihrer Summanden nicht größer (d. h. kleiner oder maximal gleich) sind als die entsprechenden Summanden einer konvergenten Reihe mit positiven Gliedern b_n, d. h. wenn für ein $N \in \mathbb{N}$ gilt: $|a_n| \leq |b_n|$ für $\forall n > N$.

*Man nennt hier die Reihe $\sum_{i=0}^{\infty} b_i$ eine **konvergente Majorante**.*

(b) Die Reihe $\sum_{i=0}^{\infty} |a_i|$ ist divergent, wenn für ausreichend großes n gilt:

$$|a_n| \geq |b_n|, \text{ wobei } \sum_{i=0}^{\infty} |b_i| \text{ eine divergente Reihe ist.}$$

*Man nennt hier die Reihe $\sum_{i=0}^{\infty} |b_i|$ eine **divergente Minorante**.*

Um das Majorantenkriterium anwenden zu können, benötigt man eine konvergente Vergleichsreihe als Majorante. Solche konvergente Reihen sind beispielsweise:

$$\sum_{n=1}^{\infty} \frac{1}{n^2}, \text{ jede geometrische Reihe } \sum_{n=1}^{\infty} q^n \text{ mit } |q| < 1, \text{ aber auch } \sum_{n=1}^{\infty} \frac{k}{n^2} \text{ mit beliebigem positivem } k.$$

Um das Minorantenkriterium anwenden zu können, benötigt man eine divergente Vergleichsreihe als Minorante. Eine solche divergente Reihe ist beispielsweise die harmonische Reihe $\sum_{n=1}^{\infty} \frac{1}{n}$, aber natürlich auch jede Reihe, deren Summanden nichtnegativ sind und keine Nullfolge bilden.

Beispiel 5, Fortsetzung:
Eine Abschätzung der Reihensummanden ergibt:
$$\frac{n+1}{n^3} \leq \frac{2n}{n^3} = \frac{2}{n^2} = \frac{1}{n^2} + \frac{1}{n^2}.$$
Die Reihe $\sum_{n=1}^{\infty} \frac{1}{n^2}$ hat nur positive Summanden und kann jeweils als Majorante verwendet werden. Ihr Grenzwert - dieser wird hier ohne Beweis angegeben - ist $\frac{\pi^2}{6}$.

Daher ist die betrachtete Reihe $\sum_{n=1}^{\infty} \frac{n+1}{n^3}$ konvergent und man weiß sogar,

dass ihr Grenzwert kleiner ist als $\frac{2\pi^2}{6}$.
Nur für alternierende Reihen gilt das folgende Konvergenzkriterium.

Satz 3.2.4 *Leibniz-Kriterium*

Die Reihe $\sum_{i=0}^{\infty} a_i$ habe alternierend positive und negative Summanden. Sie ist konvergent, wenn die Beträge $|a_n|$ eine monotone Nullfolge bilden.

Beispiel 7:

Gemäß diesem Kriterium ist die **alternierende harmonische Reihe** konvergent.

Die unendliche Summe $\left(-1 + \dfrac{1}{2} - \dfrac{1}{3} + \dfrac{1}{4} - \cdots\right) = \displaystyle\sum_{n=1}^{\infty} (-1^n) \cdot \dfrac{1}{n}$ hat einen endlichen Wert. Diese Reihe ist demnach ein Beispiel für eine zwar konvergente, aber nicht absolut konvergente Reihe.

Für konvergente unendliche Reihen gelten teilweise dieselben Regeln wie für endliche Summen. Der folgende Satz fasst einige Rechenregeln zusammen.

Satz 3.2.5 *Rechenregeln für konvergente Reihen*

Die Reihen $\displaystyle\sum_{n=0}^{\infty} a_n$ und $\displaystyle\sum_{n=0}^{\infty} b_n$ seien beide konvergent mit den jeweiligen Grenzwerten a und b, dann gilt:

(a) $\displaystyle\sum_{n=0}^{\infty} c \cdot a_n = c \cdot \sum_{n=0}^{\infty} a_n = c \cdot a$

(b) $\displaystyle\sum_{n=0}^{\infty} (a_n + b_n) = \sum_{n=0}^{\infty} a_n + \sum_{n=0}^{\infty} b_n = a + b.$

(c) *Nur wenn beide Reihen absolut konvergent sind, gilt auch*

$$\left(\sum_{n=0}^{\infty} a_n\right) \cdot \left(\sum_{n=0}^{\infty} b_n\right) = a \cdot b = \sum_{i=0}^{\infty}\left[a_i \cdot \left(\sum_{j=0}^{\infty} b_j\right)\right] = \sum_{i,j} a_i \cdot b_j$$

$$= \sum_{n=0}^{\infty} \sum_{\substack{i+j=n \\ i\geq 0, j\geq 0}} a_i \cdot b_j = \sum_{n=0}^{\infty} c_n \ \text{mit} \ c_n = \sum_{\substack{i+j=n \\ i\geq 0, j\geq 0}} a_i \cdot b_j.$$

Rechenregel (a) bedeutet, dass ein in allen Summanden vorhandener konstanter Faktor vor das Summenzeichen gesetzt, d. h. herausgehoben werden kann, Regel (b) besagt, dass konvergente Reihen gliedweise addiert werden dürfen. Regel (c) bedeutet, dass zwei absolut konvergente Reihen wie endliche Summen multipliziert werden können. Die entstehenden Produkte können in beliebiger Reihenfolge angeschrieben werden, insbesondere auch als

$$(a_0 + a_1 + a_2 + \ldots) \cdot (b_0 + b_1 + b_2 + \ldots) = a \cdot b = c_0 + c_1 + c_2 + \ldots$$
$$= (a_0 \cdot b_0) + (a_0 \cdot b_1 + a_1 \cdot b_0) + (a_0 \cdot b_2 + a_1 \cdot b_1 + a_2 \cdot b_0) + \ldots$$

Beispiel 8:
Betrachtet werden die (absolut) konvergenten Reihen

$$\sum_{i=1}^{\infty} a_i = \sum_{i=1}^{\infty} \left(\frac{1}{2}\right)^i \quad \text{und} \quad \sum_{i=1}^{\infty} b_i = \sum_{n=1}^{\infty} \frac{1}{n^2}.$$

Die erste dieser Reihen

$$\sum_{i=1}^{\infty} \left(\frac{1}{2}\right)^i = \frac{1}{2} + \frac{1}{4} + \frac{1}{8} + \cdots = \sum_{i=0}^{\infty} \left(\frac{1}{2}\right)^i - 1$$

hat als geometrische Reihe den Grenzwert $a = 2 - 1 = 1$. Die Reihe $\displaystyle\sum_{n=1}^{\infty} \frac{1}{n^2}$

konvergiert gegen $b = \dfrac{\pi^2}{6}$, also konvergiert beispielsweise die Reihe $\displaystyle\sum_{n=1}^{\infty} \frac{6}{n^2}$

gegen π^2. Die aus den zwei Reihen durch gliedweise Addition gebildete Reihe $S = \displaystyle\sum_{i=1}^{\infty} (a_i + b_i)$ hat die Summe $a + b = 1 + \dfrac{\pi^2}{6}$.

Das Produkt der beiden absolut konvergenten Reihen hat den Wert $\dfrac{\pi^2}{6}$.

3.3 Finanzrechnung

In diesem Abschnitt sollen einige grundlegende Begriffe aus der Finanzmathematik erklärt und deren Zusammenhang mit den im vorigen Kapitel eingeführten Reihen, insbesondere der geometrischen Reihe, dargestellt werden.

A Zins und Zinseszins

Wird Geld verliehen und zu einem späteren Zeitpunkt zurückgezahlt, so wird für dieses Verleihen eine Gebühr, die Zinsen, in Rechnung gestellt. Die Höhe der Zinsen wird üblicherweise durch den **Zinsfuß** p in Prozent pro Jahr, lateinisch per annum, abgekürzt p. a., angegeben. Die Zinsen werden zu vorgegebenen Zeitpunkten errechnet und zu diesen Zeitpunkten dem aushaftenden Kapital zugeschlagen (kapitalisiert), ab dann also genau wie dieses behandelt und weiterhin mitverzinst. Diese Vorgangsweise wird als **„Zins und Zinses-zins"** bezeichnet.

Wenn nicht anders vereinbart oder angegeben, beträgt die Verzinsungsperi-ode genau ein Kalenderjahr, d. h. die Verzinsungszeitpunkte sind jeweils der 31. Dezember jedes Jahres. Die Zinsen werden mit diesem Datum kapitali-siert und zumeist vom Anfangskapital berechnet. Diese Art der Verzinsung heißt **dekursiv** oder **nachschüssig**.

Liegt im Verzinsungszeitraum kein Verzinsungszeitpunkt, so werden die Zinsen anteilig berechnet, das Zinseszinsprinzip kommt nicht zum Tragen und man spricht von **einfacher Verzinsung**. Zur anteiligen Berechnung wird das Jahr generell mit 12 Monaten zu je 30 Tagen gerechnet. Der anteilige Monatszinsfuß beträgt $\frac{p}{12}$ Prozent, der anteilige Tageszinsfuß $\frac{p}{360}$ Prozent.

Die Zahl $i = \frac{p}{100}$ nennt man den **Zinssatz**, die Zahl $q = (1 + i)$ heißt **Zins-faktor**. Bei einem Zinsfuß von $p = 3\%$ ist $i = 0.03$ und $q = 1.03$.

Die Anzahl der Verzinsungsperioden wird im Weiteren immer mit n bezeich-net. Wird nun ein Kapital K_0 genau eine Verzinsungsperiode lang verliehen, so errechnet man das Endkapital K_1 gemäß $K_1 = K_0 \cdot (1 + i) = K_0 \cdot q$.

Liegen Anfangs- und Endzeitpunkt innerhalb derselben Verzinsungsperiode, dann werden für die entsprechende Anzahl von Monaten oder Tagen einfa-che Zinsen berechnet. Ist das der Fall, also auch $n < 1$, dann erhält man für das Endkapital den Wert $K_{\text{end}} = K_0 \cdot (1 + n \cdot i)$.

Beispiel 1:

Ein Betrag $K_0 = 20\,000.-$ wird am 31. März an eine Bank verliehen, d. h. auf ein Sparbuch gelegt. Der Zinsfuß betrage 3% p. a.. Wird das Geld am 1. August desselben Jahres wieder vollständig behoben, dann werden zu die-sem Zeitpunkt die anteiligen Zinsen, d. s. für vier Monate genau ein Prozent des Anfangskapitals, fällig und es werden $20\,200.-$ ausbezahlt (wovon noch eine allfällige Kapitalertragsteuer abzuführen ist).

Wird ein Kapital genau n volle Verzinsungsperioden lang verliehen, so erhält man nach dem Zinseszinsprinzip für das Endkapital die Formel

$$K_{\text{end}} = K_n = K_0 \cdot (1 + i)^n = K_0 \cdot q^n$$

Man nennt $q = 1 + i$ den **(dekursiven) Aufzinsungsfaktor**.

Beispiel 2:

Der Betrag von $K_0 = 20\,000.-$ wird am 31. Dezember 2006 an eine Bank verliehen, d. h. auf ein Sparbuch gelegt. Der Zinsfuß betrage drei Prozent p. a.. Nach genau vier Jahren wird das Geld wieder behoben und man erhält

$K_4 = 20\,000 \cdot (1.03)^4 = 22\,510.18.$

Liegen einer oder mehrere Verzinsungszeitpunkte zwischen Anfangszeit-
punkt t_0 und Endzeitpunkt t_{end}, wird **gemischt verzinst**, d. h. es sind bis
zum ersten Verzinsungszeitpunkt die anteiligen Zinsen zu berechnen und zu
kapitalisieren, dann ist für die Anzahl voller Perioden das Zinseszinsprinzip anzuwenden und schließlich sind wieder die anteiligen Zinsen bis zum
Endzeitpunkt t_{end} hinzuzurechnen.

Beispiel 3:
Wieder wird $K_0 = 20\,000.-$ am 31. März 2006 zu 3% p. a. auf ein Sparbuch gelegt, dieses aber erst am 1. April des Jahres 2010 aufgelöst. Mit
31. Dezember 2006 werden die anteiligen Zinsen, das sind für neun Monate 2.25% des Anfangskapitals, dem Kapital zugeschlagen, d. h. ab nun ist
das Kapital $K_1 = 20\,450.-$ für drei volle Jahre aufzuzinsen und es ergibt
sich zum 31. 12. 2009 ein Wert von $K_2 = 20\,450 \cdot (1.03)^3 = 22\,346.27.$ Dieser Betrag ist weitere drei Monate aufzuzinsen. Zum Zeitpunkt der Auflö-
sung des Sparbuches ist somit der Auszahlungsbetrag (abzüglich anfallen-
der Gebühren und der einbehaltenen Kapitalertragssteuer!) zu berechnen als

$$K_{\text{end}} = K_2 \cdot \left(1 + 0.03 \cdot \left(\frac{3}{12}\right)\right) = 22\,513.86\,.$$

Man beachte, dass in Bsp. 2 und Bsp. 3 derselbe Anfangsbetrag über dieselbe Zeit, nämlich vier Jahre, zu verzinsen war. Dennoch ergibt sich ein un-
terschiedlicher Endwert aufgrund der verschiedenen Einzahlungszeitpunkte
innerhalb der Verzinsungsperiode!

Eine andere Art der Verzinsung besteht darin, die Zinsen nicht vom Anfangskapital ausgehend zu berechnen sondern vom Endkapital. Diese Art
von Verzinsung nennt man **antizipativ** oder **vorschüssig**.
Für genau eine Verzinsungsperiode erhält man bei gegebenem Zinssatz i den
Zusammenhang: $K_1 - K_1 \cdot i = K_1 \cdot (1 - i) = K_0$ und daraus $K_1 = \dfrac{K_0}{1 - i}$.
Die Überlegungen betreffend einfache Verzinsung innerhalb einer Verzinsungsperiode und Zinseszinsberechnung, wenn zwischen t_0 und t_{end} mindestens ein Verzinsungszeitpunkt liegt, gelten analog wie oben bei der dekursiven Verzinsung.
Liegen t_0 und t_{end} innerhalb derselben Verzinsungsperiode, so ist $n < 1$ und
es gilt: $K_{\text{end}} = \dfrac{K_0}{1 - n \cdot i}$. Wird über genau n volle Perioden verzinst, so ist
$n \in \mathbb{N}$ und man erhält $K_n = \dfrac{K_0}{(1 - i)^n}$. Will man diese Formel - wie oben bei
der dekursiven Verzinsung - mit Hilfe eines Aufzinsungsfaktors q schreiben,

so gilt wieder $K_n = K_0 \cdot q^n$, wobei hier aber mit dem **antizipativen Aufzinsungsfaktor** $q = \dfrac{1}{1-i}$ zu rechnen ist.

Beispiel 4:
Die einfache Verzinsung des Anfangskapitals von 20 000.– für den Zeitraum von 31. März bis 1. August desselben Jahres, bei antizipativer Verzinsung mit 3% p. a., ergibt für vier Monate, d. s. ein Drittel des Jahres, den Multiplikator $\dfrac{1}{(1-0.01)}$ und daher $K_{\text{end}} = \dfrac{K_0}{0.99} = 20\,202.02$.

Beispiel 5:
Sei wieder $K_0 = 20\,000.–$ und der Verzinsungszeitraum von vier Jahren beginne am 31. Dezember 2006. Die Zinsen von 3% p. a. werden antizipativ berechnet. Dann ist $i = 0.03$, $q = \dfrac{1}{0.97} = 1.0309$ und das Endkapital $K_4 = K_0 \cdot q^4 = 22\,591.40$. Dieser Wert ist deutlich höher als das Ergebnis von Beispiel 2.

Im Folgenden wird immer mit dekursiver Verzinsung gerechnet, außer es wird definitiv auf antizipative Verzinsung hingewiesen.

Beträgt die Verzinsungsperiode weniger als ein Jahr, so spricht man von **unterjähriger** Verzinsung, beispielsweise vierteljährlich oder monatlich. Man beachte, dass dabei die Zinsen früher als bei der jährlichen Verzinsung kapitalisiert werden und man ein höheres Endkapital erhält. Ausgehend von einem **nominellen Jahreszinsfuß** $p\%$ wird mit den anteiligen Zinsen je Verzinsungsperiode gerechnet und mehrmals pro Jahr werden die Zinsen dem Kapital zugerechnet und von da an mitverzinst.

Beispiel 6:
Bei einem nominalen Zinsfuß von 3% p. a. ergibt sich die anteilige monatliche Verzinsung zu $\dfrac{3}{12} = \dfrac{1}{4}$ Prozent, somit der monatliche Zinssatz $i_m = 0.0025$ und der Aufzinsungsfaktor 1.0025 pro Monat. Das Kapital $K_0 = 20\,000.–$ wächst innerhalb eines Jahres, über zwölf Zinsperioden, auf $K_{\text{end}} = K_0 \cdot (1.0025)^{12} = K_0 \cdot (1.03042) = 20\,608.32$.

Man erkennt, dass $\dfrac{1}{4}\%$ monatlich der jährlichen Verzinsung mit $p = 3.042$ Prozent entspricht. Man spricht im Gegensatz zu den 3 Prozent **Nominalverzinsung** von einer **Effektivverzinsung** mit 3.042 Prozent jährlich und nennt die beiden Zinssätze $i_m = 0.0025$ (monatlich) und $i = 0.03042$ (jährlich) **zueinander äquivalent**.

Stellt man sich die umgekehrte Frage, sucht man also den zu 3% p. a. gehörigen äquivalenten Monatszinssatz, so ist die Gleichung $(1 + i_m)^{12} = 1.03$ nach i_m aufzulösen und es ergibt sich $i_m = 0.00247$.

Für je zwei verschieden lange Zinsperioden lässt sich immer der jeweils äquivalente Zinssatz berechnen.

Beispiel 7:

Man bestimmt den äquivalenten halbjährlichen Zinssatz $i_{1/2}$ zum monatlichen Zinsfuß von 1.5 Prozent als $i_{1/2} = (1 + 0.015)^6 - 1 = 0.09344$.

Der effektive Jahreszinsfuß dazu ergibt sich aus $q = (1 + 0.015)^{12} = 1.1956$ und man erhält $p = 19.56\%$.

Die unterjährige Verzinsung ergibt mit höherer Anzahl der Zinsperioden höhere Werte des Endkapitals. Monatliche Verzinsung bringt mehr als jährliche, tägliche Verzinsung mehr als die monatliche, stündliche mehr als tägliche ...

Im Grenzfall spricht man von der sogenannten **stetigen Verzinsung**.

Wie groß ist nun der Kapitalzuwachs bei dieser stetigen Verzinsung? Es sei ein jährlicher Zinssatz i gegeben und das Jahr werde in m Zinsperioden aufgeteilt. Dann ist der anteilige Zinssatz je Periode gleich $\dfrac{i}{m}$ und der Wert des Kapitals K_0 nach einem Jahr beträgt $K_1 = K_0 \cdot \left(1 + \dfrac{i}{m}\right)^m$. Stetige Verzinsung bedeutet nun, dass die natürliche Zahl m unendlich groß wird. Man benötigt den Grenzwert $\lim\limits_{m \to \infty} \left(1 + \dfrac{i}{m}\right)^m$. Umformung mit $m = n \cdot i$ ergibt für den Klammerausdruck $\left(1 + \dfrac{1}{n}\right)$ und somit $K_1 = K_0 \cdot \left(1 + \dfrac{1}{n}\right)^{n \cdot i}$. Nach Regeln des Rechnens mit Exponenten und unter Verwendung der Konvergenz der Folge $\left(\left(1 + \dfrac{1}{n}\right)^n\right)$ gegen den Grenzwert $e \approx 2.7183$ (vgl. Bsp. 10, Kap. 3.1), erhält man den Wert $K_1 = K_0 \cdot e^i$. Der Aufzinsungsfaktor für ein Jahr beträgt $q = e^i$ und nach n vollen Jahren erhält man das Endkapital $K_n = K_0 \cdot e^{n \cdot i}$.

Beispiel 8:

Das Anfangskapital $K_0 = 20\,000.-$, bei einem nominellem Jahreszinsfuß von 3% stetig verzinst, ergibt nach vier Jahren das Endkapital $K_4 = 20\,000 \cdot e^{0.12} = 22\,549.94$.

Wie bei unterjähriger Verzinsung gehört auch zur stetigen Verzinsung mit nominellem Jahreszinssatz i ein eindeutig bestimmter effektiver Jahreszinssatz i_{eff}, zu berechnen aus der Gleichung $i_{\text{eff}} = q - 1$, mit $q = e^i$. Umgekehrt kann zu jedem effektiven Jahreszinssatz der äquivalente stetige Zinssatz bestimmt werden.

Beispiel 9:
Zum nominellen Zinsfuß $p = 3\%$ gehört bei stetiger Verzinsung ein äquivalentes $i_{\text{eff}} = e^{0.03} - 1 = 0.03045$.
Umgekehrt: Welcher stetige Zinssatz ist äquivalent zu effektiven drei Prozent jährlich? Man berechnet dazu aus $e^i = 1.03$ die Hochzahl $i = \ln(1.03)$ und erhält den gerundeten Wert 0.02956.

Die untenstehende Abbildung 3.1 soll den Verlauf des Kapitalzuwachses über mehrere Verzinsungsperioden bei jährlicher und bei stetiger Verzinsung mit demselben nominalen Jahreszinssatz veranschaulichen.

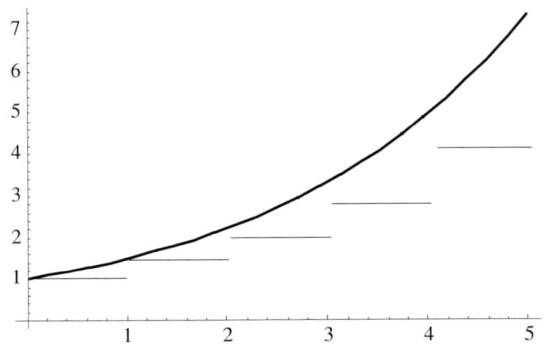

Abb. 3.1 Kapitalzunahme bei verschiedenen Verzinsungsweisen

Obwohl diese stetige Verzinsung in der Praxis nicht durchgeführt werden kann, hat sie rechentechnisch zwei grundlegende Vorteile im Vergleich zur Zinseszinsrechnung über eine echt positive Zinsperiodendauer.
Erstens: Das Problem der gemischten Verzinsung tritt nicht auf, d. h. für das Ergebnis einer Zins- oder Zinseszinsrechnung ist ausschließlich die Zeitdauer des Verzinsungsvorganges bedeutsam, nicht aber der Anfangszeitpunkt.
Zweitens: Da die Zinsperiode die Zeitdauer null hat, gibt es keinen Unterschied zwischen dekursiver und antizipativer Verzinsung. Tatsächliche Verwendung findet das Konzept der stetigen Verzinsung in der Investitionsrechnung.

B Aufzinsen, Abzinsen und das Äquivalenzprinzip

Bisher wurde ein Anfangskapital K_0 betrachtet, für einen vorgegebenen Zeitraum - nach der einen oder anderen Methode - verzinst und das Endkapital K_{end} daraus berechnet. Dieses Endkapital ist aber nichts anderes als der Wert des Anfangskapitals zu einem späteren Zeitpunkt. Man kann sich ebenso die umgekehrte Frage stellen, nämlich die nach dem Wert eines Kapitals K_{end} zu einem früheren Zeitpunkt. Man muss dazu den Wert des Endkapitals K_{end} **abzinsen**. Zahlungen, die zu einem späteren Zeitpunkt erfolgen, haben jetzt einen geringeren als den nominalen Wert.

Es gilt das allgemeine **Äquivalenzprinzip**: Kapitalien können nur dann miteinander verglichen werden, wenn man sie auf denselben Zeitpunkt bezieht, d. h. deren Werte zum selben Zeitpunkt betrachtet. Welchen Zeitpunkt man dazu wählt, ist zumindest prinzipiell unwesentlich.

Allerdings bedarf es zu diesem Vergleich von zu verschiedenen Zeitpunkten vorliegenden Geldbeträgen zweier Voraussetzungen: Man braucht einen **Kalkulationszinsfuß** und die Art der Zinsberechnung muss klar sein.

Beispiel 10:

Welche Summe ist mehr wert: 20 000.– zu Beginn des Jahres oder 20 500.– genau ein Jahr später?

Diese Frage ist erst korrekt beantwortbar, wenn man weiß, man könnte den Betrag von 20 000.–zu 3% p. a. auf ein Sparkonto legen. Man bekäme dann nach dem einen Jahr den Betrag 20 600.–, also mehr als die 20 500.–, somit sind „nun 20 000.–" mehr wert als „dann 20 500.–".

Bekommt man für das Sparkonto nur 2% p. a., so lautet die Antwort umgekehrt.

In beiden Fällen wurde ganz selbstverständlich mit einer dekursiven (nachschüssigen) Verzinsung gerechnet.

Will man den jetzigen Wert K_0 eines zu einem späteren Zeitpunkt vorhandenen oder fälligen Kapitals K_{end} bestimmen, so bezeichnet man dieses K_0 als **Barwert**. Dessen Bestimmung nennt man **Abzinsen** oder **Diskontieren**. Die Formeln zur Berechnung eines Barwertes ergeben sich aus den obigen durch einfache Umformungen:

Liegt kein Verzinsungszeitpunkt zwischen Anfang und Ende des Abzinsvorganges, ist also auch $n < 1$, so erhält man für die dekursive Verzinsung $K_0 = \dfrac{K_{end}}{1 + n \cdot i}$. Diese Art des Diskontierens nennt man **bürgerlichen Diskont**.

Wenn man nun in der Praxis eine zu einem späteren Datum fällige Summe früher ausbezahlt haben möchte, beispielsweise indem man einen Schuldschein vor dessen Fälligkeit an eine Bank verkauft, so wird der sogenannte **bankmäßige** oder **kaufmännische Diskont** in Anwendung gebracht. Dieser ist nichts anderes als eine antizipative Verzinsung, d. h. die Zinsen werden nicht vom Anfangskapital hinauf- sondern vom Endkapital heruntergerechnet, wobei sich höhere Zinsen ergeben. Die Formel zur Bestimmung von K_0 lautet demgemäß: $K_0 = (1 - n \cdot i) \cdot K_{end}$.

Beispiel 11: Eine am 15. August fällige Summe von 20 000.− wird, diskontiert mit 8% p. a., am 31. März zur Auszahlung gebracht. Hier ist die Zeitdauer $4\frac{1}{2}$ Monate, $n = \frac{9}{24}$. Der anteilige Zinssatz $n \cdot i$ beträgt 0.03. Die Berechnung von K_0 unter Anwendung des bürgerlichen Diskonts ergibt den Betrag von $\dfrac{20\,000}{1.03} = 19\,417.48$.

Rechnet man hingegen mit kaufmännischem Diskont, so ergibt sich der geringere Betrag $K_0 = (20\,000) \cdot (0.97) = 19\,400.−$

Für den Fall, dass Anfangs- und Endzeitpunkt mit Verzinsungszeitpunkten zusammenfallen, lassen sich - wieder bei jeweils geeigneter Definition des Aufzinsungsfaktors q - beide Verzinsungsarten in einer Formel beschreiben:

$$K_0 = \frac{K_{end}}{q^n}.$$

Erklärt man $v = \dfrac{1}{q}$, dann nennt man die Zahl v auch den **Abzinsungsfaktor** und die Formel für die Berechnung von K_0 lautet einfach

$K_0 = K_{end} \cdot v^n$.

Wieder soll im Folgenden, wenn nicht ausdrücklich anders angegeben, immer mit dekursiver Verzinsung gerechnet werden.

Aus dem bisher Gesagten folgt unmittelbar, dass sich der Barwert einer Summe von zu verschiedenen späteren Zeitpunkten vorliegenden Beträgen als die Summe der einzelnen Barwerte, d. h. all dieser entsprechend lange abgezinsten Beträge, ergibt.

Fließen alle Beträge als Gewinne aus einer Investition, so wird deren Barwert abzüglich der Investitionskosten als **Kapitalwert** dieser Investition bezeichnet.

Beispiel 12:

Von einer Investition wird erwartet, dass sie, über vier Jahre hinweg jeweils zu Jahresende Erträge liefert, und zwar gemäß folgender Tabelle:

Jahr	2007	2008	2009	2010
Ertrag	500 000	550 000	600 000	700 000

Hat man etwa bei einem Kalkulationszinsfuß von 8% p. a., den Kapitalwert B all dieser Beträge zu ermitteln, sind alle Werte auf den Zeitpunkt „Beginn 2007" zu beziehen und entsprechend lange abzuzinsen. Hier ist $q = 1.08$, also der Abzinsungsfaktor $v = \dfrac{1}{q} = 0.9259$. Man erhält den Barwert B als die Summe

$$(500\,000)v + (550\,000)v^2 + (600\,000)v^3 + (700\,000)v^4 = 1\,925\,319.56.$$

Offensichtlich hängt der Barwert dieser Zahlungsreihe vom Kalkulationszinsfuß ab: Je höher dieser ist, desto kleiner wird der Barwert. Rechnet man in obigem Beispiel mit einem Kalkulationszinsfuß von 12% p. a., so erhält man den Barwert $B = 1\,756\,816.01$.

Es macht nun Sinn, diesen Barwert von zukünftigen Erlösen mit den jetzt anfallenden Investitionskosten zu vergleichen. Je größer die (positive) Differenz Barwert minus Kosten, desto lukrativer ist die Investition. Diese Überlegung gibt Anlaß zur Einführung des folgenden Begriffes.

Unter dem **internen Zinssatz** einer Investition versteht man jenen Zinssatz, bei dem der Barwert der aus dieser Investition fließenden Erlöse abzüglich des Barwertes aller daraus später erwachsenden Kosten gleich groß ist wie die derzeitigen Investitionskosten: Bei welchem Kalkulationszinsfuß ist der Barwert der zukünftigen Gewinne gleich den Investitionskosten?

Die Berechnung eines derartigen internen Zinssatzes ist nicht explizit durch eine Gleichung möglich. Sie wird in der Investitionsrechnung dennoch durchgeführt, und zwar unter den rechentechnisch vorteilhaften Annahmen einer stetigen Verzinsung und kontinuierlich einlangender Erträge. Da man dazu auch die Integralrechnung benötigt, wird darauf erst in Kap. 4.6 eingegangen.

Als Spezialfall von Summen ab- oder aufgezinster Beträge ergibt sich, wenn gleichbleibende Beträge in gleichen Abständen betrachtet werden, die sogenannte Rentenrechnung.

C Rentenrechnung

Eine Rente ist eine Abfolge von Zahlungen, welche in gleichen Zeitabständen und in gleicher Höhe (oder auch „gleichmäßig zunehmend") über einen gewissen Zeitraum, die Laufzeit, anfallen.

Im Weiteren soll immer eine Laufzeit in ganzen Jahren, bei jährlichen Zahlungen und jährlicher dekursiver Verzinsung, vorausgesetzt werden. Der Barwert einer Rente wird mit B, deren Endwert mit E bezeichnet. Je nach den Zahlungszeitpunkten unterscheidet man **vorschüssige** und **nachschüssige** Renten. Bei einer vorschüssigen Rente mit einer Laufzeit von n Jahren wird die erste Zahlung zu Beginn des ersten, die letzte ebenfalls zu Beginn des letzten (n-ten) Jahres geleistet.

Bei der nachschüssigen Rente werden alle Zahlungen jeweils am Ende des 1., 2., ... bis n-ten Jahres getätigt. Für eine nachschüssige Rente mit einer Laufzeit von n Jahren und gleichbleibender Jahresrente r ergibt sich folgende Darstellung auf einem Zeitstrahl:

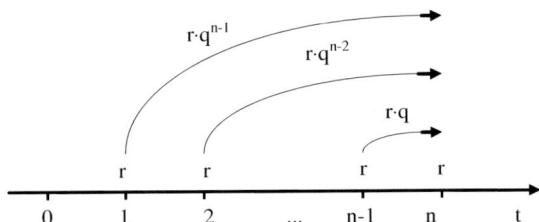

Abb. 3.2 Zahlungen und Endwert einer nachschüssigen Rente

Aus dieser Abbildung ist ersichtlich, wie der Endwert zu bestimmen ist, nämlich als Summe einer endlichen geometrischen Reihe,

$$E_n = r + r \cdot q + r \cdot q^2 + r \cdot q^3 + \cdots + + r \cdot q^{n-1} = \sum_{k=0}^{n-1} r \cdot q^k = r \cdot \frac{q^n - 1}{q - 1} = r \cdot S_n.$$

Man nennt S_n hier den **nachschüssigen Rentenendwertfaktor**.

Um zum Barwert B zu gelangen, muss man nur den Endwert für genau n Jahre abzinsen und erhält

$$B_n = \frac{E_n}{q^n} = r \cdot \frac{1}{q^n} \cdot \frac{q^n - 1}{q - 1} = r \cdot a_n.$$

Der Multiplikator $a_n = \dfrac{S_n}{q^n}$ wird **nachschüssiger Rentenbarwertfaktor** genannt.

Dieser Barwert kann aber ebenso direkt als Summe einzelner abgezinster Beträge errechnet werden, womit sich unter Verwendung des Abzinsungsfaktors $v = q^{-1}$ die Formel

$$B_n = r \cdot v + r \cdot v^2 + r \cdot v^3 + \ldots + r \cdot v^n$$

$$= r \cdot v \cdot \left(1 + v + v^2 + \ldots + v^{n-1}\right) = r \cdot v \cdot \frac{v^n - 1}{v - 1}$$

ergibt.

Der Beweis der Gleichheit $a_n = v \cdot \dfrac{v^n - 1}{v - 1}$ sei dem Leser überlassen.

Beispiel 13:

Man bestimme End- und Barwert einer 5 Jahre laufenden Rente in Höhe von jährlich $20\,000.-$ unter Annahme eines Zinsfußes von 6% p. a.. Die Rentenzahlungen seien jeweils zu Jahresende fällig.

Man errechnet $E_n = r \cdot S_n = 20\,000 \cdot \dfrac{\left((1.06)^5 - 1\right)}{(1.06 - 1)} = 112\,741.86$ und den Barwert $B_n = \dfrac{E_n}{q^n} = 84\,247.28$.

Man kann nun gemäß dem Äquivalenzprinzip formulieren:

Ein heute vorhandener Betrag von $84\,247.28$ hat - unter Annahme jährlicher Verzinsung von 6% p. a. - denselben Wert wie eine nachschüssige fünfmalige Rente von je $20\,000.-$ und ist ebenso gleichwertig einem Betrag von $112\,741.86$ nach genau 5 Jahren.

Sind nun bei einer Rente die Zahlungen jeweils zu Jahresbeginn fällig, so lässt sich auch dieser Sachverhalt, beispielsweise die Abzinsung auf den Barwert auf einem Zeitstrahl darstellen.

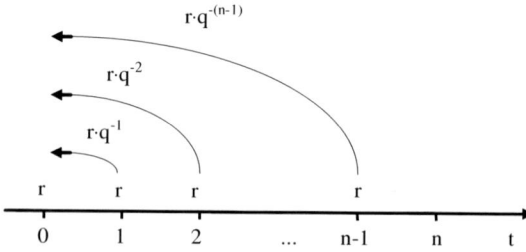

Abb. 3.3 Zahlungen und Barwert einer vorschüssigen Rente

Wieder könnte man Bar- und Endwert als Summen ab- bzw. aufgezinster Beträge unter Verwendung der Summenformel für endliche geometrische Reihen bestimmen.

Es geht aber auch einfacher: Im Vergleich zu den Werten der nachschüssigen Rente fällt jede Zahlung genau ein Jahr - genau eine Verzinsungsperiode - früher an, ist somit genau ein Jahr länger zu verzinsen und man erhält für den Endwert E_v der vorschüssigen Rente

$$E_v = E_n \cdot q = r \cdot S_n \cdot q$$

Für den Barwert ergibt sich

$$B_v = B_n \cdot q = r \cdot a_n \cdot q$$

Bemerkung: Man beachte, dass in der Rentenrechnung die Bezeichnung einer Rente als nachschüssig oder vorschüssig nichts mit der Verzinsungsart zu tun hat, sondern sich nur auf die Zahlungszeitpunkte bezieht!

Beispiel 14:
Die Zahlungen wie in Bsp. 13 seien nun vorschüssig fällig. Dann errechnet sich der Endwert zu $E_v = E_n \cdot (1.06) = 119\,506.37$ und für den Barwert ergibt sich $B_v = 89\,302.11$.

Beispiel 15:
Eine Summe von $400\,000.-$ soll in Form einer nachschüssigen Jahresrente über acht Jahre hinweg ausbezahlt werden. Wie hoch ist die jährliche Rentenzahlung bei einer Verzinsung von 4.5% p. a.?
Hier ist $q = 1.045$ und aus der Formel für B_n ermittelt man $r = \dfrac{B_n}{a_n}$. Man errechnet $S_8 = 9.3800$, $a_8 = 6.5959$ und damit $r = 60\,643.86$.

Bemerkung:
Falls mit antizipativer Verzinsung gerechnet werden soll, behalten sämtliche Formeln der Rentenrechnung ihre Gültigkeit, wenn nur anstelle des üblichen (dekursiven) Aufzinsungsfaktors $q = (1 + i)$ der antizipative Aufzinsungsfaktor $q = \dfrac{1}{1 - i}$ in Anwendung gebracht wird.

Beispiel 16: Ewige Rente
Welches Kapital K - also welcher Barwert - ist nötig, wenn, unter Annahme einer unveränderten Verzinsung von $p\%$ jährlich, für unbegrenzt lange Zeit jeweils ein Betrag r zu Jahresende zur Verfügung stehen soll?
Offensichtlich muss der jährliche Zinsertrag $K \cdot i$ gleich diesem Betrag r sein. Mit $i = q - 1$ ergibt sich das nötige Kapital $K = \dfrac{r}{q - 1}$.

Dasselbe Ergebnis erhält man unter Verwendung der Formel für die Summe einer unendlichen Reihe: $S = \dfrac{1}{1-q}$ aus der Barwertformel $B_n = r \cdot S$.

Soll eine Rente mit einer Laufzeit von n Jahren jedes Jahr um einen gleichbleibenden Prozentsatz h erhöht werden, etwa zum Inflationsausgleich, so bezeichnet man sie als **geometrisch fortschreitende Rente**.
Die Rentenzahlungen bilden dann selbst eine endliche geometrische Folge mit Multiplikator $t = 1 + \dfrac{h}{100}$, aus dem Rentenbetrag r des ersten Jahres ergeben sich jährliche Beträge: $r,\ r \cdot t,\ r \cdot t^2,\ \dots,\ r \cdot t^{n-1}$. Um den Endwert zu berechnen, ist jeder dieser Beträge entsprechend lange aufzuzinsen und es ergibt sich für eine nachschüssige Rente

$$E_n = r \cdot q^{n-1} + r \cdot t \cdot q^{n-2} + r \cdot t^2 \cdot q^{n-3} + \cdots + r \cdot t^{n-2} \cdot q^1 + r \cdot t^{n-1}$$

und nach Herausheben und Umformung

$$E_n = r \cdot q^{n-1} \cdot \left(1 + \frac{t}{q} + \left(\frac{t}{q}\right)^2 + \cdots + \left(\frac{t}{q}\right)^{n-1} \right).$$

Wieder ist der Klammerausdruck das Anfangsstück einer geometrischen Reihe, die Summenformel ist anwendbar und Umformung ergibt

$$E_n = r \cdot q^{n-1} \cdot \frac{\left(\frac{t}{q}\right)^n - 1}{\left(\frac{t}{q}\right) - 1} = r \cdot \frac{t^n - q^n}{t - q}.$$

Beispiel 17:
Man bestimme den Barwert einer 5 Jahre lang laufenden jährlichen nachschüssigen Rente, die, beginnend mit $r = 20\,000$, jedes Jahr um drei Prozent erhöht werden soll. Man rechne mit einer gleichbleibenden Verzinsung von 6% p. a.:
Hier sind $r = 20\,000$, $n = 5$, $q = 1.06$ und $t = 1.03$. Man erhält den Endwert
$$E_n = 20\,000 \cdot \frac{\left((1.03)^5 - (1.06)^5\right)}{(1.03 - 1.06)} = 119\,301.-$$ und daraus nach Abzinsen
den Barwert: $B_n = 89\,148.65$.

Jede Zahlung einer Rente kann aufgefasst werden als Tilgung einer Schuld in Höhe des Barwertes im Lauf von n Jahren durch die Bezahlung gleichbleibender Beträge, welche sich aus Rückzahlung und Zinsen summieren.

D Tilgungsrechnung

Die Rückzahlung (Tilgung) einer Schuld erfolgt üblicherweise in einer vorgegebenen Anzahl von Zahlungen, deren Höhen sich als Summe von Tilgung und Zinsen ergeben. Der Rückzahlungsvorgang ist, bei Vorgabe eines Zinsfußes, durch die Festlegung der Tilgungsbeträge bestimmt.

Im Folgenden wird nur mit jährlicher Tilgung bei ebenfalls jährlicher dekursiver Verzinsung gerechnet.

Um den Verlauf eines Tilgungsvorganges übersichtlich darzustellen, wird ein Tilgungsplan erstellt. Aus diesem sind für jedes Jahr die Restschuld zu Beginn des Jahres, die Höhe T der Tilgung und die Zinsen Z abzulesen. Die Jahreszahlung beträgt $T + Z$ und wird Annuität genannt.

Wird die Schuld K_0 jedes Jahr um den gleichen Betrag verringert, so spricht man von **Tilgung in gleichen Raten**.

Beispiel 18:

Schulden von 200 000.– sollen in zehn Jahren bei 7% p. a. in gleichen Raten zurückgezahlt werden. Die ersten beiden und die letzte Zeile des Tilgungsplanes sind dann:

Jahr	Kapital	Tilgung	Zinsen	Zahlung
1	200 000	20 000	14 000	34 000
2	180 000	20 000	12 600	32 600
⋮	⋮	⋮	⋮	⋮
10	20 000	20 000	1 400	21 400

In diesem Fall ist im ersten Jahr die Gesamtzahlung am größten und nimmt dann jedes Jahr genau um die Zinsen der Rückzahlungsrate ab. Die Belastung für den Kreditnehmer ist zu Beginn am höchsten.

Dieser bevorzugt eine gleichmäßige Rückzahlung der Schuld, bei der in jedem Jahr derselbe Betrag, die **Annuität**, fällig wird. Man nennt diese allgemein übliche Tilgungsart **Tilgung in gleichen Annuitäten**. Nur damit wird im Rest des Kapitels gerechnet.

Bezeichnet man die Annuität mit A, die Zinsen die im Jahr i fällig werden, mit Z_i und den Tilgungsbetrag in diesem Jahr mit T_i, so gilt für die gesamte Laufzeit von n Jahren, d.h. für $i = 1, \ldots, n$ $T_i + Z_i = A$. Sind für eine Schuld in Höhe K_0 der Zinssatz i und die Höhe der ersten Tilgungszahlung bekannt, so ergibt sich die Annuität $A = K_0 \cdot i + T_1$. Am Ende des ersten Jahres wird die Schuld um den Tilgungsbetrag T_1 verringert, damit sind die Zinsen zu Ende des zweiten Jahres $Z_2 = (K_0 - T_1) \cdot i = Z_1 - T_1 \cdot i$. Die Höhe der Tilgungs-zahlung nimmt bei gleichbleibender Annuität um genau denselben Betrag zu, um den die Zinsen abnehmen: $T_2 = T_1 + T_1 \cdot i = T_1 \cdot (1 + i)$. Die gleiche Entwicklung ergibt sich für die folgenden Jahre. Damit lauten die ersten drei Zeilen des Tilgungsplanes:

Jahr	Kapital	Tilgung	Zinsen	Zahlung
1	K_0	T_1	Z_1	A
2	$K_0 - T_1$	$T_2 = T_1 + T_1 \cdot i$	$Z_2 = Z_1 - T_1 \cdot i$	A
3	$K_0 - T_1 - T_2$	$T_3 = T_1 + T_1 \cdot i + T_2 \cdot i$	$Z_3 = Z_1 - T_1 \cdot i - T_2 \cdot i$	A

Aus der analogen Fortschreibung dieses Tilgungsplanes erhält man die For-meln für die Annuitätentilgung:
Die m-te Tilgungszahlung, zu leisten am Ende des m-ten Jahres, beträgt

$$T_m = T_1 \cdot (1 + i)^{m-1} = T_1 \cdot q^{m-1}.$$

Die Restschuld nach m Tilgungszahlungen, also am Beginn des $(m + 1)$-ten Jahres, errechnet sich aus

$$
\begin{aligned}
K_m &= K_0 - (T_1 + T_2 + T_3 + \ldots + T_m) \\
&= K_0 - (T_1 + T_1 \cdot q + T_1 \cdot q^2 + \ldots + T_1 \cdot q^{m-1}) \\
&= K_0 - T_1 \cdot \frac{q^m - 1}{q - 1} = K_0 - T_1 \cdot S_m.
\end{aligned}
$$

Für eine Tilgung nach genau n vollen Jahren ist $K_n = K_0 - T_1 \cdot S_n = 0$. Damit erhält man für den Zusammenhang zwischen erster Tilgungszahlung und der Anfangsschuld die Gleichung $K_0 = T_1 \cdot S_n$.
Betrachtet man andererseits die Zahlung gleicher Annuitäten zur Tilgung der Anfangsschuld K_0 als Rentenvorgang, so ist K_0 der Barwert aller n An-nuitäten, d. h. einer nachschüssigen Rente in Höhe A. Unter Verwendung des oben erklärten Rentenbarwertfaktors $a_n = \dfrac{S_n}{q_n}$ erhält man für den Barwert $K_0 = A \cdot a_n$. Aus diesen beiden Berechnungsmöglichkeiten für K_0 ergibt sich wegen $T_1 \cdot S_n = A \cdot a_n = A \cdot \dfrac{S_n}{q^n}$ die Beziehung $q^n = \dfrac{A}{T_1}$ und damit kann aus dem Verhältnis von Annuität und erster Tilgungszahlung mittels $n = \dfrac{\ln(A) - \ln(T_1)}{\ln(q)}$ die Laufzeit berechnet werden. Andererseits ist bei bekanntem Zinssatz i und gegebener Laufzeit n durch $A = K_0 \cdot \dfrac{1}{a_n}$ aus der Anfangsschuld K_0 die Annuität A bestimmbar. Man nennt demzufolge den Multiplikator $\dfrac{1}{a_n}$ auch **Annuitätenfaktor**.

Bemerkung: Im Grunde sind Rentenzahlung und Tilgung, gleiche Annuitäten vorausgesetzt, ein und derselbe Vorgang - was der Schuldner als Annuität zahlt, ist für den Gläubiger eine jährliche Rente!

Beispiel 19:

Wieder sei $K_0 = 200\,000.-$. In zehn Jahren soll, bei 7% p. a. und gleichen Annuitäten, diese Schuld getilgt sein: Man erhält $a_n = \dfrac{S_n}{q^n} = \dfrac{13.8164}{1.967} = 7.0236$ und daraus die Annuität $A = 28\,475.50$. Die ersten beiden und die letzte Zeile des Tilgungsplanes lauten folglich:

Jahr	Kapital	Tilgung	Zinsen	Zahlung
1	200 000.00	14 475.50	14 000.00	28 475.50
2	185 524.50	15 488.79	12 986.71	28 475.50
$\vdots$	$\vdots$	$\vdots$	$\vdots$	$\vdots$
10	26 612.62	26 612.62	1 862.88	28 475.50

Beispiel 20:

Man bestimme zu einer Schuld von $200\,000.-$ bei einem Zinsfuß von 7% p. a. die Höhe der fünften Tilgungszahlung, die danach verbleibende Restschuld und die Laufzeit, wenn eine Annuität von $30\,000.-$ geleistet wird.

Aus $A = 30\,000$ und $Z_1 = 0.07 \cdot 200\,000 = 14\,000$ ergibt sich $T_1 = 16\,000$, somit die fünfte Tilgungszahlung $T_5 = (16\,000) \cdot (1.07)^4 = 20\,972.74$.

Mit $S_5 = \dfrac{1.07^5 - 1}{1.07 - 1} = 5.075074$ errechnet man die Restschuld zu Beginn des sechsten Jahres: $K_5 = 200\,000 - (16\,000) \cdot 5.075074 = 107\,988.18$.

Zur Bestimmung der Laufzeit löst man gemäß der Formel $q^n = \dfrac{A}{T_1}$ die Gleichung $(1.07)^n = \dfrac{30\,000}{16\,000} = 1.875$ nach n auf. Logarithmieren beider Seiten der Gleichung ergibt $\ln(1.07)^n = \ln(1.875)$ bzw. unter Verwendung der Rechenregeln für Logarithmen $n \cdot \ln(1.07) = \ln(1.875)$ und daraus $n = 9.2909$. Damit ist die Tilgung im zehnten Jahr abgeschlossen. Nach neun Jahren verbleibt noch eine Restschuld in Höhe von $K_9 = K_0 - T_1 \cdot S_9 = 200\,000 - 16\,000 \cdot 11.9780 = 8\,352.18$. Um die Schuld endgültig zu tilgen, kann man entweder zusätzlich zur neunten und letzten Annuität diesen Betrag bezahlen, oder ein Jahr später die Summe $8\,936.83$, das ist K_9 plus sieben Prozent Zinsen.

3.4 Differenzengleichungen

In diesem Kapitel werden Beziehungen zwischen Zahlenfolgen und ihren Differenzenfolgen (vgl. Def. 3.1.3) betrachtet. Da bei den meisten ökonomischen Anwendungen die untersuchten Zahlenfolgen von der Zeit t (t steht für time) abhängig sind, werden hier Zahlenfolgen mit (y_t) für $t = 0, 1, \ldots$ bezeichnet. Entsprechend ist

$$(\Delta y_t) := (y_{t+1}) - (y_t) \qquad \text{für } t = 0, 1, \ldots \text{ die 1. Differenzenfolge}$$
$$\text{von} (y_t),$$

$$(\Delta^2 y_t) := (\Delta y_{t+1}) - (\Delta y_t) \qquad \text{für } t = 0, 1, \ldots \text{ die 2. Differenzenfolge}$$
$$\text{von} (y_t),$$

bzw. allgemein

$$(\Delta^k y_t) := (\Delta^{k-1} y_{t+1}) - (\Delta^{k-1} y_t) \text{ für } t = 0, 1, \ldots \text{ die k-te Differenzen-}$$
$$\text{folge von } (y_t).$$

Beispiel 1:
Zu der Zahlenfolge (y_t) mit $y_t = 3t^2$ errechnet man die Glieder der 1. Differenzenfolge

$$\Delta y_t = y_{t+1} - y_t = 3 \cdot (t+1)^2 - 3t^2 = 6t + 3$$

und daraus jene der zweiten Differenzenfolge

$$\Delta^2 y_t = \Delta y_{t+1} - \Delta y_t = (y_{t+2} - y_{t+1}) - (y_{t+1} - y_t)$$
$$= (6 \cdot (t+1) + 3) - (6t + 3) = 6$$

Offensichtlich erfüllen die Glieder obiger Zahlenfolge die Gleichungen

$$\Delta^2 y_t - 6 = 0 \text{ für } t = 0, 1, \ldots,$$

oder anders geschrieben

$$y_t - 2 \cdot y_{t+1} + y_{t+2} - 6 = 0 \text{ für } t = 0, 1, \ldots.$$

Man nennt diese beiden (identischen) Gleichungen Differenzengleichungen und zwar in diesem Falle Differenzengleichungen zweiter Ordnung.

Definition 3.4.1 *Eine **Differenzengleichung n-ter Ordnung** ist gegeben durch*

$$F(t, y_t, y_{t+1}, \ldots, y_{t+n}) = 0$$

oder in anderer Form

$$G\left(t, y_t, \Delta y_t, \Delta^2 y_t, \ldots, \Delta^n y_t\right) = 0,$$

*wobei die **Ordnung** durch die **höchste Differenzenfolge** $(\Delta^n y_t)$, bzw. die **höchste Zeitdifferenz** n, die in der Gleichung im Ausdruck y_{t+n}, auftritt, bestimmt ist.*
*Eine **Zahlenfolge** (y_t) für $t = 0, 1, \ldots$ heißt **eine Lösung** einer Differenzengleichung, wenn sie, eingesetzt in die Gleichung, diese für jedes t erfüllt.*

Entgegen der in Beispiel 1 gewählten Vorgangsweise, von einer Zahlenfolge ausgehend eine Differenzengleichung zu finden, der diese Zahlenfolge genügt, stellt sich oft das Problem, zu einer gegebenen Differenzengleichung eine oder alle Zahlenfolgen zu finden, die diese Differenzengleichung erfüllen.

Beispiel 2: Bestimmung aller Lösungen der Differenzengleichung aus Bsp.1
Aus $\Delta^2 y_t - 6 = 0$ erhält man $\Delta y_{t+1} = \Delta y_t + 6$ für $t = 0, 1, \ldots$. Schreibt man diese Gleichungen einzeln auf, so ergibt sich

$$\begin{aligned}
\Delta y_1 &= \Delta y_0 + 6 \\
\Delta y_2 &= \Delta y_1 + 6 & = (\Delta y_0 + 6) + 6 = \Delta y_0 + 6 \cdot 2 \\
&\;\vdots \quad \vdots & \vdots \\
\Delta y_t &= \Delta y_{t-1} + 6 = & \cdots \qquad = \Delta y_0 + 6t
\end{aligned}$$

Die gesuchten Lösungen sind also Zahlenfolgen, deren 1. Differenzenfolgen $(\Delta y_t) = \Delta y_0 + (6t)$ mit beliebigem $\Delta y_0 \in \mathbb{R}$ sind. Ersetzt man Δy_t durch $y_{t+1} - y_t$, so ergibt sich $(y_{t+1}) = (y_t) + \Delta y_0 + (6t)$. Indem man nun wie oben sukzessive einsetzt

$$\begin{aligned}
y_t &= y_{t-1} + \Delta y_0 + 6 \cdot (t-1) = \\
&= y_{t-2} + \Delta y_0 + 6 \cdot (t-2) + \Delta y_0 + 6 \cdot (t-1) = \\
&\;\vdots \\
&= y_0 + \Delta y_0 \cdot t + 6 \cdot (1 + 2 + \cdots + (t-2) + (t-1)),
\end{aligned}$$

erhält man unter Verwendung der Formel $\sum_{i=1}^{n} i = \dfrac{n(n+1)}{2}$ als Lösungen die Zahlenfolge (y_t) mit $y_t = y_0 + \Delta y_0 \cdot t + 3 \cdot t \cdot (t-1)$ für beliebige Δy_0 und $y_0 \in \mathbb{R}$, bzw. nach Ersetzen von Δy_0 durch $y_1 - y_0$ und Umformulieren $y_t = 3t^2 + (y_1 - y_0 - 3) \cdot t + y_0$ mit beliebigen $y_0, y_1 \in \mathbb{R}$. Man erhält also zu jeder beliebigen Wahl der **Anfangswerte** y_0, y_1 eine **spezielle** Lösung der Differenzengleichung, z.B. für $y_0 = 0$ und $y_1 = 3$ gerade die Zahlenfolge von Bsp. 1.

Bemerkung: Bei Lösungen von Differenzengleichungen unterscheidet man zwischen der **allgemeinen Lösung**, in der die **Anfangswerte** y_0, y_1 **der Zahlenfolge als Konstante** stehen, und einer **speziellen Lösung**, die man durch spezielle Wahl dieser Konstanten (Anfangswerte) erhält.

Beispiel 3:

Für das jährliche Bruttoinlandsprodukt (BIP) y_t einer Volkswirtschaft in Abhängigkeit von der Zeit $t = 0, 1, \ldots$ nimmt man häufig an, dass es eine zeitunabhängige Wachstumsrate $a \in \mathbb{R}$ besitzt. Also gilt für je zwei aufeinanderfolgende Jahre $y_{t+1} = (1 + a) \cdot y_t$ für $t = 0, 1, \ldots$. Somit bilden die Bruttoinlandsprodukte y_t eine Zahlenfolge, deren Glieder die Differenzengleichung $y_{t+1} - (1 + a) \cdot y_t = 0$ oder in anderer Form $\Delta y_t - a \cdot y_t = 0$ erfüllen. Andererseits wird durch die obige Beziehung gerade eine geometrische Folge (vgl. Def. 3.1.2) mit dem Quotienten $q = 1 + a$ definiert. Also ist (vgl. Folgerung 3.1.1) die allgemeine Lösung dieser Differenzengleichung durch die geometrische Folge $(y_t) = ((1 + a)^t \cdot y_0)$ mit beliebigem $y_0 \in \mathbb{R}$ gegeben. Da die geometrische Folge für positive, zeitunabhängige Wachstumsraten $a > 0$ pro Zeiteinheit umso mehr wächst je größer t ist, ist sie für langfristige Betrachtungen in der Realität ungeeignet. Man könnte stattdessen versuchen, das BIP mit einer zwar positiven, aber zeitabhängigen Wachstumsrate $a_t = \frac{1}{t+1}$, die gegen Null konvergiert, zu modellieren.

Beispiel 4:

Für den zeitabhängigen, gegen Eins konvergenten Wachstumsfaktor $1 + a_t = 1 + \frac{1}{t+1} = \frac{t+2}{t+1}$ für $t = 0, 1, \ldots$ erhält man das BIP als Lösung der Differenzengleichung $y_{t+1} - \left(\frac{t+2}{t+1}\right) \cdot y_t = 0$.

Für $y_0 = 1$ ist deren Lösung $y_{n+1} = \frac{n+2}{n+1} \cdot y_n = n + 2$ für $n = 0, 1, \ldots$, das heißt das BIP y_t wächst linear, und zwar unbeschränkt, aber mit Wachstumsraten die gegen 0 konvergieren. Diese Differenzengleichung ist ein Spezialfall der im Folgenden behandelten Klasse der linearen Differenzengleichungen.

Definition 3.4.2 *Seien* $(a_t^0), (a_t^1), \ldots, (a_t^{n-1})$ *und* (b_t) *für* $t = 0, 1, \ldots$ *reelle Zahlenfolgen, so heißt die Differenzengleichung*

$$y_{t+n} = a_t^0 \cdot y_t + a_t^1 \cdot y_{t+1} + \cdots + a_t^{n-1} \cdot y_{t+n-1} + b_t$$

eine **lineare Differenzengleichung n-ter Ordnung**. *Sind alle Folgenglieder* $b_t = 0$ *für* $t = 0, 1, \ldots$, *so heißt die Differenzengleichung* **homogen**, *sonst* **inhomogen**.

Die Differenzengleichung aus Beispiel 4 ist also eine homogene, lineare Differenzengleichung 1. Ordnung.

Die Differenzengleichung $y_{t+2} = -y_t + 2y_{t+1} + 6$ aus Beispiel 1 ist eine inhomogene, lineare Differenzengleichung zweiter Ordnung, bei der die Zahlenfolgen $a_t^0 = -1$, $a_t^1 = 2$, und $b_t = 6$ konstante Folgen sind.

Im Folgenden werden nur die linearen Differenzengleichungen erster Ordnung betrachtet. Für die Behandlung linearer Differenzengleichungen höherer Ordnung ($n > 1$) wird auf die weiterführende Literatur verwiesen.

Satz 3.4.1 *Seien (a_t) und (b_t) reelle Zahlenfolgen, so besitzt*

(a) *die **homogene, lineare Differenzengleichung erster Ordnung***

$$y_{t+1} = a_t \cdot y_t$$

*die **allgemeine Lösung***

$$y_t = \left(\prod_{i=0}^{t-1} a_i \right) \cdot y_0 \quad \textit{für } t = 1, 2, \ldots$$

zu jedem Anfangswert $y_0 \in \mathbb{R}$,

(b) *die **inhomogene, lineare Differenzengleichung erster Ordnung***

$$y_{t+1} = a_t \cdot y_t + b_t$$

*die **allgemeine Lösung***

$$y_t = \begin{cases} a_0 \cdot y_0 + b_0 & \textit{für } t = 1 \\[2em] \left(\displaystyle\prod_{i=0}^{t-1} a_i \right) \cdot y_0 + \displaystyle\sum_{i=0}^{t-2} \left(b_i \cdot \prod_{k=i+1}^{t-1} a_k \right) + b_{t-1} & \textit{für } t = 2, 3, \ldots \end{cases}$$

zu jedem Anfangswert $y_0 \in \mathbb{R}$.

Beispiel 4, Fortsetzung:

In der Differenzengleichung $y_{t+1} = \left(\dfrac{t+2}{t+1} \right) \cdot y_t$ werden die im obigen Satz benutzten Zahlenfolgen mittels $a_t = \dfrac{t+2}{t+1}$ und $b_t = 0$ gebildet.

Für das in der allgemeinen Lösung zu berechnende Produkt ergibt sich

$$\prod_{i=0}^{t-1} a_i = \frac{2}{1} \cdot \frac{3}{2} \cdot \frac{4}{3} \cdots \frac{t}{t-1} \cdot \frac{t+1}{t} = t+1,$$

und somit ist $y_t = (t+1) \cdot y_0$ für beliebiges $y_0 \in \mathbb{R}$ die Lösung.

Beispiel 5:
In dem von **R. H. Harrod** formulierten Wachstumsmodell für das Volkseinkommen Y_t wird angenommen, dass

1. der Anteil $S_t = \alpha \cdot Y_t$ des Volkseinkommens mit konstanter Sparquote $\alpha \in {]0,1[}$ gespart wird,

2. die Investition $I_t = \beta \cdot (Y_t - Y_{t-1})$ linear abhängig ist von der Änderung des Volkseinkommens mit konstantem Faktor mit $0 < \beta \neq \alpha$, und

3. genau die gesparte Geldmenge investiert wird, also $S_t = I_t$ ist.

Indem man die ersten beiden Beziehungen in die Gleichung unter Punkt 3 einsetzt, erhält man die folgende Differenzengleichung:

$$\alpha \cdot Y_t = \beta \cdot (Y_t - Y_{t-1}) \quad \text{bzw.} \quad Y_{t+1} = \left(\frac{\beta}{\beta - \alpha}\right) \cdot Y_t$$

für das Volkseinkommen. Diese homogene, lineare Differenzengleichung 1. Ordnung ist, weil die reelle Zahlenfolge $(a_t) = \left(\dfrac{\beta}{\beta - \alpha}\right)$ eine konstante Folge ist, ein Spezialfall der Differenzengleichung in Satz 3.4.1 (a), deren allgemeine Lösung sich vereinfacht zu $Y_t = \left(\dfrac{\beta}{\beta - \alpha}\right)^t \cdot Y_0$.
Für eine Sparquote $\alpha = 30\%$ und $\beta = 3$ hat das Volkseinkommen die zeitliche Entwicklung $Y_t = \left(\dfrac{10}{9}\right)^t \cdot Y_0$ mit der Wachstumsrate $r = \dfrac{1}{9}$.

Sind die Zahlenfolgen (a_t) und (b_t) der Differenzengleichung in Satz 3.4.1 konstante Folgen, so nennt man die Differenzengleichung eine **lineare Differenzengleichung mit konstanten Koeffizienten**.

Folgerung 3.4.1 *Die lineare Differenzengleichung erster Ordnung mit konstanten Koeffizienten*

$$y_{t+1} = a \cdot y_t + b$$

besitzt die allgemeine Lösung

$$y_t = \begin{cases} d^t \cdot y_0 + b \cdot \dfrac{1-a^t}{1-a} & \text{für } a \neq 1 \\ y_0 + b \cdot t & \text{für } a = 1 \end{cases}$$

zu jedem Anfangswert $y_0 \in \mathbb{R}$.

Beispiel 6:
Im **Cobwebmodell** wird die zeitliche Entwicklung eines Marktes für ein Gut unter den folgenden Annahmen betrachtet.

1. Die Angebotsmenge A_t in der Periode t ist eine lineare Funktion des Preises der Vorperiode

$$A_t = a + b \cdot p_{t-1} \quad a, b > 0.$$

2. Die Nachfragemenge N_t ist eine lineare Funktion des Preises derselben Periode

$$N_t = c - d \cdot p_t \quad c, d > 0.$$

3. Der Markt wird geräumt, somit ist $N_t = A_t$. D.h. die fixierte Angebotsmenge wird nachgefragt, allerdings zu dem Preis, den die Nachfrager bereit sind dafür zu bezahlen.

Die Ausdrücke für Angebot und Nachfrage aus Punkt 1 und 2 in die Gleichung in Punkt 3 eingesetzt, ergibt

$$c - d \cdot p_t = a + b \cdot p_{t-1} \quad \text{bzw.} \quad p_{t+1} = \frac{c-a}{d} - \frac{b}{d} \cdot p_t$$

eine lineare Differenzengleichung 1-ter Ordnung mit konstanten Koeffizienten für die Preisentwicklung.

Die allgemeine Lösung ist nach Folgerung 3.4.1

$$p_t = \left(-\frac{b}{d}\right)^t \cdot p_0 + \frac{c-a}{d} \cdot \frac{1 - \left(-\dfrac{b}{d}\right)^t}{1 + \dfrac{b}{d}}$$

bzw.

$$p_t = \frac{c-a}{b+d} + \left(p_0 - \frac{c-a}{b+d}\right) \cdot \left(-\frac{b}{d}\right)^t.$$

Da die Folge $(q_t) = \left(\left(-\dfrac{b}{d}\right)^t\right)$ eine alternierende geometrische Folge ist, die für $b \geq d$ divergent und für $b < d$ konvergent mit Grenzwert Null ist, stellt sich die Preisentwicklung als eine um den Wert $\dfrac{c-a}{b+d}$ oszillierende Folge dar, die für $b \geq d$ divergent und für $b < d$ konvergent ist mit dem Grenzwert $p^* = \lim\limits_{t\to\infty} p_t = \dfrac{c-a}{b+d}$.

Da die Folge (p_t) der Preise mit dem Anfangswert $p_0 = p^*$ eine konstante Folge ist, sagt man bei diesem Preis, dass der Markt sich im Gleichgewicht mit dem Gleichgewichtspreis p^* befindet.

Für das Angebot und die Nachfrage im Gleichgewicht erhält man

$$A^* = a + b \cdot \frac{c-a}{b+d} = \frac{a \cdot d + b \cdot c}{b+d} = c - d \cdot \frac{c-a}{b+d} = N^*.$$

Ist der Anfangswert p_0 der Preisfolge von p^* verschieden, so bewegt sich der Markt im konvergenten Fall auf das Marktgleichgewicht zu, deswegen spricht man hier auch von einem **stabilen Gleichgewicht**.

Im divergenten Fall nennt man es ein **labiles Gleichgewicht**, weil sich der Markt für $b > d$ vom Gleichgewicht immer weiter entfernt und für $b = d$ die Preise abwechselnd den Wert p_0 und $2p^* - p_0$ haben.

Beide Situationen sollen mit je einem Zahlenbeispiel für den konvergenten und den divergenten Fall dargestellt werden, wobei aus den Abbildungen ersichtlich ist, woher der Name Cobweb (Spinnennetz) kommt.

Beispiel 7: Cobwebmodell mit $a = 20$ und $c = 60$
Konvergenter Fall:
Für $b = 3 < d = 4$ erhält man $A_t = 20 + 3p_{t-1}$ und $N_t = 60 - 4p_t$, und als Lösung der Differenzengleichung die Folge der Marktpreise

$$p_t = \frac{40}{7} + \left(p_0 - \frac{40}{7}\right) \cdot \left(-\frac{3}{4}\right)^t.$$

Die Entwicklung dieses Marktes, mit den Marktmechanismen direkt bestimmt (vgl. Abb. 3.4), liefert zu dem Preis $p_0 = 9$ mit $N_0 = 60 - 4 \cdot 9 = 24$ für die erste Periode die Angebotsmenge $A_1 = 20 + 3 \cdot 9 = 47$, die von den Nachfragern zu dem Preis $p_1 = \dfrac{47 - 60}{-4} = 3.25$ gekauft wird.

Damit ergibt sich für die zweite Periode als Angebot $A_2 = 20 + 3 \cdot 3.25 = 29.75$ und daraus der Preis $p_2 = \dfrac{29.75 - 60}{-4} = 7.5625$ und so fort.

Man erhält gerade die ersten Elemente der obigen Lösungsfolge mit dem Anfangswert $p_0 = 9$.

Der Markt konvergiert gegen das **stabile Marktgleichgewicht**

$$p^* = \frac{c-a}{b+d} = \frac{40}{7} \approx 5.71 \quad \text{und} \quad A^* = N^* = \frac{a \cdot d + b \cdot c}{b+d} = \frac{260}{7} \approx 37.14.$$

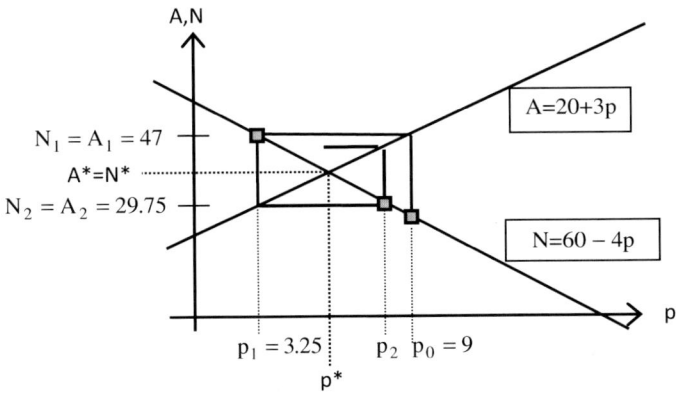

Abb. 3.4 Cobwebmodell, konvergenter Fall

Divergenter Fall:

Für $b = 4 > d = 3$ erhält man $A_t = 20 + 4p_{t-1}$ und $N_t = 60 - 3p_t$, und als Lösung der Differenzengleichung die Folge der Marktpreise

$$p_t = \frac{40}{7} + \left(p_0 - \frac{40}{7} \right) \cdot \left(-\frac{4}{3} \right)^t.$$

Die Entwicklung dieses Marktes, mit den Marktmechanismen direkt bestimmt (vgl. Abb. 3.5), liefert zu demselben Anfangspreis $p_0 = 9$ mit $N_0 = 33$ für die erste Periode $A_1 = 20 + 4 \cdot 9 = 56$, sowie den von den Nachfragern bestimmten Preis $p_1 = \dfrac{56 - 60}{-4} \approx 1.33$.

Für die zweite Periode ist $A_2 \approx 20 + 4 \cdot 1.33 \approx 25.33$ und $p_2 \approx \dfrac{25.33 - 60}{-3} \approx$ 11.56, und so fort.

Der Markt entfernt sich in diesem Fall also oszillierend, dargestellt in Abbildung 3.5, von dem **labilen Marktgleichgewicht**

$$p^* = \frac{c-a}{b+d} = \frac{40}{7} \approx 5.71 \text{ und } A^* = N^* = \frac{a \cdot d + b \cdot c}{b+d} = \frac{300}{7} \approx 42.86.$$

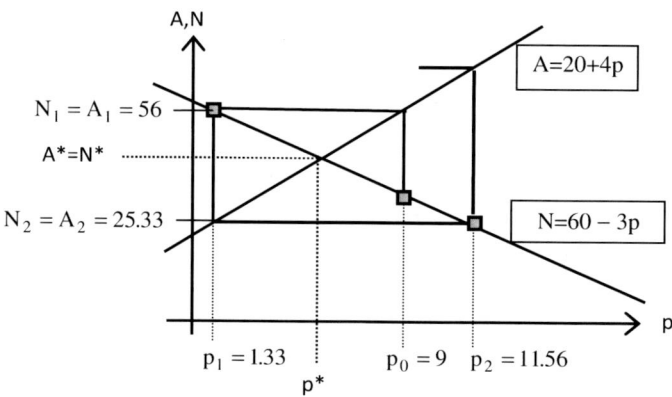

Abb. 3.5 Cobwebmodell, divergenter Fall

3.5 Übungsaufgaben

1. Man untersuche die Folgen $(a_n)_{n \in \mathbb{N}}$ auf Grenzwerte/Häufungspunkte:

   (a) $a_n = \frac{n^2 - 4n}{2n^3 + 1}$ (b) $a_n = \frac{n^4 - 1}{n^3 - 0.5}$ (c) $a_n = \frac{n^4 \cdot (-1)^n + \frac{1}{n}}{8n^4}$

   Lsg.: (a) Nullfolge   (b) Nicht nach oben beschränkt, kein Grenzwert
   (c) zwei HP: $+1/8$ und $-1/8$

2. (a)   Ist die Folge mit $a_n = \frac{n}{13n - 77}$ beschränkt? Geben Sie die größte untere und die kleinste obere Schranke an!

   (b)   Ab welchem Index n_0 ist diese Folge streng monoton?

   Lsg.: (a) $-0.41\dot{6} \leq a_n \leq 6$ (b) Ab $n_0 = 6$ streng monoton fallend

3. Eine Folge von Punkten im $\mathbb{R}^2$ habe das allgemeine Folgenglied

$$(x_1, x_2)_n = \left(\frac{7n^2 - 1}{3n^2 + 1}, \frac{n^2 + 5}{n^3 + 1} \right).$$

(a) Bestimmen Sie für beide Komponentenfolgen, wenn möglich, jeweils den Grenzwert.

(b) Geben Sie wenn möglich den Grenzpunkt der Punktfolge an.

(c) Ab welcher Nummer N liegen alle Punkte der Folge in einem Quadrat mit der Seitenlänge 0.02 um den Grenzpunkt als Mittelpunkt?

Lsg.: (b) Grenzpunkt $(7/3, 0)$ (c) Ab $n = 101$

4. Zeigen Sie: Die Folge $\left(\dfrac{1}{(1.02)^n} \right)_{n \in N}$ ist eine Nullfolge. Bestimmen Sie dazu $N(\varepsilon)$ und speziell $N(0.01)$!

Lsg.: $N(0.01) = 233$

5. Sind die angegebenen Reihen konvergent/absolut konvergent?:

(a) $\displaystyle\sum_{n=1}^{\infty} \frac{(-1)^n}{3n - 7}$ (b) $\displaystyle\sum_{n=1}^{\infty} \left((1.02)^{-n} + \frac{1}{n^3} \right)$ (c) $\displaystyle\sum_{n=1}^{\infty} \frac{n}{3n^4 - 7n}$

Lsg.: (a) konvergent, nicht absolut k.;   (b) und (c) absolut konvergent

6. (a) Welchen Betrag muss man am Beginn eines Jahres zu 4.8% dekursiven Zinseszinsen anlegen, damit man 12 Jahre lang eine nachschüssige Jahresrente von 18 000.- beheben kann?

(b) Diese Jahresrente von 18 000.- soll nun in gleichen vierteljährlichen Beträgen, jeweils zu Beginn des Quartals, ausbezahlt werden. Wie groß ist der je Quartal zu zahlende Betrag, wenn mit Nominalzinsfuß 4.8% p. a., aber vierteljährlich, verzinst wird?

(c) Wie groß ist der in Aufgabe (a) gesuchte Betrag, wenn die Verzinsung antizipativ erfolgt?

Lsg.: (a) 161 353.45   (b) 4 368.93   (c) 159 161.14

7. Zur Rückzahlung einer am 1. 1. 2003 entstandenen Schuld von 140 000.- die von diesem Zeitpunkt an mit 4% p. a. dekursiv zu verzinsen ist, wird eine jährliche Annuität in Höhe von 17 500.- vereinbart. Diese Annuität

ist aber erstmals erst am Ende des Jahre 2005 und von da an weiterhin zu Jahresende zu leisten.

(a)   Nach wie vielen Zahlungen ist die Schuld getilgt?

(b)   Wie hoch ist die Restschuld nach sechs Zahlungen?

(c)   Um welchen Betrag muss die Annuität erhöht werden, wenn, bei sonst gleichen Bedingungen, die Schuld nach acht Tilgungszahlung-en vollständig getilgt sein soll?

Lsg.: (a) 11   (b) 75 522.60   (c) 22 490.68

8. Bestimmen Sie den Kapitalwert einer Investition, die zu Beginn des Jahres 2006 5.5 Mio. € kostet und in der Folge 10 Jahre lang, jeweils zu Jahres-beginn ab Anfang 2006, Erlöse von 980 000.- bringt.
   Berücksichtigen Sie, dass Mitte 2010 eine Generalüberholung Kosten von 1.2 Mio. € verursacht (Kalkulationszinsfuß 8%).
   Wie groß ist - etwa - der interne Zinssatz dieser Investition?

   Lsg.: Kapitalwert 348 760.97, interner Zinssatz ca. 0.0945

9. Lösen Sie folgende Differenzengleichung und bestimmen Sie das Ver-halten der Lösungsfolge! Berechnen Sie die ersten vier Werte dieser Lösungsfolge und deren Grenzwert!

$$5y_{t+1} - 4y_t = 1, \qquad y_0 = 0$$

$$\text{Lsg.: } y_t = \left(\frac{4}{5}\right)^t \cdot (y_0 - 5) + 5; \quad 0, 1, \frac{9}{5}, \frac{61}{25}, \frac{369}{125}; \quad \lim_{t \to \infty} y_t = 5.$$

10. Lösen Sie folgende Gleichungen und prüfen Sie stets mit beliebigen An-fangswerten die Plausibilität der Lösungen!

(a) $\Delta y_t - e^2 = 0$

(b) $\Delta y_t = (t\pi)^2$

(c) $\Delta y_t = \dfrac{y_t}{t!}$

(d) $\Delta^3 y_t = 1$

Kapitel 4

Funktionen einer reellen Variablen

4.1 Funktionen und deren Eigenschaften

Man betrachtet ein Gut, das zu einem positiven Preis von maximal 100 Geldeinheiten angeboten werden kann.

Die Nachfrage nach diesem Gut werde mit N bezeichnet und wird offensichtlich mit höherem Preis fallen. So könnte sie, beispielsweise beim Preis $p = 100$, auf Null absinken.

Dabei wäre etwa ein linearer Zusammenhang denkbar, d. h. mit jeder Preiserhöhung um eine Geldeinheit sinkt die Nachfrage um genau k Einheiten des Gutes. Demzufolge ergibt sich $N(p) = N_0 - k \cdot p$, wobei N_0 genau die Nachfrage beim Preis $p = 0$ bezeichnet. Diese Abhängigkeit ist natürlich nur sinnvoll, solange die Nachfrage positiv bleibt.

Beispiel 1:
Ein anderer möglicher Zusammenhang zwischen der Nachfrage N und dem Preis p, bei dem Preiserhöhungen vorerst geringe, bei höheren Preisen aber immer größere Nachfrageeinbußen nach sich ziehen, könnte etwa folgender sein: $N(p) = 1\,000 - \dfrac{p^2}{10}$ für alle p aus dem Intervall $p \in\ ]0, 100]$.
Daraus erhält man den Erlös E in Abhängigkeit vom Preis:

$$E(p) = p \cdot N(p) = 1\,000p - \frac{p^3}{10}$$

Nachfrage und Erlös werden als „Funktion" des Preises angegeben, d.h. jedem Preis p_0 werden eindeutig Zahlen für $N(p_0)$ bzw. $E(p_0)$ zugeordnet.

Definition 4.1.1 *Seien A und B zwei nichtleere Mengen, dann heißt das Tripel $f = (A, B, F)$ mit $F \subset A \times B$ eine **Funktion**, wenn zu jedem $x \in A$ genau ein $y \in B$ existiert, sodass $(x, y) \in F$.*

A heißt **Definitionsmenge** (Definitionsbereich), *B* der **Wertevorrat**, und *F* der **Graph** der Funktion f.

Man sagt: *f* **bildet die Elemente der Menge *A* in die Menge *B* ab** und schreibt

$$f: A \to B, \; x \mapsto f(x) \text{ oder } y = f(x) \text{ für } \forall x \in A.$$

$f(x)$ heißt das **Bild** von x, und x nennt man ein **Urbild** von $f(x)$. Die Menge $\{y | \exists x : y = f(x)\}$ aller Bilder heißt **Bildmenge (Image) von *f***, geschrieben ***Im(f)***.

Die Funktion f bildet die Elemente der Menge A in den Wertevorrat B, genauer: auf die Menge $Im(f) \subseteq B$ ab.

Beispiel 2.1:
Definitionsmenge $A = \{$Personen in einem Kinosaal$\}$, Wertevorrat $B = \{$Tage eines (Schalt-)Jahres bzw. Geburtstage$\}$, der Graph F ist die Menge aller Paare (Person, deren Geburtstag). Offensichtlich wird der Wertevorrat - zumindest wenn der Kinosaal weniger als 366 Plätze hat - nicht vollständig ausgeschöpft, aber es wird wahrscheinlich mehrere Personen mit demselben Geburtstag geben. Ein Bild kann auch mehrere Urbilder haben. Die Zuordnung ist nicht „eineindeutig".

Beispiel 2.2:
Ordnet man jeder Person ihre Sozialversicherungsnummer zu, so ist der Wertevorrat B die Menge aller zehnstelligen Zahlen (deren hintere sechs Stellen Geburtsdaten sein können), und im Gegensatz zu Bsp. 2.1 ist diese Zuordnung eineindeutig, d. h. kein Funktionswert kommt mehrfach vor. Jedes Bild hat hier genau ein Urbild.

Definition 4.1.2 *Eine Funktion $f: A \to B$, $x \mapsto f(x)$ heißt **reelle Funktion einer reellen Variablen** (oder **Veränderlichen**), wenn $A \subseteq \mathbb{R}$ und $B \subseteq \mathbb{R}$. Die Zuordnungsvorschrift $y = f(x)$ nennt man Funktionsgleichung.*
*Man nennt x das **Argument**, jedes $x_0 \in A$ einen **Argumentwert** oder eine **Stelle** und $f(x_0)$ den zugehörigen **Funktionswert**.*

Im Weiteren werden nur reelle Funktionen betrachtet und kurz Funktionen genannt. Der Graph: $F = \{(x, y) | x \in A \wedge y = f(x)\}$ einer reellen Funktion ist eine Teilmenge des $\mathbb{R}^2$. In einem geeigneten Koordinatensystem lässt er sich als Kurve in der Ebene darstellen (vgl. Abb. 4.1):

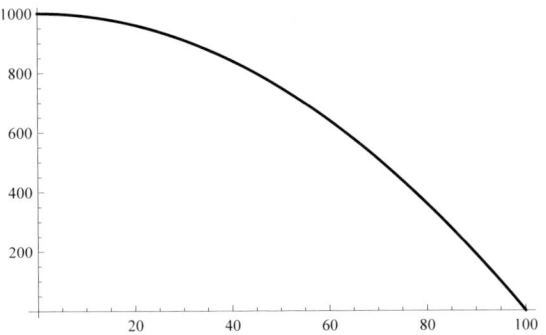

Abb. 4.1 Graph der Funktion $N : [0, 100] \to \mathbb{R}$ mit $N(p) = 1000 - p^2/10$

Die Nachfragefunktion $N : \,]0, 100] \to \mathbb{R}$ mit $p \mapsto 1\,000 - \dfrac{p^2}{10}$ hat also den Definitionsbereich $A = \,]0, 100]$. Die Bildmenge $Im(N)$ ist das halboffene Intervall $[0, 1000[$ und zu höheren Werten des Argumentes (zu höherem Preis) gehören kleinere Funktionswerte.

Definition 4.1.3 *Eine Funktion f heißt* **beschränkt nach oben***, wenn ihre Bildmenge $Im(f)$ eine nach oben beschränkte Menge ist.*
Eine Funktion f heißt **beschränkt nach unten***, wenn ihre Bildmenge $Im(f)$ eine nach unten beschränkte Menge ist.*
Eine Funktion heißt **beschränkt***, wenn ihre Bildmenge $Im(f)$ sowohl nach oben als auch nach unten beschränkt ist, d.h. es gibt ein beschränktes Intervall $[a, b]$, sodass $Im(f) \subseteq [a, b]$.*

Definition 4.1.4

(a)   *Eine Funktion f heißt* **monoton wachsend***, wenn für alle Argumentwerte x_1, x_2 gilt: $x_1 < x_2 \Rightarrow f(x_1) \leq f(x_2)$.*

(b)   *Eine Funktion f heißt* **streng monoton wachsend***, wenn für alle Argumentwerte x_1, x_2 gilt: $x_1 < x_2 \Rightarrow f(x_1) < f(x_2)$.*

(c)   *Eine Funktion f heißt* **monoton fallend***, wenn für alle Argumentwerte x_1, x_2 gilt: $x_1 < x_2 \Rightarrow f(x_1) \geq f(x_2)$.*

d)   *Eine Funktion f heißt* **streng monoton fallend***, wenn für alle Argumentwerte x_1, x_2 gilt: $x_1 < x_2 \Rightarrow f(x_1) > f(x_2)$.*

Die Nachfragefunktion aus Beispiel 1 ist demnach beschränkt und streng monoton fallend. Erweitert man allerdings den Definitionsbereich A nach rechts und setzt sinnvollerweise $N(p)$ konstant gleich null für $p > 100$, dann wird N zwar monoton fallend bleiben, ist aber nicht mehr auf ganz A streng monoton fallend.

An der Beschränktheit der Funktion $N(p)$ ändert sich dadurch nichts.

Lässt man den Argumentwert p immer kleiner werden, d.h. strebt dieser gegen null, so wird der Funktionswert $N(p)$ immer näher an die Zahl 1 000 herankommen. Man sagt: „1 000 ist der rechtsseitige Grenzwert von $N(p)$ für p (von rechts kommend) gegen null".

Definition 4.1.5

*(a)   Sei f eine Funktion mit Definitionsbereich $A \supseteq\,]x_0, c]$. Die Zahl $a \in \mathbb{R}$ heißt **rechtsseitiger Grenzwert der Funktion f an der Stelle** x_0, wenn für jede von rechts gegen x_0 strebende Folge (x_n) von Argumentwerten die Folge der zugehörigen Funktionswerte gegen a strebt, d.h. wenn*

$$\lim_{x_n \to x_0^+} f(x_n) = \lim_{\substack{x_n \to x_0 \\ x_n > x_0}} f(x_n) = a.$$

*(b)   Sei f eine Funktion mit Definitionsbereich $A \supseteq [c, x_0[$. Die Zahl $b \in \mathbb{R}$ heißt **linksseitiger Grenzwert der Funktion f an der Stelle** x_0, wenn für jede von links gegen x_0 strebende Folge (x_n) von Argumentwerten die Folge der zugehörigen Funktionswerte gegen b strebt, d.h. wenn*

$$\lim_{x_n \to x_0^-} f(x_n) = \lim_{\substack{x_n \to x_0 \\ x_n < x_0}} f(x_n) = b.$$

Beispiel 3:

Gegeben sei $f : [0, 6] \to \mathbb{R}$ mit der Zuordnungsvorschrift: $f(x) = x^2 + 1$ für $x \in [0, 1]$ und $f(x) = 2$ für $1 < x \le 6$. Man bestimmt den rechtsseitigen Grenzwert von f für x gegen 1 als: $\lim\limits_{x \to 1^+} f(x) = \lim\limits_{x \to 1^+} (2) = 2$. Der linksseitige Grenzwert $\lim\limits_{x \to 1^-} f(x) = \lim\limits_{x \to 1^-} (x^2 + 1)$ ergibt ebenfalls den Wert 2. In diesem Fall stimmen rechts- und linksseitiger Grenzwert überein. Man spricht daher einfach vom Grenzwert dieser Funktion an der betrachteten Stelle $x = 1$. Zu jedem Argumentwert, der sich von 1 „nur wenig" unterscheidet, gehört ein Funktionswert „nahe an 2".

Definition 4.1.6 *Sei $I \subseteq \mathbb{R}$ ein Intervall und $f : I \to \mathbb{R}$ eine Funktion. Die Zahl x_0 liege im Inneren von I. Dann heißt die reelle Zahl a der **Grenzwert***

der Funktion f für x gegen x_0, *geschrieben:* $\lim\limits_{x \to x_0} f(x) = a$, *wenn:* $\forall\, \varepsilon >$
$0 \;\exists\; \delta(\varepsilon)$, *sodass* $|f(x) - a| < \varepsilon$ *für alle Argumentwerte x mit* $|x - x_0| < \delta(\varepsilon)$.

Gleichbedeutend dazu ist die Formulierung: Für **jede** Folge (x_n) von Argumentwerten, die gegen x_0 konvergiert, strebt die Folge der zugehörigen Funktionswerte $(f(x_n))$ gegen a.

Man kann auch sagen: Argumentwerte „ausreichend nahe" an x_0 haben Funktionswerte, die „beliebig nahe" an a liegen.

Betrachtet man in der Funktion aus Beispiel 1 die Stelle $p_0 = 0$, so zeigt man wie folgt, dass der Grenzwert a an dieser Stelle gleich $1\,000$ ist:
Wählt man ein beliebiges, insbesondere ein kleines ε, so bestimmt man jene Argumentwerte p, für die $|N(p) - 1\,000| = \left|1\,000 - \dfrac{p^2}{10} - 1\,000\right|$ kleiner

als ε ist. Es muss also $\dfrac{p^2}{10} < \varepsilon$ sein. Das ist der Fall, sobald $p^2 < 10\varepsilon$, d.h.
$p < \sqrt{10\varepsilon}$. Damit gilt für jeden nahe genug an $p_0 = 0$ liegenden Preis, genauer gesagt für jedes p mit $|p - p_0| = |p - 0| = |p| < \delta(\varepsilon) = \sqrt{10\varepsilon}$, dass
$|N(p) - 1\,000| < \varepsilon$.
Speziell für $\varepsilon = 0.01$ ergibt sich $\delta(\varepsilon) = \sqrt{10\varepsilon} \approx 0.3162$.
Offensichtlich kann hier der Preis nur positiv sein, d.h. man nähert sich der Stelle $p_0 = 0$ „von rechts". Die Zahl $1\,000$ ist in diesem Sinn ein rechtsseitiger Grenzwert von N an der Stelle 0.

Definition 4.1.7

(a) *Die Zahl a heißt **Grenzwert der Funktion f für x gegen unendlich**, geschrieben:* $\lim\limits_{x \to \infty} f(x) = a$, *wenn es zu jedem positiven ε eine positive Zahl K gibt, sodass sich der Funktionswert $f(x)$ von a nur mehr um weniger als ε unterscheidet, sobald x größer ist als K:*
Für $\forall\, \varepsilon > 0 \;\exists\; K$, *sodass* $|f(x) - a| < \varepsilon$ *für* $\forall\, x > K$.

(b) *Die Zahl a heißt **Grenzwert der Funktion f für x gegen minus unendlich**, geschrieben:* $\lim\limits_{x \to -\infty} f(x) = a$, *wenn für* $\forall\, \varepsilon > 0 \;\exists\; K$, *sodass*
$|f(x) - a| < \varepsilon$ *für* $\forall\, x < -K$.

Für die Nachfragefunktion aus Beispiel 1 mit dem erweiterten Definitionsbereich $\mathbb{R}_{++} =]0, \infty[$

$$N(p) = \begin{cases} 1\,000 - \dfrac{p^2}{10} & \text{für } p < 100 \\[2mm] 0 & \text{für } p \geq 100 \end{cases}$$

ist offensichtlich: $\lim\limits_{p\to\infty} N(p) = 0$, da sich die Funktionswerte für $p > 100$ gar nicht (also auch nicht um mehr als irgendein noch so kleines ε) von Null unterscheiden.

Ein Grenzwert von $N(p)$ für p gegen $-\infty$ lässt sich nicht bilden, weil die Funktion für negative Argumentwerte nicht definiert ist.

Setzt man nun in Ergänzung zum Beispiel 1 auch einen Funktionswert an der Stelle Null mit $N(0) = 1\,000$ fest, dann ist dieser Funktionswert gerade gleich dem Grenzwert von N (wobei die Annäherung an den Argumentwert null von rechts erfolgt ist) an der Stelle $p = 0$.

Man nennt die auf den Definitionsbereich $[0, \infty[= \mathbb{R}_+$ erweiterte Funktion an der Stelle null „rechtsseitig stetig".

Definition 4.1.8

(a)   Eine Funktion f heißt **rechtsseitig stetig an der Stelle** x_0, wenn der rechtsseitige Grenzwert $\lim\limits_{\substack{x\to x_0 \\ x>x_0}} f(x)$ an dieser Stelle x_0 gleich dem Funktionswert $f(x_0)$ ist.

(b)   Sie **heißt linksseitig stetig an der Stelle** x_0, wenn der linksseitige Grenzwert dort mit dem Funktionswert übereinstimmt, d.h.

$$\lim\limits_{\substack{x\to x_0 \\ x<x_0}} f(x) = f(x_0).$$

(c)   Die Funktion $f : A \to \mathbb{R}$ heißt **stetig an der Stelle** $x_0 \in A$, wenn sie dort sowohl rechtsseitig als auch linksseitig stetig ist, d. h. wenn für **jede** gegen x_0 strebende Folge (x_n) von Argumentwerten die Folge der zugehörigen Funktionswerte $(f(x_n))$ gegen $f(x_0)$ konvergiert.

(d)   Sei $I \subseteq \mathbb{R}$ ein offenes Intervall. Die Funktion $f : I \to \mathbb{R}$ heißt **stetig über dem Intervall I**, wenn sie an jeder Stelle aus I stetig ist .

(e)   Eine Funktion heißt **stückweise stetig** über dem Intervall I, wenn sie dort nur endlich viele (genauer: höchstens abzählbar unendlich viele) Unstetigkeitsstellen besitzt.

Der Funktionsgraph einer über einem Intervall $I \subset \mathbb{R}$ stetigen Funktion wird dort durch eine Kurve ohne Sprungstellen dargestellt. Der Graph einer nur stückweise stetigen Funktion weist entsprechend viele Sprungstellen auf.

Beispiel 3:
Sei $A = [0, 40]$. Die Funktion $f : A \to \mathbb{R}$ sei gegeben durch die Zuordnung:

f(x) = Anzahl der Lastwagen, die zum Transport von x Tonnen eines Gutes benötigt werden, wobei ein Lastwagen eine maximal zulässige Nutzlast von 14 t hat. Dann ist

$$f(x) = \begin{cases} 0 & \text{für } x = 0 \\ 1 & \text{für } x \in \,]0,14] \\ 2 & \text{für } x \in \,]14,28] \\ 3 & \text{für } x \in \,]28,40] \end{cases}$$

Diese Funktion ist überall stetig außer an den Stellen $x = 0$, $x = 14$ und $x = 28$. Dort ist diese Funktion zwar linksseitig, aber nicht rechtsseitig stetig. Ihr Funktionsgraph hat drei Sprungstellen.

Die auf den Definitionsbereich $[0,\infty[$ erweiterte Nachfragefunktion aus Beispiel 1, gegeben durch

$$N(p) = \begin{cases} 1\,000 - \dfrac{p^2}{10} & \text{für } 0 \leq p \leq 100 \\ 0 & \text{für } \quad p \geq 100 \end{cases}$$

ist stetig in jedem inneren Punkt des Definitionsbereiches, insbesondere auch an der Stelle $p_0 = 100$, da an dieser Stelle der linksseitige Grenzwert $\lim\limits_{p \to 100^-} N(p)$, der rechtsseitige Grenzwert $\lim\limits_{p \to 100^+} N(p)$ und der Wert der Funktion $N(100)$ alle gleich null sind, also übereinstimmen.

Beispiel 5:
Eine stückweise stetige, in diesem Fall auch stückweise konstante nichtfallende Funktion ist bei jedem progressiven Steuersystem der Grenzsteuersatz in Abhängigkeit vom Einkommen. Mit den Zahlen des Jahres 2010 für Österreich gilt dafür: Der Funktionswert ist null für alle $x \leq 10\,000$, beträgt für x zwischen $10\,000$ und $25\,000$ gleichbleibend $36.5\,[\%]$ springt nach dem Wert $25\,000$ auf $42.21\,[\%]$ und hat schließlich noch einen weiteren Sprung an der Stelle $56\,000$ womit der höchste Grenzsteuersatz von $50\,[\%]$ erreicht ist.

Definition 4.1.9 *Die Funktionen f und g seien über derselben Definitionsmenge A erklärt. Dann heißen die Funktionen*

(a) $(f+g): A \to \mathbb{R}$ *mit* $(f+g)(x) = f(x)+g(x)$ *die* **Summe,**

(b) $(f-g): A \to \mathbb{R}$ *mit* $(f-g)(x) = f(x)-g(x)$ *die* **Differenz,**

(c) $(f \cdot g): A \to \mathbb{R}$ *mit* $(f \cdot g)(x) = f(x) \cdot g(x)$ *das* **Produkt** *und*

(d) $\left(\dfrac{f}{g}\right) : A^* \to \mathbb{R}$ *mit* $\left(\dfrac{f}{g}\right)(x) = \dfrac{f(x)}{g(x)}$ *wobei* $A^* = \{x \in A \,|\, g(x) \neq 0\}$
*der **Quotient** der beiden Funktionen f und g.*

Definition 4.1.10 *Seien* $f : D \to \mathbb{R}$ *und* $g : A \to \mathbb{R}$ *Funktionen, wobei der Bildbereich* $Im(g) \subseteq D$, *dann heißt die Funktion* $(f \circ g) : A \to \mathbb{R}$, *erklärt als* $(f \circ g)(x) = f(g(x))$, *wobei in den Term der Funktion* $f(x)$ *als Argument nicht x sondern* $g(x)$ *einzusetzen ist, die **zusammengesetzte Funktion** von f und g.*

Man beachte: $f(g(x))$ ist im Allgemeinen ungleich $g(f(x))$!

Satz 4.1.1 *Summe, Differenz, Produkt, Quotient und zusammengesetzte Funktion von stetigen Funktionen f und g sind wieder stetige Funktionen auf ihrer jeweiligen Definitionsmenge.*

Betrachtet man wieder die Funktion aus Beispiel 1, allerdings nur auf dem ursprünglichen Definitionsbereich $]0, 100]$. Dann gehört nicht nur zu jedem Preis eine eindeutig bestimmbare Nachfrage, sondern auch umgekehrt zu jeder Nachfrage ein entsprechender Preis, der sich also als Funktion der Nachfrage ergibt.
Das ist möglich, weil die Nachfragefunktion streng monoton ist und folglich verschiedene Preise immer auch verschiedene Nachfragen ergeben.

Definition 4.1.11 *Gegeben sei eine Funktion* $f : I \to Im(f)$ *mit* $x \mapsto f(x)$. *Dann heißt die Funktion* $f^{-1} : Im(f) \to I$ *die **Umkehrfunktion von f**, wenn gilt:*

$$f^{-1}(f(x)) = x \ \textit{für alle } x \in I.$$

Folgerung 4.1.1 .*Für eine Funktion f und deren Umkehrfunktion* f^{-1} *gilt auch*

$$f\left(f^{-1}(y)\right) = y \ \textit{für alle } y \in Im(f).$$

Funktion und Umkehrfunktion, hintereinander ausgeführt, ergeben die „identische Funktion" $id : I \to I$; d.h. $id(x) = x$ für $\forall x \in I$ bzw. $id(y) = y$ für alle y aus $Im(f)$.

Die Umkehrfunktion der Funktion $N(p)$ aus Beispiel 1 ist gegeben durch $p(N) = +\sqrt{10\,000 - 10N}$. Diese Umkehrfunktion beschreibt genau denselben Zusammenhang zwischen Preis p und Nachfrage N wie die Nachfragefunktion. Er wird nur anders formuliert!

Hinweis: Beim Bestimmen der Umkehrfunktion sollte man, sobald es um ökonomische Zusammenhänge geht, in $y = f(x)$ nicht die Bezeichnungen von x und y vertauschen, um daraus $f^{-1}(x)$ auszurechnen, sondern die Umkehrfunktion einfach schreiben als $f^{-1}(y) = x$. Damit bleiben die Bedeutungen der Variablen, etwa p für den Preis und N für die nachgefragte Menge (im Sinn von quantity) erhalten. Überdies bleibt der Graph der Umkehrfunktion derselbe wie der von f, nur dass jetzt y als Argument und x als abhängige Variable - als Funktionswert - betrachtet werden!

Die Funktion aus Beispiel 4 besitzt offensichtlich keine Umkehrfunktion, da man aus der Anzahl von, z.B., $f(x) = 3$[Lastwagen] nicht auf die transportierte Menge x des Gutes schließen kann. Diese Funktion ist, im Gegensatz zu der von Beispiel 1, zwar auch monoton, in diesem Fall wachsend, aber nicht streng monoton.

Satz 4.1.2 *Ist eine reelle Funktion $f : A \to \mathbb{R}$ streng monoton auf ihrer Definitionsmenge, dann existiert dazu die Umkehrfunktion $f^{-1} : Im(f) \to A$. Diese ist ebenfalls streng monoton im gleichen Sinne wie f. Ist f stetig, dann ist es auch die Umkehrfunktion f^{-1}.*

4.2 Einige spezielle Funktionen

Zur Beschreibung funktionaler Zusammenhänge werden verbale Formulierungen wie „linear", „quadratisch", „exponentiell" und ähnliche verwendet. All diese Formulierungen entsprechen bestimmten Funktionstypen, von denen einige besprochen werden sollen.

Definition 4.2.1 *Eine Funktion $f : \mathbb{R} \to \mathbb{R}$ mit*

$$f(x) = a_0 + a_1 \cdot x^1 + a_2 \cdot x^2 + \ldots + a_n \cdot x^n = \sum_{i=0}^{n} a_i \cdot x^i,$$

worin a_0 bis a_n beliebige reelle Zahlen sind, wobei $a_n \neq 0$ sein muss, heißt **Polynomfunktion n-ten Grades**.

Jene Argumentwerte x, für die $f(x) = 0$ ist, nennt man **Nullstellen** dieser Funktion oder auch Nullstellen bzw. **Wurzeln** des Polynoms $\sum_{i=0}^{n} a_i \cdot x^i$.

$f(x) = a_0$ ist somit eine Polynomfunktion nullten Grades, die Funktion ist konstant. Ihr Graph im üblichen kartesischen Koordinatensystem ist eine Parallele zur x-Achse.

Eine Polynomfunktion ersten Grades hat die Form $f(x) = a_0 + a_1 \cdot x$, auch geläufig als $y = k \cdot x + d$. Ihr Graph ist eine Gerade mit der Steigung k, die den Punkt $(0, d)$ enthält.

Die Graphen von Polynomfunktionen zweiten Grades sind sogenannte quadratische Parabeln mit einer zur y-Achse parallelen Symmetrieachse.

Die Funktion aus Beispiel 1, Kap. 4.1 ist von dieser Form, allerdings mit dem eingeschränkten Definitionsbereich $]0, 100]$. In dieser Funktion sind $a_0 = 1\,000$, $a_1 = 0$ und $a_2 = -\dfrac{1}{10}$.

Die Graphen von Polynomfunktionen höheren Grades nennt man auch Parabeln höherer Ordnung.

Beispiel 1:

Die Funktion g mit $g(x) = x^3 - 4x$ ist eine Polynomfunktion dritten Grades. Diese Funktion hat drei Nullstellen (das sind die Lösungen der Gleichung dritten Grades $x^3 - 4x = 0$), nämlich $x_1 = 0$, $x_2 = -2$ und $x_3 = +2$.

Für die Existenz und die Anzahl der Nullstellen von Polynomfunktionen vgl. Satz 4.3.1.

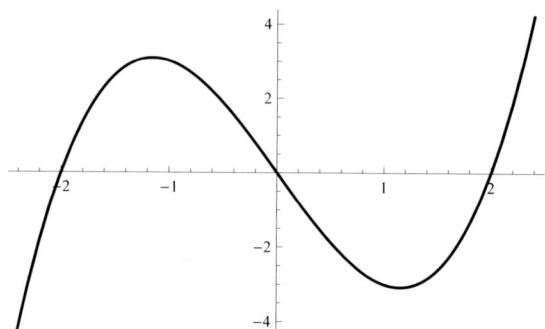

Abb. 4.2 Graph der Funktion $f(x) = x^3 - 4x$

Definition 4.2.2 *Eine Funktion* $f(x) = \dfrac{h(x)}{g(x)}$, *die Quotient zweier Polynomfunktionen ist, heißt* **rationale Funktion**. *Ihr größtmöglicher Definitionsbereich ist* $\mathbb{R} \setminus \{x \,|\, g(x) = 0\}$.

Beispiel 2:

Die rationale Funktion $f(x) = \dfrac{3x-5}{x^3-4x}$ hat als größtmöglichen Definitionsbereich $\mathbb{R}\setminus\{0,-2,+2\}$; Ihr Bildbereich $Im(f) = \mathbb{R}$.
Die Nullstellen dieser Funktion sind genau jene des Polynoms im Zähler.
(Dessen können wir uns in diesem Beispiel sicher sein, da keine Nullstelle
des Zählerpolynoms gleichzeitig Nullstelle des Nennerpolynoms ist.) Damit hat $f(x)$ nur die Nullstelle $x = \dfrac{5}{3}$. Die Nullstellen des Nennerpolynoms,
also $x = 0$, $x = -2$ und $x = +2$, nennt man - jedenfalls dann, wenn das
Zählerpolynom nicht dieselbe(n) Nullstelle(n) hat - **Polstellen** der Funktion.

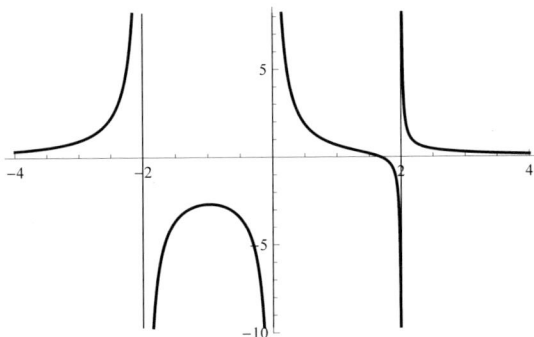

Abb. 4.3 Graph der Funktion aus Bsp. 2

Zum Verständnis der nächsten Funktionen muss erklärt werden, was unter
der Zahl $n!$, gelesen „**n Fakultät**" oder „n faktorielle", zu verstehen ist.
Zu jeder natürlichen Zahl $n \in \mathbb{N}$ erklärt man: $n! = 1 \cdot 2 \cdot 3 \cdot \ldots \cdot (n-1) \cdot n$.
Insbesondere ist $1! = 1$. Weiters definiert man $0! = 1$. Damit gilt für alle
$n \in \mathbb{N} : (n+1)! = (n+1) \cdot n!$.

Unter Verwendung dieses Begriffes wird nun die unendliche Reihe $\displaystyle\sum_{n=0}^{\infty} \frac{x^n}{n!}$
gebildet. Diese Reihe ist für alle $x \in \mathbb{R}$ konvergent. Der Beweis dafür ist
leicht mit Hilfe des Quotientenkriteriums zu führen. Damit kann jedem $x \in \mathbb{R}$
der Wert dieser Reihe zugeordnet werden.

Definition 4.2.3 *Die Funktion $f : \mathbb{R} \to \mathbb{R}_+$ mit der Zuordnungsvorschrift*

$$f(x) = \sum_{n=0}^{\infty} \frac{x^n}{n!}$$

*heißt **Exponentialfunktion**, genauer **Exponentialfunktion zur Basis e**. Man schreibt für $f(x)$ auch e^x oder $\exp(x)$.*

Setzt man insbesondere $x = 1$, so erhält man als Grenzwert der unendlichen Summe $\sum_{n=0}^{\infty} \dfrac{1}{n!} = \dfrac{1}{0!} + \dfrac{1}{1!} + \dfrac{1}{2!} + \dfrac{1}{3!} + \ldots = e^1$, die **Eulersche Zahl** **e = 2,718. . . .** Dieselbe Zahl e wurde schon als Grenzwert der Folge mit $a_n = \left(1 + \dfrac{1}{n}\right)^n$ erhalten (vgl. Kap. 3.1).

Die Exponentialfunktion $f(x) = e^x$ hat keine Nullstelle, ihr Bildbereich ist die Menge der positiven reellen Zahlen $\mathbb{R}_{++}$ und sie ist streng monoton wachsend. Wegen Satz 4.1.2 hat sie eine ebenfalls streng monoton wachsende Umkehrfunktion f^{-1}.

Definition 4.2.4 *Die Umkehrfunktion $f^{-1} : \mathbb{R}_{++} \to \mathbb{R}$ zur Exponentialfunktion $f(x) = e^x$ wird **natürlicher Logarithmus** genannt, man schreibt dafür $f^{-1}(x) = \ln(x)$.*

Damit ist offensichtlich $\ln(e^x) = x$ für alle $x \in \mathbb{R}$ und $e^{\ln x} = x$ für alle $x \in \mathbb{R}_{++}$.

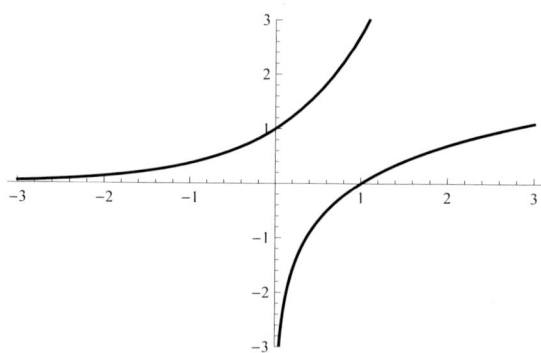

Abb. 4.4 Graphen von Exponential- und Logarithmusfunktion

Bemerkung: Der Begriff der Exponentialfunktion wird oft auch weiter gefasst: Seien a, b und $c \in \mathbb{R}$. Dann nennt man auch jede Funktion $f : A \to \mathbb{R}$ mit der Funktionsgleichung $f(x) = a \cdot e^{b \cdot x} + c$ Exponentialfunktion oder Funktion vom Exponentialtyp.
Derartige Exponentialfunktionen dienen zur Beschreibung von Wachstums-

vorgängen, wenn das Produkt $a \cdot b$ positiv ist, zur Beschreibung von Zerfalls-
vorgängen wenn dieses Produkt negativ ist.

Ebenso wird auch die Funktion mit der Funktionsgleichung $f(x) = a^x$ zu
beliebigem $a \in \mathbb{R}$ als Exponentialfunktion, genauer Exponentialfunktion zur
Basis a, bezeichnet.

Beispiel 3:
Die Funktion $f : [0, 12] \to \mathbb{R}$ mit $f(x) = 6 \cdot e^{-0.2 \cdot x} + 1$ beschreibt eine
exponentielle Abnahme mit $f(0) = 7$, $f(10) \approx 1.8$ und dem Grenzwert
$\lim\limits_{x \to \infty} f(x) = 1$.

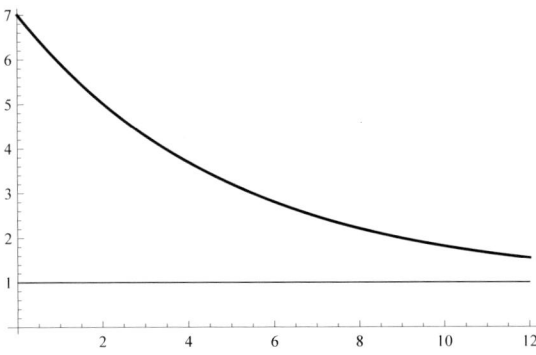

Abb. 4.5 Graph der Funktion aus Bsp. 3

Definition 4.2.5 *Auch die Winkelfunktionen **Sinus** und **Kosinus** lassen sich
mittels in ganz $\mathbb{R}$ konvergenter Reihen definieren.*

$$\sin(x) = \sum_{n=1}^{\infty} \frac{x^{2n-1}}{(2n-1)!} \cdot (-1)^{n+1} \qquad \cos(x) = \sum_{n=0}^{\infty} \frac{x^{2n}}{(2n)!} \cdot (-1)^{n}$$

Für die Winkelfunktionen gilt eine ähnliche Bemerkung wie jene zur Exponentialfunktion: Zur Beschreibung periodisch ablaufender Vorgänge können
Funktionen $f : A \to \mathbb{R}$ mit der Funktionsgleichung $f(x) = a \cdot \sin(b \cdot x + c) + d$
wobei a, b, c und d geeignet aus $\mathbb{R}$ zu wählen sind, verwendet werden.

Bemerkung zur Stetigkeit der angegebenen speziellen Funktionen:
Die konstante Funktion $f(x) = k$, sowie die identische Funktion $f(x) = x$
sind stetig in ganz $\mathbb{R}$. Damit sind auch alle Polynomfunktionen und die rationalen Funktionen dort, wo sie definiert sind, stetig.

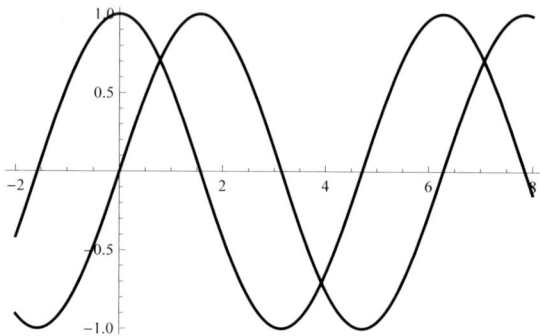

Abb. 4.6 Graphen der Winkelfunktionen $\sin(x)$ und $\cos(x)$

Exponential-, Logarithmus- und Winkelfunktionen sind ebenfalls stetig in ihrem jeweiligen Definitionsbereich.

Bemerkung zum Verhalten dieser Funktionen für x gegen ∞:
Polynomfunktionen streben für große x-Werte gegen $+\infty$ oder gegen $-\infty$. Die Exponentialfunktion e^x strebt mit wachsendem x „sehr rasch", die Logarithmusfunktion $\ln(x)$ „sehr langsam" gegen $+\infty$. Die Winkelfunktionen Sinus und Kosinus sind beschränkt mit den Schranken ± 1, haben aber keinen Grenzwert für $x \to \infty$.

4.3 Differentialrechnung und Kurvendiskussion

In diesem Abschnitt geht es unter anderem darum, zu einer gegebenen Funktion jene Argumentstellen zu finden, an denen der Funktionswert möglichst groß, möglichst klein oder null ist.
Zur Bestimmung der Nullstellen einer Funktion ist die Gleichung $f(x) = 0$ nach x aufzulösen. Zur Existenz reeller Nullstellen gilt

Satz 4.3.1

(a)   *Eine Polynomfunktion n-ten Grades hat höchstens n reelle Nullstellen, ist der Grad ungerade, so besitzt die Polynomfunktion mindestens eine reelle Nullstelle.*

(b)   *Die Anzahl der Nullstellen einer Rationalen Funktion ist höchstens gleich dem Grad des Zählerpolynoms.*

(c) *Die Exponentialfunktion $f(x) = e^x$ hat keine Nullstelle.*

(d) *Die Logarithmusfunktion $f(x) = \ln(x)$ hat nur eine Nullstelle bei $x = 1$.*

(e) *Die Winkelfunktionen $\sin(x)$ und $\cos(x)$ haben unendlich viele Nullstellen in gleichen Abständen.*

Beispiel 1:
Sei f die Polynomfunktion mit $f(x) = x^3 \cdot (x^2 - 5x - 6)$. Die Gleichung $f(x) = x^3 \cdot (x^2 - 5x - 6) = 0$ hat die Lösungen $x = 0$, $x = -1$ und $x = 6$. Dieses Polynom fünften Grades hat nur drei Nullstellen. Wird die Funktion auf einem eingeschränkten Definitionsbereich definiert, etwa auf dem Intervall $I = [-2, 5]$, so hat sie nur die ersten beiden Lösungen als Nullstellen, da die dritte Lösung $6 \notin [-2, 5]$.

Wo sich Nullstellen nicht so leicht oder gar nicht berechnen lassen, kann der folgende Satz nützlich sein.

Satz 4.3.2

(a) **Satz von Bolzano**: *Sei f eine über dem Intervall I stetige Funktion und seien $a, b \in I$, wobei $a < b$ und $f(a) < 0, f(b) > 0$. Dann gibt es mindestens eine Stelle $x_0 \in \,]a, b[$, sodass $f(x_0) = 0$.*

(b) **Zwischenwertsatz**: *Sei f eine über dem Intervall I stetige Funktion und seien $a, b \in I$ mit $a < b$ und $f(a) \neq f(b)$. Dann gibt es zu jeder Zahl y zwischen $f(a)$ und $f(b)$ (mindestens) eine Stelle $x_0 \in \,]a, b[$, sodass $f(x_0) = y$.*

Beispiel 2:
Die Polynomfunktion $f(x) = x^3 + 9x^2 + 9x - 9$ hat mindestens eine Nullstelle im Intervall $]-8, -7[$, da die Funktion überall stetig ist und an den beiden Stellen $x = -8$ und $x = -7$ verschiedene Vorzeichen hat: $f(-8) = -17 < 0$ und $f(-7) = 26 > 0$.

Definition 4.3.1 *Gegeben sei eine Funktion $f : D \to \mathbb{R}$.*

(a) *Eine Stelle $x_0 \in D$ heißt **globale Maximalstelle**, wenn für alle $x \in D$ $f(x_0) \geq f(x)$. Der Funktionswert $f(x_0)$ heißt **globales Maximum**.*

(b) *Eine Stelle $x_0 \in D$ heißt **lokale Maximalstelle**, wenn zumindest in einem hinreichend kleinen Intervall $I = \,]x_0 - \varepsilon, x_0 + \varepsilon[$ um die Stelle x_0*

*gilt: $f(x_0) \geq f(x)$ für alle $x \in I$. Der Funktionswert an dieser Stelle heißt **lokales Maximum**, der Punkt $H(x_0, f(x_0))$ heißt **Hochpunkt**.*

*(c)   Eine Stelle $x_0 \in D$ heißt **globale Minimalstelle**, wenn $f(x_0) \leq f(x)$ für alle $x \in D$. Der Funktionswert $f(x_0)$ heißt **globales Minimum**.*

*(d)   Eine Stelle $x_0 \in D$ heißt **lokale Minimalstelle**, wenn zumindest in einem hinreichend kleinen Intervall $I =]x_0 - \varepsilon, x_0 + \varepsilon[$ um diese Stelle x_0 gilt: $f(x_0) \leq f(x)$ für alle $x \in I$. Der Funktionswert $f(x_0)$ heißt **lokales Minimum**, der Punkt $T(x_0, f(x_0))$ heißt **Tiefpunkt**.*

Man spricht zusammenfassend von lokalen (relativen) und globalen (absoluten) **Extremstellen** und **Extremwerten** der Funktion. Für (b) und (d) ist vorausgesetzt, dass das ε-Intervall um x_0 ganz im Definitionsbereich D liegt. Unter dieser Voraussetzung können lokale Extremstellen nur im Inneren des Definitionsbereiches liegen, ohne diese Voraussetzung sind dessen Randpunkte immer lokale Extremstellen. Allerdings wird man am Rand von D liegende Extremstellen üblicherweise nicht durch die im Folgenden vorgestellte Differentialrechnung ermitteln können.

Folgerung 4.3.1 *Ist die Funktion $f : [a, b] \to \mathbb{R}$ stetig, (genauer: stetig über $]a, b[$ und links- bzw. rechtsseitig stetig an den Stellen a bzw. b), dann ist ihr Bildbereich $\mathrm{Im}(f)$ ein abgeschlossenes Intervall $[m, M]$, wobei m das globale Minimum und M das globale Maximum von f sind.*

Ist die Funktion f in $[a, b]$ monoton wachsend, ist $m = f(a)$ und $M = f(b)$, ist sie im Intervall $[a, b]$ monoton fallend, dann ist $m = f(b)$ und $M = f(a)$. In diesen Fällen sind die beiden Intervallgrenzen genau die globalen Extremstellen.
Ist f nicht monoton, dann können die globalen Extremstellen auch im Inneren des Intervalls $[a, b]$ liegen und sind damit zugleich lokale Extremstellen. Betrachtet man den Funktionsgraphen einer stetigen Funktion über dem Intervall I, dann kann man, wenn die Funktionskurve „ausreichend glatt" ist, in jedem Kurvenpunkt eine eindeutig bestimmte, den Funktionsgraphen berührende Gerade zeichnen, die sogenannte Tangente an die Kurve. Die Gleichung der Tangente ist als Geradengleichung von der Form $y = k \cdot x + d$ darstellbar.
Deren Steigung k kann auch definiert werden als die Steigung der Kurve im Berührungspunkt.

Beispiel 3:
Die Funktion $f : [-3, 3] \to \mathbb{R}$ mit $f(x) = x^2 - 3$ hat die lokale, zugleich glo-

bale Minimalstelle $x = 0$. Der Minimalwert der Funktion ist -3. Das globale Maximum wird hier an zwei Stellen, nämlich den beiden Randpunkten des Definitionsbereiches, $x = 3$ und $x = -3$, angenommen. Der globale Maximalwert ist $f(3) = f(-3) = 6$.

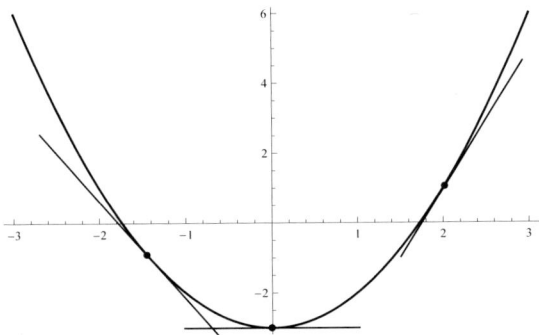

Abb. 4.7 Funktionsgraph zu Bsp. 3, Tangenten

Man erkennt leicht, dass lokale Extremstellen bei einer derartigen glatten Kurve höchstens dort liegen können, wo die Tangente an die Kurve parallel zur x-Achse verläuft. Eine derartige Gerade hat die Steigung $k = 0$. Damit ist die Suche nach lokalen Extremstellen einer Funktion vorerst zurückgeführt auf die Suche nach solchen Punkten auf der Kurve - bzw. den zugehörigen Argumentwerten - in denen die Kurvensteigung null ist. Allerdings braucht nicht jede derartige Stelle eine lokale Extremstelle zu sein.

Die Suche nach lokalen Extremstellen ist aber nicht die einzige Begründung dafür, die Kurvensteigung zu suchen. Darüber hinaus ist man nämlich bei vielen ökonomischen Anwendungen reeller Funktionen nicht nur an den „besten" Funktionswerten selbst interessiert, sondern auch daran, welche Änderung des Funktionswertes eine Änderung, insbesondere eine Zunahme, des Arguments nach sich zieht. Man spricht in diesem Zusammenhang auch von der Steigung der Funktion, genauer von der Steigung des Funktionsgraphen, an einer Stelle.

Definition 4.3.2 *Die Funktion f sei über dem offenen Intervall I definiert und die Stellen x und x_0 liegen beide in I. Dann nennt man den Bruch*

$$\frac{f(x) - f(x_0)}{(x - x_0)}$$

Differenzenquotient. Existiert der Grenzwert des Differenzenquotienten für
$x \to x_0$, *so wird dieser* **erste Ableitung von f an der Stelle** x_0 *oder* **Differen-**
tialquotient *genannt . Man schreibt dafür:*

$$\lim_{x \to x_0} \frac{f(x) - f(x_0)}{(x - x_0)} = f'(x_0).$$

Eine andere Schreibweise ist $\frac{df}{dx}(x_0)$ *gelesen df nach dx an der Stelle* x_0. *Die*
Funktion f heißt dann **an der Stelle** x_0 **differenzierbar.**

Der Differenzenquotient kann interpretiert werden als **mittlere Änderungs-**
rate von f, wenn sich das Argument von x_0 auf x ändert. Der Differentialquotient beschreibt dann die **momentane Änderungsrate.**

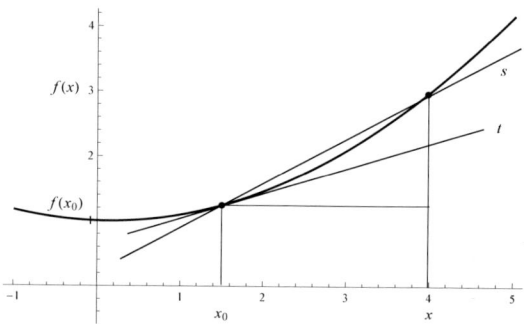

Abb. 4.8 Differenzenquotient und Differentialquotient

In Abb. 4.8 entspricht die Steigung der Sekante s dem Differenzenquotienten und je näher man mit dem Wert x an x_0 heranrückt, desto mehr nähert
sich die Steigung von s jener der Tangente t im Punkt $(x_0, f(x_0))$, also dem
Differentialquotienten.
Die Funktion mit diesem Funktionsgraphen ist folglich an der Stelle x_0 differenzierbar.
Es ist nun denkbar, wenn die Kurve „hinreichend glatt" ist, dass in einem
Intervall I an jeder Stelle eine eindeutige Tangente gelegt werden kann und
somit überall eine eindeutige Tangentensteigung festliegt, womit auf dem
Intervall I eine Funktion $x \mapsto f'(x)$ erklärt wird, wobei der Funktionswert
von f' gleich der Steigung der Tangente an die Funktionskurve im Punkt
$(x, f(x))$ ist.
Das gibt Anlass zur folgenden Definition:

Definition 4.3.3 *Die Funktion f sei auf dem Intervall I definiert.*

(a) *Ist f an jeder Stelle $x \in I$ differenzierbar, so heißt die Funktion f', die jedem $x \in I$ den Wert der Ableitung an dieser Stelle zuordnet, **erste Ableitung von f in I**. Man schreibt dafür $f'(x)$, $\dfrac{df(x)}{dx}$ oder $\dfrac{df}{dx}$, gelesen "df nach dx".*

*Ist diese Ableitung f' in ganz I eine stetige Funktion, so nennt man die Funktion f **im Intervall I stetig differenzierbar**.*

(b) *Ist f in I differenzierbar mit der Ableitung f', so kann diese erste Ableitung f' wiederum differenzierbar sein. Die Ableitung der Funktion f' nennt man dann die **zweite Ableitung von f in I** und schreibt dafür $\dfrac{d^2 f}{dx^2}$, kurz f'' oder auch $f^{(2)}$, etc..*

(c) *Ist die Funktion f im Intervall I $(k-1)$-mal differenzierbar, so heißt die Ableitung $(f^{(k-1)})' = \frac{d^k f}{dx^k}$ kurz $f^{(k)}$, die **k-te Ableitung von f**.*

Beispiel 4:
Die auf ganz $\mathbb{R}$ definierte Funktion f mit $f(x) = x^2$ ist differenzierbar in ganz $\mathbb{R}$. Bildet man an einer beliebigen Stelle x_0 den Differenzenquotienten, so ergibt sich

$$\frac{f(x) - f(x_0)}{(x - x_0)} = \frac{x^2 - x_0^2}{x - x_0} = \frac{(x - x_0) \cdot (x + x_0)}{x - x_0} = (x + x_0).$$

Der Grenzwert dieses Differenzenquotienten ist für alle $x_0 \in \mathbb{R}$ berechenbar und man erhält:

$$\lim_{x \to x_0} \frac{f(x) - f(x_0)}{(x - x_0)} = \lim_{x \to x_0} (x + x_0) = 2x_0.$$

Also hat $f(x) = x^2$ für alle $x \in \mathbb{R}$ die erste Ableitung $f'(x) = 2x$.
Die zweite Ableitung f'' berechnet man analog:

$$\lim_{x \to x_0} \frac{f'(x) - f'(x_0)}{(x - x_0)} = \lim_{x \to x_0} \frac{(2x - 2x_0)}{x - x_0} = 2 \cdot \lim_{x \to x_0} (1) = 2.$$

Damit ist für alle $x \in \mathbb{R}$ die zweite Ableitung von $f(x) = x^2$ die Funktion $f''(x) = 2$.

Für die dritte Ableitung erhält man, da $f''(x) - f''(x_0) = 2 - 2 = 0$, die Funktion $f'''(x) = 0$. Alle weiteren höheren Ableitungen sind ebenfalls identisch gleich null.

Differenzierbarkeit bedeutet: Die Kurve ist glatt, d. h. sie hat keine Knickstellen. Stetigkeit bedeutet nur: Die Kurve hat keine Sprungstellen oder Lücken. Daraus ergibt sich der folgende Satz.

Satz 4.3.3 *Jede über dem Intervall I differenzierbare Funktion ist dort stetig, aber nicht jede über I stetige Funktion ist auch über ganz I differenzierbar.*

Beispiel 5:
Die Funktion mit $f(x) = 2 \cdot |x|$ ist an der Stelle $x = 0$ zwar stetig, aber nicht differenzierbar. Für alle positiven Argumentwerte ist $f(x) = 2x$ und hat somit die Ableitung $f'(x) = 2$, für alle $x < 0$ ist $f(x) = -2x$ mit der Ableitung $f'(x) = -2$. An der Stelle $x = 0$ lässt sich keine eindeutige Tangente an den Funktionsgraphen legen.

Satz 4.3.4 *Rechenregeln für differenzierbare Funktionen*
Die Funktionen f und g seien über dem Intervall I differenzierbar. Dann gilt:

(a)   **Summenregel**: $(f + g)' = f' + g'$

(b)   *Differentiation einer **multiplikativen Konstanten k**:* $(k \cdot f)' = k \cdot f'$ *für alle* $k \in \mathbb{R}$

(c)   **Produktregel**: $(f \cdot g)' = f' \cdot g + f \cdot g'$

(d)   **Quotientenregel**: $\left(\dfrac{f}{g} \right)' = \dfrac{f' \cdot g - f \cdot g'}{g^2}$

(e)   **Kettenregel**: $(f(g(x)))' = f'(g(x)) \cdot g'(x)$ *oder anders geschrieben*
$\dfrac{df}{dx} = \dfrac{df}{dg} \cdot \dfrac{dg}{dx}.$

Ist die Funktion $f : I \to Im(f)$ *differenzierbar und besitzt sie eine Umkehrfunktion* $f^{-1}(y) : Im(f) \to I$, *so gilt:*

(f)   **Differenzieren der Umkehrfunktion**:

$$\left(f^{-1}(y) \right)' = \frac{1}{f'\left(f^{-1}(y) \right)}$$

Beispiel 6, zu den Rechenregeln (a) bis (d):
Die Ableitung von $f(x) = 6x^2 + 8x + 7$ lautet $f'(x) = 12x + 8$.
Unter Anwendung der Produktregel differenziert man $f(x) = x^2 \cdot (x^2 + x)$ und erhält die Ableitungsfunktion $f'(x) = 2x \cdot (x^2 + x) + x^2 \cdot (2x + 1) = 4x^3 + 3x^2$.

Mit Hilfe der Quotientenregel differenziert man $f(x) = \dfrac{(x^4)}{(2x + 1)}$ und errech-

net dafür $f'(x) = \dfrac{((4x^3) \cdot (2x + 1) - (x^4) \cdot 2)}{(2x + 1)^2}$, das ergibt beispielsweise an

der Stelle $x = 1$ den Wert der Ableitung und damit die Steigung der Tangen-

te an den Funktionsgraphen $f'(1) = \dfrac{10}{9}$.

Unter Anwendung der Rechenregeln (a), (b) und (c) können alle Polynom-funktionen differenziert werden. Unter zusätzlicher Verwendung von (d) alle rationalen Funktionen.

Beispiel 7:
Unter der hier nicht bewiesenen Annahme der Gültigkeit von Regel (a) auch für absolut konvergente unendliche Summen, lässt sich durch gliedweises Differenzieren der definierenden Reihe die Exponentialfunktion $f(x) = e^x$ ableiten und man erhält

$$f'(x) = \left(\frac{x^0}{0!}\right)' + \left(\frac{x^1}{1!}\right)' + \left(\frac{x^2}{2!}\right)' + \cdots + \left(\frac{x^n}{n!}\right)' + \left(\frac{x^{n+1}}{(n+1)!}\right)' + \cdots =$$
$$= \quad 0 \quad + \left(\frac{x^0}{0!}\right) + \left(\frac{x^1}{1!}\right) + \cdots\cdots + \left(\frac{x^n}{n!}\right) + \cdots = e^x.$$

Die Kurve der Exponentialfunktion $f(x) = e^x$ hat an jeder Stelle x die Stei-gung e^x. Die näherungsweise Zunahme des Funktionswertes bei Erhöhung des Argumentwertes um eine Einheit ist an jeder Stelle x gleich groß wie der Funktionswert.

Beispiel 8, zu den Rechenregeln (e) und (f):
Die erste Ableitung der Funktion $f(x) = e^{x^2/2}$ ergibt nach der Kettenregel
$f'(x) = e^{x^2/2} \cdot \left(\dfrac{2x}{2}\right) = x \cdot e^{x^2/2}$.
Zur Ableitung der Umkehrfunktion: Sei $f(x) = e^x$. Dann ist die Umkehrfunk-tion dazu $f^{-1}(y) = \ln(y)$. Also ergibt sich wegen $f'(x) = e^x$ die Ableitung der Logarithmusfunktion

$$(\ln(y))' = \left(f^{-1}(y)\right)' = \frac{1}{f'(f^{-1}(y))} = \frac{1}{e^{(\ln y)}} = \frac{1}{y}.$$

Zusammenfassend werden in Tabelle 4.1 die Ableitungen einiger Funktionen angegeben.

Tabelle 4.1 Ableitungen einiger Funktionen

$f(x)$		$f'(x)$
c		0
x^n	für $n \in \mathbb{N}$	$n \cdot x^{n-1}$
x^s	mit $s \in \mathbb{Z}$	$s \cdot x^{s-1}$
x^α	mit $\alpha \in \mathbb{R}_+$	$\alpha \cdot x^{\alpha-1}$
$e^{a \cdot x}$		$a \cdot e^{a \cdot x}$
a^x		$a^x \cdot \ln(a)$
$\ln(x)$	für $x \in \mathbb{R}_{++}$	$\dfrac{1}{x}$
$\sin(x)$		$\cos(x)$
$\cos(x)$		$-\sin(x)$

Jeder Graph einer Funktion $f(x)$ enthält üblicherweise verschiedene für diese Funktion bzw. deren Kurve charakteristischen Punkte. Solche sind in der folgenden Abbildung 4.9 dargestellt.

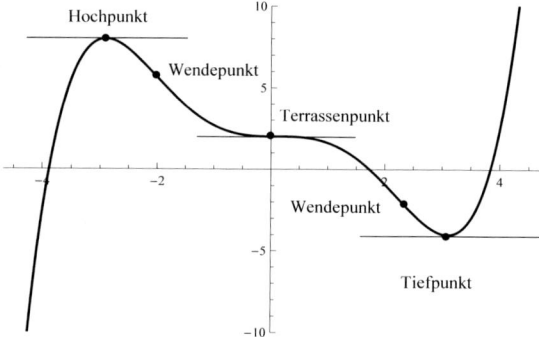

Abb. 4.9 Zur Kurvendiskussion

Ein Hochpunkt, d. h. ein lokales Maximum liegt vor, wenn dort die Tangente an die Kurve parallel zur x-Achse verläuft und zumindest in einer Umgebung dieses Punktes oberhalb der Kurve liegt. Man sagt, die Kurve hat dort eine **negative Krümmung** - die Kurvensteigung wird mit größerem Argumentwert immer kleiner.
Sie ist links von der Extremstelle noch positiv, nimmt an der Extremstelle den Wert null an und wird rechts von der Extremstelle negativ.

Ein Tiefpunkt, d. h. ein lokales Minimum liegt vor, wenn die Tangente parallel zur x-Achse verläuft und die Kurve dort eine **positive Krümmung** hat, womit die Tangente zumindest in einer Umgebung dieses Punktes unterhalb der Kurve liegen muss. Ein **Wendepunkt** ist dadurch charakterisiert, dass die Kurve in diesem Punkt ihre Krümmung von positiv auf negativ (oder umgekehrt) ändert. Damit ist die Gerade, die im Wendepunkt die gleiche Steigung hat wie die Kurve, die sogenannte **Wendetangente**, keine Tangente im eigentlichen Sinn, sondern sie schneidet die Kurve. Ein Wendepunkt mit waagrechter Tangente heißt **Terrassenpunkt**.

Das Aufsuchen von Nullstellen, Extremstellen und Wendepunkten einer Funktion nennt man zusammenfassend **Kurvendiskussion**.

Definition 4.3.4 *Die Funktion f sei an der Stelle x_0 differenzierbar. Ist der Wert der Ableitung $f'(x_0)$ gleich null, so heißt x_0 **stationärer Punkt** von f.*

Zur präziseren Unterscheidung von Argument und Element des Funktionsgraphen wird im Folgenden x_0 auch als **stationäre Stelle** und der Punkt $(x_0, f(x_0))$ als **stationärer Punkt** von f bezeichnet.

Ob eine stationäre Stelle x_0 nun lokale Extremstelle ist bzw. ob es sich bei dem stationären Punkt $(x_0, f(x_0))$ um einen Hochpunkt oder Tiefpunkt der Funktion handelt, kann mit Hilfe höherer Ableitungen der Funktion f überprüft werden.

Satz 4.3.5 *Die Funktion f sei k-mal differenzierbar. Dann ist x_0 lokale Extremstelle, wenn $f'(x_0) = 0$ und, falls auch weitere höhere Ableitungen an dieser Stelle x_0 null sind, die erste nichtverschwindende Ableitung eine von gerader Ordnung ist, wenn also für eine gerade Zahl $k \in \mathbb{N}$ gilt:*

$$f^{(i)}(x_0) = 0 \ \text{für} \ i = 1, 2, \ldots, k-1 \ \text{und} \ f^{(k)}(x_0) \neq 0.$$

Folgerung 4.3.2 *Ist f zweimal differenzierbar, so ist x_0 Stelle eines lokalen Extremums, wenn $f'(x_0) = 0$ und $f''(x_0) \neq 0$ und zwar ist x_0*

lokale Maximalstelle, wenn $f''(x_0) < 0$ und

lokale Minimalstelle, wenn $f''(x_0) > 0$.

Satz 4.3.6 *Sei f dreimal differenzierbar. Die Stelle x_0 ist Wendestelle, der Punkt $(x_0, f(x_0))$ ist Wendepunkt von f, wenn $f''(x_0) = 0$ und $f^{(3)}(x_0) \neq 0$.*

Wird nun - wie es in Anwendungen zumeist der Fall ist - eine Funktion f über einem abgeschlossenen Intervall $I = [a, b]$ betrachtet, und die Frage nach globalen Extremstellen bzw. globalen Extremwerten gestellt, dann reicht die bloße Kurvendiskussion, insbesondere das Aufsuchen lokaler Extrema nicht aus. Ein globales Extremum liegt entweder - als lokales Extremum - im Inneren des Definitionsbereiches, dann kann es, wenn die Funktion ausreichend oft differenzierbar ist, mit den Methoden der Differentialrechnung gefunden werden, oder es liegt am Rand des Definitionsintervalls. Sobald also eine Funktion nicht auf ganz $\mathbb{R}$ definiert ist, müssen zur Ermittlung globaler Extrema auch die Funktionswerte an den Randpunkten des Definitionsbereiches berechnet und mit den lokalen Extremwerten verglichen werden.

Beispiel 9:

Man betrachte die auf ganz $\mathbb{R}$ erklärte Funktion mit $f(x) = e^{-(x^2/2)}$. Um diese Funktion zu diskutieren, leitet man sie zweimal ab und erhält: $f'(x) = e^{-(x^2/2)} \cdot (-x)$ und daraus weiter $f''(x) = e^{-(x^2/2)} \cdot (-x)^2 + e^{-(x^2/2)} \cdot (-1) = e^{-(x^2/2)} \cdot (x^2 - 1)$.

Da $e^x \neq 0$ für alle x, hat die Funktion keine Nullstelle. $f'(x)$ hat nur die eine Nullstelle $x = 0$, damit ist $(0, f(0)) = (0, 1)$ der einzige stationäre Punkt von f. Wegen $f''(0) = -1 < 0$ ist $x = 0$ eine lokale Maximalstelle, der stationäre Punkt $(0, f(0)) = (0, 1)$ ist ein Hochpunkt.

$f''(x) = 0$ hat die beiden Lösungen $x = 1$ und $x = -1$. Da der Funktionsgraph die x-Achse nirgends schneidet, muss die im Hochpunkt negative Krümmung sowohl rechts als auch links von $x = 0$ mindestens einmal ihr Vorzeichen ändern. Damit müssen die beiden Stellen $x = 1$ und $x = -1$ Wendestellen sein. Eine Überprüfung anhand der dritten Ableitungen ist bei dieser Funktion nicht mehr nötig.

Die Wendepunkte dieser Funktion sind also $(1, \frac{1}{e})$ und $\left(-1, \frac{1}{e}\right)$. Der Graph von f ist eine **Glockenkurve**.

Wird dieselbe Funktion nur auf dem Definitionsbereich $I = [-0.2, 0.2]$ betrachtet, so liegt in I die lokale Maximalstelle bei $x = 0$. An den beiden Intervallgrenzen -0.2 und $+0.2$ hat die Funktion - auf 4 Stellen gerundet - den Wert $f(-0.2) = f(+0.2) = 0.9802$.

Damit ist $x = 0$ zugleich auch globale Maximalstelle und beide Intervallgrenzen sind globale Minimalstellen.

Um nach einer Kurvendiskussion den Funktionsgraphen einer auf ganz $\mathbb{R}$ definierten Funktion zeichnen zu können, benötigt man zusätzlich Kenntnis über das Verhalten der Funktion „im Unendlichen", d.h. über die Grenzwerte für x gegen plus und minus unendlich.

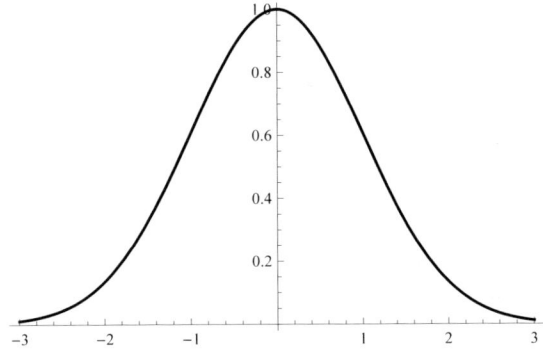

Abb. 4.10 Graph der Glockenkurve $f(x) = e^{-(x^2/2)}$

Darüber hinaus interessiert gegebenenfalls das Verhalten der Funktion „in der Nähe" jener Stellen aus $\mathbb{R}$, an denen die Funktion, etwa als rationale Funktion, nicht definiert ist.

In vielen Fällen, vgl. Bsp. 9 und Bsp. 10, machen derartige Grenzwertberechnungen keine Probleme.

Beispiel 9, Fortsetzung:

Man bilde den Grenzwert von $f(x) = e^{-\frac{x^2}{2}}$ für $x \to \infty$. Da mit $x \to \infty$ auch $\frac{x^2}{2} \to \infty$, gilt wegen $\lim\limits_{x \to \infty} e^x = \infty$ umso mehr, dass auch $e^{(x^2/2)}$ gegen unendlich strebt. Der Reziprokwert muss sich demnach der Null annähern, also erhält man: $\lim\limits_{x \to \infty} e^{-(x^2/2)} = \lim\limits_{x \to \infty} \left(\dfrac{1}{e^{(x^2/2)}} \right) = 0$.

Dasselbe Ergebnis ergibt die Bildung des Grenzwertes für $x \to -\infty$, womit die x-Achse eine Asymptote zur Glockenkurve ist.

Multipliziert man den Funktionsterm $f(x)$ mit einer positiven reellen Zahl, so ändern sich weder die lokale Maximalstelle noch die Wendestellen. Die Funktionswerte an diesen Stellen, und damit die y-Koordinaten von Hochpunkt und Wendepunkten, werden allerdings genau um diesen Multiplikator verändert. Wählt man als Multiplikator $\dfrac{1}{\sqrt{2\pi}}$, dann ergibt sich die Gauß-Glockenkurve. Deren Graph schließt mit der x-Achse eine Fläche vom Flächeninhalt 1 ein (vgl. dazu das Uneigentliche Integral, Kap. 4.4).

Beispiel 10:

Sei $f(x) = \dfrac{(x+2)}{(x^2-4)}$. Will man für diese Funktion den Grenzwert für $x \to \infty$ bilden, so sieht man, sowohl Zähler als auch Nenner streben gegen unendlich. Es ergibt sich ein Quotient zweier „unendlich großer" Zahlen. Hier lässt sich aber der Nenner im Funktionsterm umformen, man erhält

$$f(x) = \frac{(x+2)}{(x+2)\cdot(x-2)} = \frac{1}{x-2} \text{ und erkennt: } \lim_{x\to\infty} f(x) = 0.$$

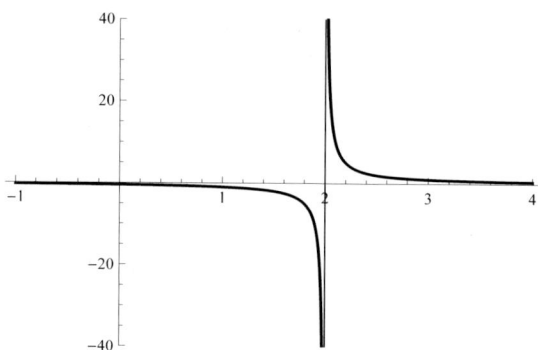

Abb. 4.11 Graph der rationalen Funktion in Bsp. 10, Asymptoten

Bildet man den Grenzwert für $x \to 2$, erhält man vorerst den Quotienten $\left(\dfrac{4}{0}\right)$ und nach Umformung den Reziprokwert einer dem Betrag nach sehr kleinen Zahl, also $+\infty$, wenn $x > 2$ und $-\infty$, wenn $x < 2$.

Der Funktionsgraph besteht aus zwei Kurvenästen, welche beide die Gerade $y = 0$ als waagrechte Asymptote besitzen und die gemeinsame senkrechte Asymptote ist die parallel zur y-Achse verlaufende Gerade $x = 2$.

Während in den beiden letzten Beispielen alle Grenzwertberechnungen leicht durchführbar waren, geht das in der folgenden Aufgabe nicht mehr so einfach:

Beispiel 11:

Man betrachte $f(x) = \dfrac{(x^2 + x)}{e^x}$. Für den Grenzwert $\lim_{x\to\infty} f(x)$ ergibt sich vorerst wieder ein Quotient zweier „unendlich großer" Zahlen:

Man gelangt zu einem Ausdruck der Form $\dfrac{\infty}{\infty}$.

Dieser Bruch darf nicht gekürzt werden. Es handelt sich dabei um eine sogenannte **unbestimmte Form**. Eine Umformung wie in Bsp. 10 ist nicht möglich.

Zur Bestimmung solcher und ähnlicher Grenzwerte kann der folgende Satz dienen:

Satz 4.3.7 *Regel von de l'Hospital*

(a)   Seien f und g in I differenzierbar und an einer Stelle $x_0 \in I$ seien sowohl $f(x_0) = 0$ und $g(x_0) = 0$. Ist dann die Ableitung des Nenners $g'(x_0) \neq 0$, so gilt,

$$\lim_{x \to x_0} \frac{f(x)}{g(x)} = \lim_{x \to x_0} \frac{f'(x)}{g'(x)}.$$

(b)   Sind auch $g'(x_0)$ und $f'(x_0) = 0$, kann man Punkt (a) wiederholt anwenden, höhere Ableitungen bilden und das Verfahren solange fortsetzen, bis erstmals ein $g^{(k)}(x_0) \neq 0$ ist. Dann gilt,

$$\lim_{x \to x_0} \frac{f(x)}{g(x)} = \lim_{x \to x_0} \frac{f^{(k)}(x)}{g^{(k)}(x)}.$$

Ein analoger Satz gilt auch, falls an einer Stelle $x_0 \in I$ die Grenzwerte von f und g beide unendlich sind: Sind f und g in I differenzierbar und ist der Grenzwert von g' an der Stelle x_0 endlich, dann ist

$$\lim_{x \to x_0} \frac{f(x)}{g(x)} = \lim_{x \to x_0} \frac{f'(x)}{g'(x)}.$$

Sind die Grenzwerte von g' und f' an dieser Stelle auch unendlich, kann das Verfahren solange fortgesetzt werden, bis erstmals eine Ableitung $g^{(k)}(x_0)$ endlich ist, dann gilt

$$\lim_{x \to x_0} \frac{f(x)}{g(x)} = \lim_{x \to x_0} \frac{f^{(k)}(x)}{g^{(k)}(x)}.$$

Man beachte: Vor jeder Anwendung dieser Regel von de l'Hospital ist zu prüfen, ob der Quotient dieser beiden Funktionen bzw. deren Ableitungen eine unbestimmte Form ist.

Beispiel 11, Fortsetzung:

$\lim_{x \to \infty} \dfrac{(x^2 + x)}{e^x} = \,,\dfrac{\infty}{\infty}$". Die Anwendung von Satz 4.3.7 ergibt für den Grenzwert $\lim_{x \to \infty} \dfrac{(2x + 1)}{e^x}$ wieder $\,,\dfrac{\infty}{\infty}$".

Nochmalige Anwendung dieses Satzes führt zu $\lim_{x \to \infty} \dfrac{(2)}{e^x} = \,,\dfrac{2}{\infty}$" $= 0$.

Auch die folgenden Ausdrücke sind unbestimmte Formen:
$(\infty - \infty)$, $(0 \cdot \infty)$, 0^∞, ∞^0, und 0^0.

Um Grenzwerte von Funktionen zu bestimmen, die vorerst auf diese unbestimmten Formen führen, wird man versuchen, durch Umformen der Funktionsterme auf Ausdrücke der Form $\dfrac{0}{0}$ oder $\dfrac{\infty}{\infty}$ zu gelangen und dann Satz 4.3.7 anzuwenden.

Beispiel 12:

$f(x) = \dfrac{x^2 - 1}{x} - 2x$. Hier streben mit $x \to \infty$ sowohl $\dfrac{x^2 - 1}{x}$ als auch $2x$ gegen ∞. Umformung auf $f(x) = \dfrac{x^2 - 1}{x} - \dfrac{2x^2}{x} = -\dfrac{x^2 + 1}{x}$ führt im Grenzwert auf die Form $\dfrac{\infty}{\infty}$ und nach getrenntem Differenzieren von Zähler und Nenner erhält man $\lim\limits_{x \to \infty} f(x) = \lim\limits_{x \to \infty} \left(-\dfrac{2x}{1} \right) = -\infty$. Diese Funktion hat keinen (endlichen) Grenzwert. Wir sagen: „Der Grenzwert existiert nicht".

Satz 4.3.8 *Mittelwertsatz der Differentialrechnung*
Sei f eine auf dem abgeschlossenen Intervall $[a, b]$ stetige, in $]a, b[$ differenzierbare Funktion. Dann gibt es mindestens einen Argumentwert $x_0 \in]a, b[$, sodass $f'(x_0) = \dfrac{f(b) - f(a)}{b - a}$, d. h. die Steigung der Tangente an den Funktionsgraphen an dieser Stelle ist gleich der Steigung der Sekante durch die Punkte $(a, f(a))$ und $(b, f(b))$ des Graphen.

Als Spezialfall ergibt sich der folgende, zur Feststellung der Existenz von Extremstellen einer Funktion oft nützliche Satz.

Satz 4.3.9 *Satz von Rolle*
Eine auf dem abgeschlossenen Intervall $[a, b]$ stetige, differenzierbare Funktion f habe an den Stellen a und b denselben Funktionswert. Dann hat f mindestens eine lokale Extremstelle im Inneren des Intervalls $[a, b]$.

Beispiel 13:
$f(x) = 7x^5 - 5x^2 - 2x + 2$ ist als Polynomfunktion überall stetig und differenzierbar. Wegen $f(0) = f(1) = 2$ hat diese Funktion eine lokale Extremstelle im Inneren des Intervalls $[0, 1]$.

4.4 Integralrechnung

Integrieren als Umkehrung des Differenzierens

Definition 4.4.1 *Sei f eine stetige reelle Funktion $f : [a,b] \to \mathbb{R}$. Dann nennt man eine Funktion $F : [a,b] \to \mathbb{R}$ eine **Stammfunktion von f**, wenn F über $[a,b]$ differenzierbar ist und für alle $x \in [a,b]$ gilt: $F'(x) = f(x)$, d.h. die Ableitungsfunktion $F' = f$.*

Beispiel 1:
Über jedem beliebigen Intervall $[a,b] \subseteq \mathbb{R}$ ist F mit $F(x) = x^3$ Stammfunktion zu f mit $f(x) = 3x^2$, (kurz: x^3 ist Stammfunktion zu $3x^2$) aber diese Funktion $f(x)$ hat beispielsweise auch die Stammfunktion $S(x) = x^3 + 7$. Man erkennt: Das Aufsuchen der Ableitung einer Funktion war, wenn überhaupt möglich, eindeutig. Beim Aufsuchen einer Stammfunktion ist das nicht der Fall. Da beim Differenzieren jede additive Konstante null wird, können durch Hinzufügen einer reellen Konstante beliebig viele weitere Stammfunktionen erzeugt werden.

Folgerung 4.4.1 *Ist $F : [a,b] \to \mathbb{R}$ Stammfunktion von f und S eine beliebige Funktion $S : [a,b] \to \mathbb{R}$ dann gilt: S ist genau dann Stammfunktion zu f, wenn $S(x) = F(x) + c$ für alle x aus $[a,b]$, wobei $c \in \mathbb{R}$ eine beliebige Konstante ist.*

Beispiel 2:
Sei $f(x) = e^{0.05x}$. Einfache Überlegung führt zur Stammfunktion

$F(x) = 20 \cdot e^{0.05x}$. Eine Probe durch Differenzieren zeigt die Richtigkeit. Die Addition von, z. B. $c = 5$ oder $c = 7$ ergibt zwei unterschiedliche Stammfunktionen $20 \cdot e^{0.05x} + 5$ und $20 \cdot e^{0.05x} + 7$.

Die Menge A sei ein Intervall $[a,b]$. Stellt man unterschiedliche Stammfunktionen zur selben Funktion $f : A \to \mathbb{R}$ durch ihre Funktionsgraphen dar, so bilden diese eine Kurvenschar, welche die Menge $A \times \mathbb{R}$ vollständig ausfüllt und bei der je zwei der Scharkurven sich immer um genau einen Funktionswert c unterscheiden. Durch jeden Punkt von $A \times \mathbb{R}$ verläuft genau eine der Kurven dieser Schar.

Äquivalent zur Folgerung 4.4.1 ist die Formulierung:

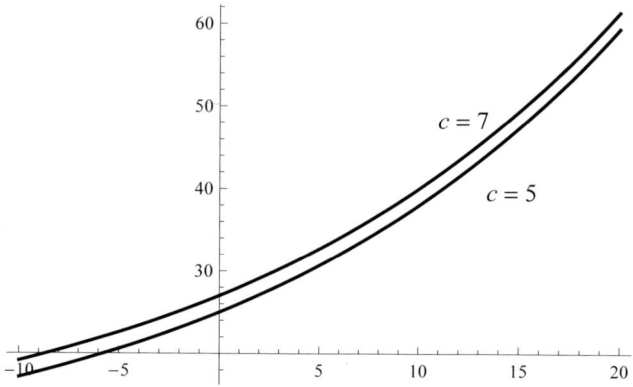

Abb. 4.12 Kurven aus der Kurvenschar zu Bsp. 2: $20 \cdot e^{0.05x} + 5$ und $20 \cdot e^{0.05x} + 7$

Folgerung 4.4.2 *Die Funktion* $f : [a, b] \rightarrow \mathbb{R}$ *habe eine Stammfunktion. Dann gibt es zu beliebigem* $c \in \mathbb{R}$ *eine Stammfunktion F von f mit* $F(a) = c$.

Beispiel 2, Fortsetzung:
Man kann nun etwa die Funktion $f(x)$ als Änderung, genauer ausgedrückt, da diese Änderung positiv ist, als Zuwachs eines Kapitals in Form stetiger Verzinsung mit dem Zinssatz 0.05 bzw. 5 Prozent p. a. auffassen.
Die Suche nach der Stammfunktion bedeutet somit die Ermittlung des Kapitals $K(x)$ in jedem Zeitpunkt x. Diese ist wohl nur möglich, wenn das Anfangskapital zu Beginn bekannt ist. Setzt man für diesen Anfangszeitpunkt $x = 0$, so ergibt sich bei einem fixen Anfangskapital von z. B. 300.– die Aufgabe, die Funktion $F(x) = 20 \cdot e^{0.05x} + c$ zu finden, welche an der Stelle $x = 0$ den Wert 300 hat. Man erhält für c die Lösung $c = 280$ und damit für den Wert des Kapitals in jedem Zeitpunkt $x : K(x) = 20 \cdot e^{0.05x} + 280$.
Wir haben mit diesem Beispiel ein Anfangswertproblem (vgl. Kap. 4.5, Differentialgleichungen) gelöst.

Bemerkung:
Sind F und S zwei verschiedene Stammfunktionen von $f : [a, b] \rightarrow \mathbb{R}$, dann unterscheiden sie sich nur um eine Konstante: $S(x) = F(x) + c$ mit $c \in \mathbb{R}$ für alle $x \in [a, b]$. Eine Funktion f hat entweder gar keine oder unendlich viele Stammfunktionen. Damit wird auch die folgende Definition verständlich.

Definition 4.4.2 *Sei F eine beliebige Stammfunktion von f. Die Menge aller Stammfunktionen von f nennt man* **Unbestimmtes Integral von f.**

Man schreibt dafür unter Verwendung der Schreibweise mittels Funktions-vorschrift $\int f(x)dx = F(x) + c$, *oder einfach kurz:* $\int f = F + c$ *mit* $c \in \mathbb{R}$.

In der Schreibweise $\int f(x)dx = F(x) + c$ wird das Argument von f, die Variable x, als **Integrationsvariable** bezeichnet.

Das Aufsuchen aller Stammfunktionen von f wird daher auch **integrieren** genannt, wobei jeder Stammfunktion eine beliebige Konstante, die **Integrationskonstante**, hinzuzufügen ist.

Um Stammfunktionen zu finden, werden die folgenden Methoden angewandt:

(a) Da das Integrieren als **Umkehroperation des Differenzierens** aufgefasst werden kann, ergibt sich in Umkehrung einer früheren Tabelle folgende Zusammenfassung (vgl. Tabelle 4.2) von Stammfunktionen, bzw. nach Hinzufügen der Integrationskonstante, von unbestimmten Integralen.

Tabelle 4.2 Grundintegrale

$f(x) = F'(x)$		$\int f(x)dx = F(x) + c$	
k		$k \cdot x + c$	
x^{α}		$\dfrac{x^{\alpha+1}}{\alpha + 1} + c$	für reelle $\alpha \neq -1$
x^{-1}		$\ln|x| + c$	für $x \neq 0$
e^x		$e^x + c$	
a^x	$a > 0$ und $a \neq 1$	$\dfrac{1}{\ln(a)} \cdot a^x + c$	
$\sin(x)$		$-\cos(x) + c$	
$\cos(x)$		$\sin(x) + c$	

Aus der Linearität der Ableitung $(\lambda \cdot F + \mu \cdot G)' = \lambda \cdot F' + \lambda \cdot G'$ folgt.

(b) **Satz 4.4.1** *Linearität des Integrals*
Seien die Funktionen f und g über dem gemeinsamen Definitionsbereich [a, b] integrierbar mit den Stammfunktionen F und G, λ und μ beliebige reelle Zahlen. Dann ist $(\lambda \cdot F + \mu \cdot G)$ Stammfunktion zu $(\lambda \cdot f + \mu \cdot g)$. Für das unbestimmte Integral gilt:

$$\int (\lambda \cdot f + \mu \cdot g) = \lambda \cdot F + \mu \cdot G + c, \; c \in \mathbb{R}.$$

Beispiel 3:

Sei $f(x) = 5x^2 - 2x$. Eine Stammfunktion dazu ist beispielsweise $F(x) = 5 \cdot \dfrac{x^3}{3} - x^2$, wie man leicht mit Hilfe von Tabelle 4.4 und Satz 4.4.1 zeigt. Das Unbestimmte Integral dieser Funktion erhält man durch Addition irgendeiner reellen Konstanten: $\int (5x^2 - 2x)dx = 5 \cdot \dfrac{x^3}{3} - x^2 + c$.

Aus der Produktregel des Differenzierens herleitbar ist

(c) **Satz 4.4.2   *Partielle Integration***

Es seien über demselben Intervall $[a,b]$ die Funktion f integrierbar mit Stammfunktion F und die Funktion G stetig differenzierbar mit der Ableitung g. Die Funktion $h : [a,b] \to \mathbb{R}$ sei erklärt als Produkt $h(x) = f(x) \cdot G(x)$. Dann ist eine Stammfunktion H zur Funktion h gegeben durch $H = \int f \cdot G = F \cdot G - \int g \cdot F$.

Das unbestimmte Integral zur Funktion h ist somit:

$$H = \int f \cdot G + c = F \cdot G - \int g \cdot F + c \; \text{mit } c \in \mathbb{R}.$$

Beispiel 4:

Gesucht ist eine Stammfunktion zu $h(x) = e^x \cdot x$.

Man setzt nun $G(x) = x$ und $f(x) = e^x$. Damit ist $g(x) = G'(x) = 1$ und $F(x) = e^x$.

Man errechnet

$$H(x) = \int (e^x \cdot x)dx = e^x \cdot x - \int (e^x \cdot 1)dx = e^x \cdot x - e^x = e^x \cdot (x - 1).$$

Probe durch Differenzieren bestätigt das Ergebnis.

Beispiel 5:

Um eine Stammfunktion von $h(x) = \ln(x)$ zu bestimmen, kann ebenfalls Satz 4.4.2 verwendet werden. Man fasst dazu die Funktion $\ln(x)$ als Produkt der konstanten Funktion $f(x) = 1$ und $G(x) = \ln(x)$ auf, schreibt also $\ln(x) = 1 \cdot \ln(x)$, und erhält wegen $F(x) = x$ und $g(x) = \dfrac{1}{x}$:

$$H(x) = \int (1 \cdot \ln(x))dx = x \cdot \ln(x) - \int \left(x \cdot \frac{1}{x} \right) dx$$

$$= x \cdot \ln(x) - \int 1 dx = x \cdot \ln(x) - x.$$

Hier wurde, da wir nur eine Stammfunktion suchen, auf das Anschreiben der Integrationskonstante c verzichtet.

Manchmal lässt sich ein Integral auf eines mit bekannter Lösung zurückführen, indem man durch Substitution eine neue Variable als Integrationsvariable einführt. Man nennt diese Methode daher

(d)   **Satz 4.4.3   *Substitutionsmethode.*** *Sei F eine Stammfunktion der in* $[a,b]$ *stetigen Funktion* $f : [a,b] \to \mathbb{R}$ *und* $g : [\alpha,\beta] \to [a,b]$ *eine auf* $[\alpha,\beta]$ *stetig differenzierbare sowie streng monotone Funktion, dann gilt:* $\int f(x)dx = \int f(g(t)) \cdot g'(t)dt$ *mit* $t = g^{-1}(x)$ *und* $x \in [a,b]$.

Bemerkung: Diese Methode lässt sich auch aus der Kettenregel für die Differentiation herleiten:
Die Funktion $f(x)$ habe die Stammfunktion $F(x)$. Weiters sei $x = g(t)$ eine differenzierbare Funktion. Dann hat die zusammengesetzte Funktion $F(g(t))$ die Ableitung

$$F'(t) = f(g(t)) \cdot g'(t).$$

Beispiel 6:
Zur Funktion $f(x) = e^{(2x-7)}$ ermittelt man eine Stammfunktion, indem man wie folgt substituiert: $g(x) = 2x - 7 = t$.

Also ist $f(t) = e^t$, $g^{-1}(t) = \dfrac{t+7}{2}$ und $(g^{-1})'(t) = \dfrac{1}{2}$.
Man erhält $F(t) = \int f(t) \cdot (g^{-1})'(t)dt = \int e^t \cdot \dfrac{1}{2}dt = \dfrac{1}{2} \cdot e^t$.

Rücksubstitution liefert die Stammfunktion $F(x) = \dfrac{(e^{(2x-7)})}{2}$.

Weitere Beispiele zu dieser Substitutionsmethode folgen nach der Einführung des Bestimmten Integrals (s.u.).

Unabhängig von den bisher angegebenen Methoden zur Ermittlung von Stammfunktionen soll darauf hingewiesen werden, dass heute Computerprogramme das Aufsuchen von Stammfunktionen (und in noch größerem Ausmaß das Errechnen Bestimmter Integrale, s. u.) wesentlich erleichtern.

Eine zweite Bedeutung des Wortes „Integral" scheint vorerst in keinerlei Zusammenhang zum Begriff des Unbestimmten Integrals gemäß der oben angegebenen Definition als „Menge aller Stammfunktionen" zu stehen.

Das Bestimmte Integral

Vorbereitende Beispiele:
Beispiel 7.1:
Sei $f : [0,b] \to \mathbb{R}$ die Funktion mit $f(x) = d > 0$ in ganz $[0,b]$. Eine Stamm-funktion dazu ist $F(x) = d \cdot x$. Das über dem Intervall $[0,b]$ unter dem Funktionsgraphen von f liegende Flächenstück ist ein Rechteck mit der Breite b, der Höhe d und somit dem Flächeninhalt $b \cdot d = F(b)$.

Beispiel 7.2:
Nun sei $a > 0$ und $f : [a,b] \to \mathbb{R}$ die Funktion mit $f(x) = d > 0$ in ganz $[a,b]$. Eine Stammfunktion dazu ist $F(x) = d \cdot x$. Das über dem Intervall $[a,x]$ unter dem Funktionsgraphen von f liegende Flächenstück ist ein Rechteck der Breite $x - a$ mit der Höhe d, somit dem Flächeninhalt $F_a(x) = (x - a) \cdot d = x \cdot d - a \cdot d$. Auch diese Funktion F_a ist Stammfunktion zu f und zwar jene mit $F_a(a) = 0$.

Beispiel 7.3:
Nun sei $f : [0,b] \to \mathbb{R}$ mit $f(x) = k \cdot x$ und $k > 0$. Eine Stammfunktion dazu ist $F(x) = k \cdot \dfrac{x^2}{2}$. Kennzeichnet man das Flächenstück unter dem Funktionsgraphen und über der x-Achse von $x = 0$ bis zur Stelle x, so ist dieses ein Dreieck, dessen Flächeninhalt $A = \dfrac{(x \cdot kx)}{2}$ ist elementargeometrisch berechenbar. Auch hier gilt $A = F(x)$. Für jede andere Stammfunktion $S = F + c$ gilt ebenfalls $A = S(x) - S(0)$.

Beispiel 7.4:
Wieder sei $f : [0,c] \to \mathbb{R}$ mit $f(x) = k \cdot x$ und $0 \leq a < b \leq c$. Auch wenn man jetzt das Flächenstück zwischen der x-Achse, den Geraden $y = a$, $y = b$ und dem Funktionsgraphen von $f(x)$ betrachtet, ergibt sich dessen Flächeninhalt A^* sowohl elementargeometrisch als $A^* = \dfrac{1}{2} \cdot (b - a) \cdot (k \cdot b - k \cdot a)$ (Trapezfläche oder Differenz zweier Dreiecksflächen) aber auch als Differenz der beiden Stammfunktionswerte $A^* = k \cdot \dfrac{b^2}{2} - k \cdot \dfrac{a^2}{2} = F(b) - F(a)$, wobei F eine beliebige Stammfunktion von f ist.
Man beachte: Sind F_1 und F_2 zwei beliebige Stammfunktionen zu einer Funktion f, dann unterscheiden sich diese beiden nur um eine Konstante, somit gilt $F_1(b) - F_1(a) = F_2(b) - F_2(a) = F(b) - F(a)$ für jede Stammfunktion F von f.

Die Beispiele 7.1 bis 7.4 legen die Vermutung nahe, dass Stammfunktionen etwas mit Flächeninhalten zu tun haben. Diese Vermutung ist tatsächlich richtig und somit kann man zusammenfassend formulieren:

Satz 4.4.4 (a) *Geometrische Form des Hauptsatzes der Differential- und Integralrechnung*
Sei $f : [a,b] \to \mathbb{R}$ stetig und $f(x) \geq 0$ für alle $x \in [a,b]$. Ist die Funktion $F : [a,b] \to \mathbb{R}$ definiert durch den Flächeninhalt $F(x)$ zwischen der x-Achse, den beiden Geraden $y = a$ und $y = x$ und dem Funktionsgraphen, dann gilt: $F(x)$ ist Stammfunktion zu f mit $F(a) = 0$.

Beispiel 8:
Wir ermitteln den Flächeninhalt des zwischen den Stellen $x = 2$ und $x = 5$ unter der Geraden $y = x+3$ liegenden Flächenstückes im ersten Quadranten. Dieses Flächenstück besteht aus einem Rechteck mit der Breite 3 und der Höhe 5 und einem Dreieck mit der gleichen Seitenlänge 3 und der Höhe 3. Sein Flächeninhalt beträgt $\dfrac{39}{2}$.

Wie gemäß den obigen Beispielen zu vermuten ist dieser Flächeninhalt genau gleich der Differenz der Werte einer Stammfunktion zu $f(x) = (x+3)$ an den Stellen 2 und 3:

Die Stammfunktion (mit $c = 0$) ist $F(x) = \dfrac{x^2}{2} + 3x$, deren Wert an „der oberen Integrationsgrenze" $x = 5$ beträgt $\dfrac{55}{2}$, ihr Wert an „der unteren Integrationsgrenze" $x = 2$ beträgt $8 = \dfrac{16}{2}$, die Differenz der beiden Stammfunktionswerte gibt genau den gesuchten Flächeninhalt an!

Ein ähnlicher Satz lässt sich auch allgemeiner formulieren, wenn die betrachtete Funktion f auch negative Funktionswerte annehmen kann, also deren Graph ganz oder teilweise unterhalb der x-Achse verläuft.

Sei $f : [a,b] \to \mathbb{R}$ stetig (und somit auch beschränkt mit, z. B., der unteren Schranke u). Dann ist die Funktion $f_u(x) = f(x) + u \geq 0 \; \forall x \in [a,b]$. Nach (a) ist die Flächeninhaltsfunktion F_u Stammfunktion von f_u, und zwar jene mit $F_u(a) = 0$. Offensichtlich ist der Inhalt der Fläche unter dem Graphen von f_u genau um die Rechtecksfläche $u \cdot (x - a)$ größer als jene unter dem Graphen von f oder anders ausgedrückt $F(x) = F_u(x) - u \cdot (x - a)$. Das heißt nichts anderes als:

Satz 4.4.4 (b) *Allgemeine geometrische Form des Hauptsatzes der Diffe-*
rential- und Integralrechnung
Sei $f : [a,b] \to \mathbb{R}$ stetig (also auch beschränkt), dann gilt: Der Wert der
Stammfunktion $F(x)$ gibt die Differenz der Flächeninhalte jener Flächen-
stücke an, welche oberhalb und unterhalb der x-Achse vom Funktionsgra-
phen von f und den beiden Geraden $y = a$ und $y = x$ gebildet werden.

Beispiel 9:
Betrachtet wird die Funktion $f : \mathbb{R} \to \mathbb{R}$ mit $f(x) = \dfrac{x}{2} - 2$. Man findet leicht,
dass $F(x) = \dfrac{x^2}{4} - 2x$ eine Stammfunktion von $f(x)$ ist. Zeichnet man nun den
Graphen von f, also eine Gerade, und berechnet den Flächeninhalt des Dreieckes, welches von der Geraden oberhalb des Intervalles $I = [4,7]$ gebildet
wird, so erhält man dafür den Zahlenwert $\dfrac{9}{4}$. Denselben Wert erhält man, wie
in obigem Bsp.3, indem man die Differenz der Werte der Stammfunktion F
an den beiden Intervallgrenzen bildet: $F(7) - F(4) = -\dfrac{7}{4} - (-4) = \dfrac{9}{4}$. Wählt
man statt der Stammfunktion F eine andere, etwa $S = F + c$, dann erhält man
natürlich dasselbe Endergebnis, weil diese Konstante c an der oberen Grenze
hinzukommt und an der unteren wieder subtrahiert wird.

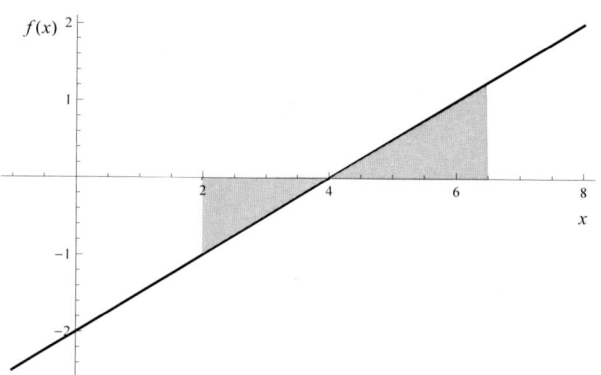

Abb. 4.13 Flächeninhalte zu Bsp. 9

Betrachtet man das Dreieck, welches unterhalb der x-Achse vom Intervall
$I = [2,4]$ und der Gerade gebildet wird, so hat dieses den Flächeninhalt 1.
Bildet man wieder die Differenz der Stammfunktionswerte, so ergibt sich
dafür der Zahlenwert $F(4) - F(2) = (-4) - (1 - 4) = -1$, man erhält also
den Flächeninhalt, aber mit negativem Vorzeichen.

Wenn man sich nun überlegt, welche geometrische Interpretation die Differenz der Stammfunktionswerte an den Intervallgrenzen von $I = [2, 7]$, also $F(7) - F(2) = \left(\dfrac{49}{4} - 14\right) - (1 - 4) = \dfrac{5}{4}$ zulässt, so sieht man: Diese Zahl gibt die Differenz der Flächeninhalte der oberhalb bzw. unterhalb der x-Achse liegenden Flächenstücke an.

Derselbe Zusammenhang gilt auch für Funktionen, bei denen Flächeninhalte nicht so einfach aus geometrischer Anschauung bestimmt werden können, weil der Funktionsgraph keine Gerade ist. Ebenso für Funktionen mit Unstetigkeitsstellen, insbesondere auch solche, die über verschiedenen Teilintervallen unterschiedlich definiert sind. Das führt zu

Definition 4.4.3 *Sei $f : [a, b] \to \mathbb{R}$ eine über dem abgeschlossenen Intervall $[a, b]$ beschränkte, stückweise stetige Funktion. Dann bildet deren Graph mit der x-Achse eines oder mehrere geschlossene Flächenstücke. Eine derartige Funktion f nennt man* **über** $[a, b]$ **integrierbar.**
Man nennt die Differenz der Flächeninhalte oberhalb minus jener unterhalb der x-Achse das **Bestimmte Integral von f über** $[a, b]$ *und schreibt dafür*

$$\int_a^b f(x)dx.$$

Zur Berechnung Bestimmter Integrale wird der folgende Satz angewandt.

Satz 4.4.5 *Hauptsatz der Differential- und Integralrechnung*
Sei $f : A \to \mathbb{R}$ stetig und $F : A \to \mathbb{R}$ eine Stammfunktion zu f. Dann gilt für alle Zahlen a, b aus A

$$\int_a^b f(x)dx = F(x)\Big|_a^b = F(b) - F(a).$$

Der mittlere Ausdruck wird gelesen „F(x) in den Grenzen von a bis b".

Für die Definition des Bestimmten Integrals könnte auch unmittelbar der Hauptsatz der Differential- und Integralrechnung herangezogen werden, wenn von der Interpretation als Flächeninhalt abgesehen wird und das Bestimmte Integral als „Summe" von „unendlich vielen unendlich kleinen" Summanden interpretiert werden soll. Dann entsprächen oberhalb der x-Achse liegende Flächeninhalte positiven, solche unterhalb der x-Achse negativen Beiträgen zur Gesamtsumme. Auch ohne Bezug auf Flächeninhalte wird erklärt:

Definition 4.4.4 *Sei F Stammfunktion zu f über dem Intervall* $[a,b]$*. Die Differenz* $F(b) - F(a)$ *heißt dann* **Bestimmtes Integral der Funktion f von a bis b** *und man schreibt dafür* $\int_a^b f(x)dx = F(b) - F(a)$.

Beispiel 10:

Sei $f(x) = x^2 - 2x$. Eine Stammfunktion dazu ist beispielsweise $F(x) = \dfrac{x^3}{3} - x^2$, wie man leicht durch Ableiten nachrechnet. (Das Unbestimmte Integral $\int (x^2 - 2x)dx = \dfrac{x^3}{3} - x^2 + c$ über diese Funktion erhält man durch Addition irgendeiner Konstanten $c \in \mathbb{R}$.)

Das Bestimmte Integral in den Grenzen von 1 bis 3 errechnet sich dann als Differenz $F(3) - F(1) = (9 - 9) - (\dfrac{1}{3} - 1) = \dfrac{2}{3}$.

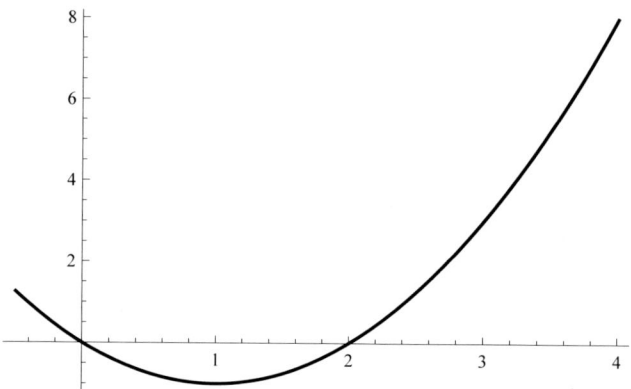

Abb. 4.14 Graph von $f(x) = x^2 - 2x$ im Intervall $[0,4]$

Will man hingegen den Flächeninhalt A der im Intervall $I = [1,3]$ zwischen Funktionsgraph und x-Achse entstehenden beiden Flächenstücke insgesamt errechnen, müssen vorerst die möglicherweise vorhandenen Nullstellen der Funktion im Integrationsintervall bestimmt werden: Die einzige derartige Nullstelle (vgl. Abb. 3) ist die Stelle $x = 2$. Nun sind die beiden Bestimmten Integrale $\int_1^2 f(x)dx$ und $\int_2^3 f(x)dx$ getrennt zu berechnen und deren Beträge zu addieren. Man erhält für den gesuchten Flächeninhalt:

$$A = |F(2) - F(1)| + |F(3) - F(2)|$$

$$= \left|\left(\frac{8}{3} - 4\right) - \left(\frac{1}{3} - 1\right)\right| + \left|(9 - 9) - \left(\frac{8}{3} - 4\right)\right| = \left|-\frac{2}{3}\right| + \frac{4}{3} = +2.$$

Man beachte: Um ein Bestimmtes Integral auszurechnen, sucht man zuerst eine Stammfunktion und bildet dann die Differenz der beiden Werte an den Integrationsgrenzen.

Will man hingegen einen gesamten Flächeninhalt bestimmen, ist darauf Bedacht zu nehmen, ob die Funktion f über dem Integrationsintervall nur positive oder auch negative Werte annimmt und ggf. sind die Nullstellen von f zu bestimmen und die Flächeninhalte einzeln zu berechnen.

Zusammenfassung:

Ist F Stammfunktion von f, so gibt die Differenz $F(b) - F(a)$

(a) wenn f in ganz $[a, b]$ positiv ist, den Inhalt der Fläche unter dem Funktionsgraphen über dem Intervall $[a, b]$,

(b) wenn f in ganz $[a, b]$ negativ ist, den mit -1 multiplizierten Inhalt des über dem Funktionsgraphen liegenden Flächenstückes,

(c) wenn f in $[a, b]$ sowohl positive als auch negative Werte annimmt, die Differenz der Inhalte jener Flächenstücke, welche oberhalb und unterhalb der x-Achse durch den Funktionsgraphen gebildet werden, an.

Aus der geometrischen Anschauung ergibt sich bzw. ist leicht ersichtlich

Folgerung 4.4.3

(a) $\int_a^a f(x)dx = 0$ *bzw. gleichbedeutend dazu: Ist die Funktion f auf* $[a, b]$ *beschränkt, dann ist das Integral der Funktion f über dem offenen Intervall* $]a, b[$ *gleich jenem über dem abgeschlossenen Intervall* $[a, b]$.

(b) *Für* $a < b < c$ *gilt:* $\int_a^c f(x)dx = \int_a^b f(x)dx + \int_b^c f(x)dx$. *Das wird insbesondere dann benötigt, wenn die zu integrierende Funktion stückweise unterschiedlich erklärt ist.*

(c) $\int_a^b (-f(x))dx = -\int_a^b f(x)dx = \int_b^a f(x)dx$

Beispiel 11:

Eine Funktion $f : [0,5] \to \mathbb{R}$ sei erklärt durch

$$f(x) = \begin{cases} \sqrt{2x} & \text{in } [0,2[\\ 1 + \dfrac{x}{2} & \text{in } [2,5] \end{cases}$$

$$\int_0^5 f(x)dx = \int_0^2 \sqrt{2x}\,dx + \int_2^5 (1 + \frac{x}{2})dx$$

$$= \sqrt{2} \cdot \int_0^2 x^{1/2}dx + \int_2^5 1\,dx + \int_2^5 \left(\frac{x}{2}\right) dx$$

$$= \sqrt{2} \cdot \frac{2}{3} \cdot x^{3/2}\Big|_0^2 + x\Big|_2^5 + \frac{x^2}{4}\Big|_2^5 = \frac{8}{3} + 3 + \left(\frac{25}{4} - 1\right) = \frac{131}{12}$$

Diese Zahl ist tatsächlich genau der Flächeninhalt des unter der Funktions-kurve liegenden Flächenstückes, welches teilweise krummlinig begrenzt ist.

Ebenfalls leicht ersichtlich, am besten mit Hilfe einer Skizze, ist der folgende Satz.

Satz 4.4.6 *Mittelwertsatz der Integralrechnung*
Die Funktion f sei über $[a,b]$ integrierbar und beschränkt mit dem globalen Minimalwert m und globalem Maximalwert M. Dann gilt:

(a)   Das Integral kann abgeschätzt werden durch

$$m \cdot (b-a) \le \int_a^b f(x)dx \le M \cdot (b-a).$$

(b)   Es gibt ein $\mu \in [m,M]$ derart, dass

$$\int_a^b f(x)dx = \mu \cdot (b-a).$$

Beispiel 12:

Betrachtet wird die Funktion mit $f(x) = e^{-(x^2/2)}$ aus Bsp. 9, Kap. 4.3, die Glockenkurve. Will man den Flächeninhalt unter der Funktionskurve - f ist überall positiv - über dem Intervall $I = [0,0.2]$ errechnen, so sollte man vorerst eine Stammfunktion angeben. Das ist bei dieser Funktion nicht möglich. Unter Verwendung der oben errechneten globalen Extremwerte der Funktion im Intervall I lässt sich das Integral abschätzen und es ergibt sich wegen $f(0.2) \approx 0.9802$ und $f(0) = 1$,

$$(0.2) \cdot f(0.2) \leq \int_0^{0.2} f(x)dx \leq (0.2) \cdot f(0), \text{ also } 0.1960 \leq \int_0^{0.2} f(x)dx \leq 0.2.$$

Der tatsächliche Wert dieses Integrals kann nur mit Näherungsverfahren, üblicherweise unter Verwendung eines Rechners bzw. unter sinnvoller Verwendung einer Tabelle der Normalverteilung bestimmt werden und beträgt gerundet 0.1987.

Zur Berechnung komplizierterer Bestimmter Integrale wird immer in gleicher Weise vorgegangen. Im ersten Schritt wird eine Stammfunktion F zur Funktion f bestimmt und dann die gesuchte Zahl unter Verwendung des Hauptsatzes als Differenz der beiden Stammfunktionswerte an den Integrationsgrenzen ermittelt: $\int_a^b f(x)dx = F(b) - F(a)$. Im Falle der Anwendung der Substitutionsmethode ist, wenn man sich die Substitution der Integrationsgrenzen ersparen möchte, die Rücksubstitution durchzuführen, bevor die Integrationsgrenzen a und b eingesetzt werden.

Beispiel 13:

Man berechne $\int_0^3 (2e^x + 4x^3)dx$. Mit $f(x) = e^x$ und $g(x) = x^3$ folgt wegen der **Linearität des Integrals** für das Unbestimmte Integral $\int (2f(x) + 4g(x))dx = 2\int e^x dx + 4\int x^3 dx = 2e^x + x^4 + c$, mit $c \in \mathbb{R}$.

Unter Verwendung der Stammfunktion mit $c = 0$ erhält man für das Bestimmte Integral über dem Intervall $I = [0,3]$ den Zahlenwert $\int_0^3 (2e^x + 4x^3)dx = (2e^3 + 3^4) - (2e^0 + 0^4) \approx 119.17$.

Diese Zahl gibt, da die integrierte Funktion über ganz $[0,3]$ positiv ist, genau den Flächeninhalt des zwischen $x = 0$ und $x = 3$ unterhalb des Funktionsgraphen und oberhalb der x-Achse liegenden Flächenstückes an.

Beispiel 14:

Gesucht ist $\int_{-1}^1 (e^x \cdot x)dx$. Eine Stammfunktion zu $h(x) = e^x \cdot x$ erhält man durch **partielle Integration**: (Vgl. Bsp.4)

$$\int (e^x \cdot x)dx = e^x \cdot x - \int (e^x \cdot 1)dx = e^x \cdot x - e^x = e^x \cdot (x - 1).$$

Somit ergibt sich durch Einsetzen der Grenzen in die Stammfunktion

$$\int_{-1}^1 (e^x \cdot x)dx = \left(e^1 \cdot (1 - 1) - e^{-1} \cdot (-1 - 1)\right) = 2 \cdot e^{-1} = \frac{2}{e}.$$

Diese Zahl ist interpretierbar als Differenz zweier Flächeninhalte, da $h(x)$ in $[-1, 0]$ negative, im Intervall $[0, 1]$ positive Werte annimmt.

In den nächsten Beispielen wird mit der **Substitutionsmethode** gearbeitet. Um eine Funktion $h(x) = f(g(x))$ zu integrieren, kann man gemäß Satz 4.4.3 folgendermaßen vorgehen: Man substituiert $g(x)$ durch t. Erhält man dadurch eine Funktion $f(t) \cdot (g^{-1})(t)$, welche integrierbar ist, dann berechnet man dazu die Stammfunktion $F(t)$ und führt anschließend die Rücksubstitution von t durch $g(x)$ durch.

Beispiel 15:

Man betrachte die Funktion $h(x) = (1 + 3x)^5$ und berechne dazu das Bestimmte Integral $\int_0^1 (1 + 3x)^5 dx$. Mit $g(x) = (1 + 3x) = t$ lässt sich $h(x)$ schreiben als $h(x) = f(1 + 3x) = (1 + 3x)^5$. Weiters ist $x = g^{-1}(t) = \dfrac{t - 1}{3}$ differenzierbar mit der Ableitung $(g^{-1})'(t) = \dfrac{1}{3}$.

Die Funktion $f(t) \cdot (g^{-1})'(t) = \dfrac{t^5}{3}$ hat die Stammfunktion $F(t) = \dfrac{t^6}{18}$. Durch Rücksubstitution erhält man eine Stammfunktion zur ursprünglich gegebenen Funktion: $H(x) = \dfrac{(1 + 3x)^6}{18}$.

Einsetzen der Grenzen liefert die (gerundete) Zahl 227.5 , den gesuchten Wert des Bestimmten Integrals.

Beispiel 16:

Zur Funktion $f(x) = e^{(2x-7)}$ berechnet man $\int_{3.5}^5 f(x) dx$.

Zuerst ermittelt man durch Substitution $g(x) = 2x - 7 = t$ eine Stammfunktion. Man erhält nach Rücksubstitution (Vgl. Bsp. 6) $F(x) = \dfrac{(e^{(2x-7)})}{2}$.

Für das Bestimmte Integral in den Grenzen von 3.5 bis 5 ergibt sich der Wert

$$F(5) - F(3.5) = \frac{(e^3 - 1)}{2} \approx 9.54.$$

Bemerkung: Die beiden Beispiele 15 und 16 sind der Spezialfall zur Ermittlung einer Stammfunktion von $f(k \cdot x + d)$. Sei F eine Stammfunktion von f und $g(x) = kx + d$ mit $k \neq 0$, $d \in \mathbb{R}$. Dann ist die Ableitung der zusammengesetzten Funktion $F(kx + d)$ mit Hilfe der Kettenregel zu bestimmen als $\dfrac{dF(kx + d)}{dx} = f(kx + d) \cdot k$. Also ist $\dfrac{1}{k} \cdot F(kx + d)$ Stammfunktion zu $f(k \cdot x + d)$.

Bemerkung: Sei $g(x)$ eine positive Funktion. Dann ist die Ableitung von $\ln(g(x))$ nach der Kettenregel zu berechnen als $\dfrac{d}{dx}(\ln(g(x))) = \dfrac{1}{g(x)} \cdot g'(x)$.

Damit ist $H(x) = \ln(g(x))$ Stammfunktion zu $h(x) = \dfrac{g'(x)}{g(x)}$.

Falls die Funktion g auch negative Werte annimmt, ist in der Stammfunktion der Betrag von $g(x)$ einzusetzen. Steht also in einem als Bruch gegebenen Funktionsterm $h(x)$ im Zähler genau die Ableitung des Nenners $g(x)$, so ist eine Stammfunktion dazu $H(x) = \ln(|g(x)|)$.

Beispiel 17:

Man suche eine Stammfunktion zu $f(x) = \dfrac{2x}{x^2 + 3}$. Dies ist ein Bruch der

Form $\dfrac{g'(x)}{g(x)}$ mit einer positiven Funktion $g(x)$. Eine Stammfunktion dazu ist $\ln(g(x)) = \ln(x^2 + 3)$. Für das Bestimmte Integral über dem Intervall $[1,2]$ errechnet man den Wert - zugleich einen Flächeninhalt, da f in $[1,2]$ positiv ist - $\displaystyle\int_1^2 f(x)dx = \ln(7) - \ln(4) \approx 0.5596$.

Beispiel 18:

Man berechne für die Funktion $f(t) = 3t^2 + 1$ zu beliebiger oberer Integrationsgrenze x das Bestimmte Integral $\displaystyle\int_1^x (3t^2 + 1)dt$. Dieses ist eine Funktion $F(x)$.

Eine Stammfunktion von $f(t)$ ist $S(t) = t^3 + t$, für das Bestimmte Integral erhält man in Abhängigkeit von x die Funktion $F(x) = x^3 + x - (3 + 1)$. Man erkennt: Die Ableitung von F ergibt $F'(x) = 3x^2 + 1 = f(x)$.

Die Aufgabenstellung aus Bsp. 18 lässt sich dahingehend verallgemeinern, dass beide Integrationsgrenzen Funktionen von x sind. Hat die Funktion $f(t)$ auf ganz $\mathbb{R}$ eine Stammfunktion, so ist mit zwei beschränkten Funktionen $g(x)$ und $h(x)$ der Ausdruck $\displaystyle\int_{g(x)}^{h(x)} f(t)dt$ sinnvoll und stellt eine Funktion $F : x \to F(x)$ dar. Für deren Ableitung gilt der folgende Satz.

Satz 4.4.7 *Sei f eine Funktion mit der Stammfunktion F, $g(x)$ und $h(x)$ seien differenzierbare Funktionen. Dann ist die Funktion $F(x) = \displaystyle\int_{g(x)}^{h(x)} f(t)dt$ differenzierbar mit der Ableitung $F'(x) = f(h(x)) \cdot h'(x) - f(g(x)) \cdot g'(x)$.*

Folgerung 4.4.4 *Ist die untere Grenze* $g(x) = a$ *konstant und* $h(x) = x$, *so erhält man für das Integral* $\int_a^x f(t)dt$ *als Funktion der oberen Grenze* x *die Ableitung* $F'(x) = f(x)$. *Wir erhalten mit dieser Folgerung wieder die geometrische Formulierung des Hauptsatzes der Differential- und Integralrechnung.*

Uneigentliche Integrale

Der Begriff des Bestimmten Integrals kann in zweierlei Hinsicht erweitert werden: Einerseits auf unbeschränkte Intervalle, andererseits auf Funktionen, die an einer Stelle im Inneren des Integrationsintervalls oder an dessen Rand unbeschränkt sind.

Beispiel 19:

Zu integrieren sei die Funktion $f(x) = \dfrac{1}{x^2}$ über dem Intervall $I = [1, \infty[$. Obwohl das Flächenstück unter dem Funktionsgraphen sich „ins unendliche erstreckt", (vgl. Abb. 4.15) hat sein Flächeninhalt den endlichen Wert 1.

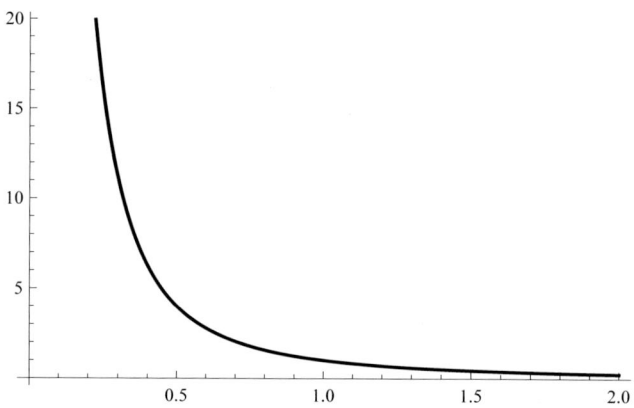

Abb. 4.15 Graph der Funktion $f(x) = \frac{1}{x^2}$

Um dies zu zeigen, berechnet man vorerst für eine feste, endliche obere Grenze b das Bestimmte Integral

$$F(b) = \int_1^b \frac{1}{x^2}dx = -\frac{1}{x}\Big|_1^b = -\frac{1}{b} - \frac{-1}{1} = 1 - \frac{1}{b}$$

und hat damit den Flächeninhalt unter der Kurve über dem Intervall $[1, b]$ für jedes $b > 1$ berechnet. Anschließend bildet man den Grenzwert $\lim\limits_{b \to \infty}(F(b))$

und erhält dafür den endlichen Wert 1. Somit ist $\int_1^b \frac{1}{x^2}dx = 1$ und man sagt:
„Das Uneigentliche Integral existiert".

Ein ähnliches Problem stellt die Berechnung des Integrals von 0 bis 1 über
dieselbe Funktion dar, da die Funktion an der Stelle $x = 0$ nicht definiert ist
und $\lim_{x \to 0} f(x) = \infty$.
Versucht man auch hier vorerst die Berechnung des bestimmten Integrals von
einer Stelle $a > 0$ bis 1, so errechnet man $\int_a^1 \frac{1}{x^2}dx = -\left(\frac{1}{1}\right) - \left(-\frac{1}{a}\right) =$
$1 + \frac{1}{a}$. Bildet man nun den Grenzwert für a gegen null, so erhält man
$\lim_{x \to 0}\left(1 + \frac{1}{a}\right) = \infty$. Damit ist gezeigt, dass dieser Flächeninhalt nicht endlich
ist. Man sagt, „Das Uneigentliche Integral existiert nicht".

In beiden Fällen spricht man von Uneigentlichen Integralen. Man benötigt
diese z.B. auch dann, wenn bei einer rationalen Funktion „über eine Polstelle
hinweg" bestimmt integriert werden soll.

Ist eine Funktion f gegeben und sei $]a,b[$ ein offenes Intervall derart, dass
für beide Intervallgrenzen entweder der Funktionswert oder die Intervallgrenze unbeschränkt ist. Dann können, wie in Bsp. 19 ersichtlich, unter
Umständen dennoch Flächenstücke mit endlichem Flächeninhalt entstehen
und man nennt die Funktion dann über diesem Intervall uneigentlich integrierbar.

Definition 4.4.5 *Sei f eine über dem offenen Intervall $]a,b[\subseteq \mathbb{R}$ definierte und über jedem abgeschlossenen Teilintervall $[c,d] \subset]a,b[$ integrierbare
Funktion, dann heißt diese*

(a)   *über dem Intervall $[c,b[$ uneigentlich integrierbar, wenn der Grenz-
      wert $\lim_{d \to b}\int_c^d f(x)dx$ existiert. Man schreibt dafür $\int_c^b f(x)dx$.*

(b)   *Sie heißt über $]a,d]$ uneigentlich integrierbar, wenn der Grenzwert
      $\lim_{c \to a}\int_c^d f(x)dx$ existiert. Man schreibt dafür $\int_a^d f(x)dx$.*

(c)   *Falls beide Grenzwerte endliche Zahlen ergeben, nennt man die Funk-
      tion über $]a,b[$ uneigentlich integrierbar, man schreibt $\int_a^b f(x)dx$ und
      nennt diesen Ausdruck Uneigentliches Integral von f über dem Inter-
      vall $]a,b[$.*

In allen Fällen kann auch $a = -\infty$ bzw. $b = \infty$ sein.

Beispiel 20:

Zu berechnen ist $\int_{-4}^{2} \frac{1}{x+1} dx$. Die zu integrierende Funktion (der Integrand) hat an der Stelle $x = -1$ eine Polstelle, d. h. das Integral muss in zwei Uneigentliche Integrale aufgeteilt werden:

$$\int_{-4}^{2} \frac{1}{x+1} dx = \int_{-4}^{-1} \frac{1}{x+1} dx + \int_{-1}^{2} \frac{1}{x+1} dx.$$

Falls auch nur eines dieser Uneigentlichen Integrale nicht existiert, hat die ursprüngliche Aufgabe keine Lösung. Man berechnet z.B. das rechtsstehende Integral und erhält

$$\int_{-1}^{2} \frac{1}{x+1} dx = \lim_{c \to -1} (\ln(2+1) - \ln(c+1)) = \ln(3) - \lim_{c \to -1} (\ln(c+1)) = +\infty,$$

womit gezeigt ist, dass f über dem Intervall $]-1,2]$ nicht uneigentlich integrierbar ist. Somit ist die Funktion auch über $[-4,2]$ nicht uneigentlich integrierbar.

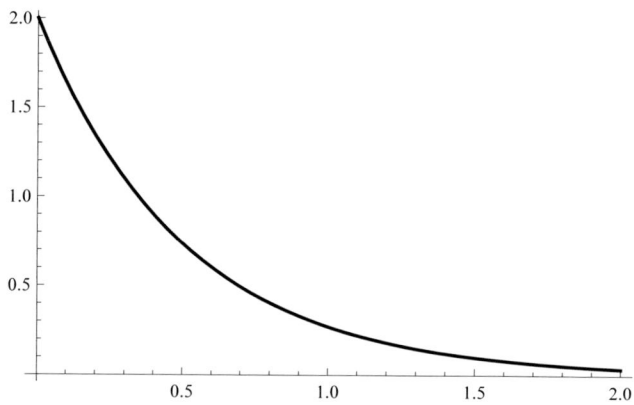

Abb. 4.16 Graph der Funktion $f(x) = 2 \cdot e^{-2x}$

Beispiel 21, Dichtefunktion einer Exponentialverteilung:
Sei λ eine positive Zahl. Der Graph der Funktion $f : \mathbb{R}_+ \to \mathbb{R}$ mit $f(x) = \lambda \cdot e^{-\lambda \cdot x}$ bildet über der x-Achse ein Flächenstück mit dem Flächeninhalt 1.

Dieser Flächeninhalt ist berechenbar als Uneigentliches Integral $\int_{0}^{\infty} f(x) dx$. Eine Stammfunktion zu $f(x) = \lambda \cdot e^{-\lambda \cdot x}$ ist, wie man durch Ableiten leicht erkennt oder durch Substitution berechnet, gegeben durch $F(x) = -e^{-\lambda \cdot x}$.

Man berechnet zunächst $\int_0^b f(x)dx = F(b) - F(0) = -e^{-\lambda \cdot b} - (-1)$ und erhält durch Grenzwertbildung

$$\int_0^\infty f(x)dx = \lim_{b \to \infty} \int_0^b f(x)dx = \lim_{b \to \infty} \left(1 - e^{-\lambda \cdot b}\right) = 1.$$

Am Ende dieses Kapitels soll der Begriff des Bestimmten Integrals auf Funktionen von mehreren Variablen erweitert werden.

Der Graph einer Funktion von einer Variablen ist durch eine Kurve in der Ebene darstellbar.
Der Graph einer Funktion von zwei Variablen kann durch eine im Raum liegende Fläche dargestellt werden (vgl. Kap. 5). Falls diese Fläche zur Gänze oberhalb der Definitionsebene liegt, entsteht über einem abgeschlossenen Bereich dieser Ebene unter dem Funktionsgraphen ein Raumstück mit einem eindeutig definierten Volumen. Damit lässt sich ein zweifaches Bestimmtes Integral erklären.

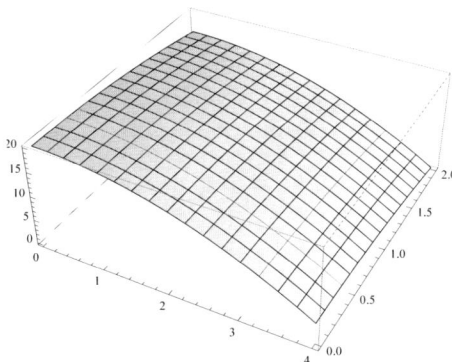

Abb. 4.17 Rauminhalt des Volumsstückes unter einem Funktionsgraphen

Wird eine Funktion $f(x_1, x_2)$ über dem Rechteck $[a_1, a_2] \times [b_1, b_2]$ integriert, so wird dadurch, falls diese Funktion dort nirgends negative Werte annimmt, das Volumen des über diesem Rechteck unter der durch den Funktionsgraphen gegebenen Fläche bestimmt.

Definition 4.4.6 *Der Ausdruck* $\int_{b_1}^{b_2} \int_{a_1}^{a_2} f(x_1, x_2)dx_1 \, dx_2$ *heißt* **Doppelintegral** *von f über dem Rechteck* $[a_1, a_2] \times [b_1, b_2]$.

Die Berechnung eines Doppelintegrals wird durchgeführt, indem man erst über eine Variable integriert, wobei die andere als Konstante betrachtet wird, und dann die Integration über die zweite Veränderliche durchführt. Was die Reihenfolge der Integration betrifft, gilt der folgende Satz.

Satz 4.4.8 *Ist die Funktion f stetig in beiden Variablen, so ist die Integrationsreihenfolge unwesentlich.*

Beispiel 22:
Die Funktion von zwei Variablen $f(x,y) = x^2 \cdot e^y$ ist für alle Argumentstellen $(x,y) \in \mathbb{R}^2$ nichtnegativ.
Über dem Rechteck $[0,3] \times [0,1]$ wird durch den Funktionsgraphen ein Raumstück gebildet. Dessen Volumen kann als Doppelintegral folgendermaßen berechnet werden:

$$\int_{y=0}^1 \int_{x=0}^3 x^2 \cdot e^y dx\, dy = \int_{y=0}^1 \frac{x^3}{3} \cdot e^y \Big|_0^3 dy = \int_{y=0}^1 9 \cdot e^y dy = 9 \cdot e^y \Big|_0^1$$
$$= 9 \cdot (e-1) \approx 15.46.$$

Die Durchführung der Integration in anderer Reihenfolge führt zum selben Ergebnis,

$$\int_{x=0}^3 \int_{y=0}^1 x^2 \cdot e^y dy\, dx = \int_{x=0}^3 x^2 \cdot e^y \Big|_0^1 dx = \int_{x=0}^3 x^2 \cdot \left(e^1 - e^0\right) dx$$
$$= \int_{x=0}^3 x^2 \cdot (e-1)\, dx = \frac{x^3}{3} \cdot (e-1) \Big|_0^3$$
$$= 9 \cdot (e-1) \approx 15.46.$$

Bemerkung: Der Begriff des Doppelintegrals kann - unter Verlust der Interpretierbarkeit als Volumen im $\mathbb{R}^3$ - erweitert werden auf Funktionen von mehr als zwei Variablen. Man spricht dann von einem *n-fachen Integral*.

Die Berechnung erfolgt analog wie bei Doppelintegralen indem man sukzessive über alle Variablen integriert, also *n* bestimmte Integrationen durchführt. Der Satz 4.4.8 bleibt sinngemäß gültig.

4.5 Differentialgleichungen

Analog zu Kap. 3.4, in dem Beziehungen zwischen Zahlenfolgen und ihren Differenzenfolgen durch Differenzengleichungen angegeben wurden, werden hier Beziehungen zwischen Funktionen und ihren Ableitungen durch sogenannte Differentialgleichungen beschrieben.

Beispiel 1:
Vergleicht man bei der Funktion $f(x) = e^{3x}$ die Funktionswerte mit den Werten der ersten Ableitung $f'(x) = 3 \cdot e^{3x}$, so gilt offensichtlich $f'(x) = 3 \cdot f(x)$ für alle $x \in \mathbb{R}$. Indem man $y = f(x)$ und $y' = f'(x)$ setzt, erhält man die **Differentialgleichung**

$$y' = 3y,$$

die als eine (spezielle) Lösung die obige Funktion $y = e^{3x}$ besitzt. Ebenso ist, wie man durch Einsetzen verifiziert, jede Funktion $f(x) = c \cdot e^{3x}$ mit beliebigem $c \in \mathbb{R}$, eine Lösung. Da es - wie man zeigen kann - keine weitere Lösung gibt, spricht man von der **allgemeinen Lösung**. Fixiert man einen bestimmten Wert c_0 für c, so nennt man diese Funktion eine **spezielle Lösung** mit dem **Anfangswert** $f(0) = c_0$.

Definition 4.5.1 *Eine **Differentialgleichung n-ter Ordnung** ist gegeben durch*

$$G\left(x, y, y', y'', y^{(3)}, \ldots, y^{(n)}\right) = 0,$$

*wobei die **Ordnung** der Differentialgleichung die höchste Ableitung ist, die in der Gleichung auftritt.*
Eine Lösung der Differentialgleichung ist eine über einem Definitionsbereich $D \subseteq \mathbb{R}$ n-mal differenzierbare Funktion

$$y = f(x),$$

*die mit ihren Ableitungen in die Differentialgleichung eingesetzt, diese für alle $x \in D$ erfüllt. Man unterscheidet die **allgemeine Lösung** mit reellen Konstanten, und die **spezielle Lösung**, die durch eine spezielle Wertzuweisung für die Konstanten bestimmt ist.*

Beispiel 2:
Die Differentialgleichung $y + y'' = 0$ ist eine Differentialgleichung 2-ter Ordnung. Ihre Lösungen sind also alle Funktionen $y = f(x)$, die die Bedingung $f''(x) = -f(x)$ erfüllen. Spezielle Lösungen sind z.B. die Funktionen $f(x) = \sin(x)$ oder $f(x) = \cos(x)$.

Für die genaue Analyse von Differentialgleichungen mit einer Ordnung $n > 1$ wird auf weiterführende Lehrbücher verwiesen. Im Folgenden werden nur bestimmte, einfache Klassen von Differentialgleichungen erster Ordnung untersucht.

Die wohl einfachste Differentialgleichung erster Ordnung wurde bereits im Rahmen der Integralrechnung behandelt, ohne sie dort als solche zu bezeichnen. Die Stammfunktion $F(x)$ einer Funktion $f(x)$ (vgl. Def. 4.4.1) ist definiert als eine differenzierbare Funktion, deren Ableitung die Bedingung

$$F'(x) = f(x)$$

erfüllt. D.h. die Stammfunktionen einer gegebenen Funktion $f(x)$ sind gerade die Lösungen der Differentialgleichung erster Ordnung

$$y' = f(x),$$

die somit einfach durch Integrieren gelöst werden kann. Diese Differentialgleichung ist ein Spezialfall der im Folgenden allgemeiner definierten Klasse von Differentialgleichungen, die unter bestimmten Voraussetzungen durch Integrieren gelöst werden können.

Definition 4.5.2 *Seien $p(x)$ und $q(y)$ reelle Funktionen, so heißt die Differentialgleichung erster Ordnung*

$$y' = p(x) \cdot q(y)$$

*eine **Differentialgleichung mit trennbaren Variablen**.*

Im Folgenden wird der Lösungsweg für eine solche Differentialgleichung beschrieben. Wenn man y' durch den Differentialquotienten $\dfrac{dy}{dx}$ ersetzt, so erhält man

$$\frac{dy}{dx} = p(x) \cdot q(y).$$

Diese Gleichung kann zu

$$\frac{1}{q(y)} \cdot dy = p(x) \cdot dx$$

umgeformt werden. Sind die beiden Funktionen $\dfrac{1}{q(y)}$ und $p(x)$ integrierbar, so gilt

$$\int \frac{1}{q(y)} \cdot dy = \int p(x) \cdot dx$$

oder

$$H(y) = P(x) + c,$$

wobei $H(y)$ eine Stammfunktion zu $\dfrac{1}{q(y)}$ und $P(x)$ eine Stammfunktion zu $p(x)$ ist. Dort wo die Funktion $H(y)$ eine Umkehrfunktion besitzt, ergibt sich damit die allgemeine Lösung der obigen Differentialgleichung als

$$y = H^{-1}\left(P(x) + c\right) \text{ für } c \in \mathbb{R} \text{ beliebig.}$$

Bemerkung: Ist die Bildmenge der Funktion H die Menge aller reellen Zahlen, dann ist der Definitionsbereich der Lösungsfunktionen gleich dem der Funktion $P(x)$. Ist dies jedoch nicht der Fall, so kann der Definitionsbereich für jede spezielle Lösung, also in Abhängigkeit vom Wert der Konstanten c, verschieden sein.

Beispiel 3:
Die Differentialgleichung $y' = -2xy^2$ ist eine Differentialgleichung erster Ordnung mit trennbaren Variablen. Mit $p(x) = 2x$ und $q(y) = -y^2$ ergibt sich

$$\int (-y^{-2})\, dy = \int 2x \, dx.$$

Indem man auf beiden Seiten der Gleichung die jeweiligen Stammfunktionen $H(y) = y^{-1}$ und $P(x) = x^2 + c$ einsetzt, folgt:

$$y^{-1} = x^2 + c \text{ für } c \in \mathbb{R}.$$

Löst man diese Gleichung nach y auf, so erhält man die allgemeine Lösung der obigen Differentialgleichung

$$y = f(x) = \frac{1}{x^2 + c} \text{ für } c \in \mathbb{R}$$

mit den jeweiligen Definitionsmengen $D = \mathbb{R}$ (für $c > 0$) und (für $c \leq 0$) $D = \mathbb{R} \setminus \left\{ +\sqrt{|c|}, -\sqrt{|c|} \right\}$.

In Abb. 4.18 sind die Funktionsgraphen der Lösungen für $c = 0$, $c = 0.3$, $c = 1$, sowie $c = -1$ dargestellt. Die letzte dieser Funktionen besitzt die beiden Polstellen $+1$ und -1.

Folgerung 4.5.1 *Für eine Differentialgleichung mit trennbaren Variablen*

$$y' = p(x) \cdot q(y) \ \text{ gilt:}$$

Ist die Funktion $p(x)$ integrierbar mit der Stammfunktion $P(x)+c$, und ist die Funktion $\dfrac{1}{q(y)}$ integrierbar mit der **umkehrbaren (invertierbaren)** *Stammfunktion $H(y)$, dann sind die* **Lösungen der Differentialgleichung mit trennbaren Variablen** *die Funktionen*

$$f(x) = H^{-1}(P(x)+c) \text{ für } c \in \mathbb{R} \text{ beliebig,}$$

mit den jeweiligen Definitionsmengen $D = \left\{ x \,\middle|\, H^{-1}(P(x)+c) \text{ ist erklärt} \right\}$.

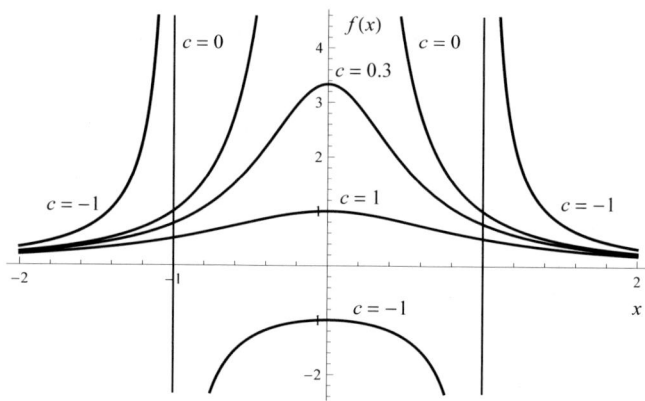

Abb. 4.18 Lösungen der Differentialgleichung aus Beispiel 3

Beispiel 4:

Die Preiselastizität einer Nachfragefunktion $N(p)$ als Funktion des Preises ist (vgl. Kap. 4.6)

$$\varepsilon_N(p) = \frac{N'(p) \cdot p}{N(p)}.$$

Die Frage, welche Nachfragefunktionen eine **konstante Preiselastizität ε** besitzen, ist also gerade die Frage nach den Lösungen der Differentialgleichung

$$\varepsilon = \frac{N'(p) \cdot p}{N(p)}.$$

Setzt man für p die Variable x und für $N(p)$ die Variable y, so erhält man:

$$y' = \varepsilon \cdot \frac{1}{x} \cdot y.$$

Diese Differentialgleichung ist ebenfalls eine mit trennbaren Variablen, und kann deshalb mit dem obigem Rechenverfahren gelöst werden. Zusätzlich ist sie jedoch, da $q(y) = y$ eine lineare Funktion ist, ein spezielles Beispiel einer sogenannten linearen Differentialgleichung, die im Folgenden allgemein behandelt und gelöst werden soll.

Definition 4.5.3 *Seien $a(x)$ und $b(x)$ stetige Funktionen, so heißt*

$$y' = a(x) \cdot y + b(x)$$

*eine **lineare Differentialgleichung erster Ordnung**. Ist $b(x) = 0$, so heißt die Differentialgleichung **homogen**, sonst **inhomogen**.
Sind $a(x) = a$ und $b(x) = b$ konstante Funktionen, so nennt man die Differentialgleichung*

$$y' = a \cdot y + b$$

*eine **lineare Differentialgleichung erster Ordnung mit konstanten Koeffizienten**.*

Satz 4.5.1 *Seien $a(x)$ und $b(x)$ über dem Definitionsbereich $D \subseteq \mathbb{R}$ stetige Funktionen, und sei $A(x)$ eine Stammfunktion zu $a(x)$, so besitzt die lineare Differentialgleichung*

$$y' = a(x) \cdot y + b(x)$$

*die **allgemeine Lösung***

$$f(x) = e^{A(x)} \left(c + \int b(x) \cdot e^{-A(x)} dx \right) \text{ für } c \in \mathbb{R}.$$

*Für die **homogene** Differentialgleichung ($b(x) = 0$) vereinfacht sich die allgemeine Lösung zu*

$$f(x) = c \cdot e^{A(x)} \text{ für } c \in \mathbb{R}.$$

Die Definitionsmenge der Lösung ist in beiden Fällen gleich D.

Beispiel 5:
Bei der linearen Differentialgleichung erster Ordnung

$$y' = 2x \cdot y + 2x$$

ist $a(x) = 2x$, mit der Stammfunktion $A(x) = x^2$, und $b(x) = 2x$. Damit ist die allgemeine Lösung

$$f(x) = e^{x^2} \left(c + \int 2x \cdot e^{-x^2} dx \right) \quad \text{für } c \in \mathbb{R}.$$

Nach Berechnung des Integrals $\int 2x \cdot e^{-x^2}\, dx = -e^{-x^2}$ und Einsetzen erhält man daraus die allgemeine Lösung $f(x) = c \cdot e^{x^2} - 1$ für $c \in \mathbb{R}$. Interessiert man sich für eine spezielle Lösung zu einem bestimmten, vorgegebenen Anfangswert $f(0)$, so setzt man diesen Wert in die Funktionsgleichung ein, hier $f(0) = c \cdot e^0 - 1 = c - 1$. Daraus berechnet man den Wert der Konstanten $c = f(0) + 1$. Somit erhält man z.B. für $f(0) = 2$ die spezielle Lösung $f(x) = 3 \cdot e^{x^2} - 1$.

Fortsetzung von Beispiel 4:
Die Nachfragefunktionen mit konstanter Preiselastizität $\varepsilon < 0$ erfüllen die homogene, lineare Differentialgleichung

$$y' = \frac{\varepsilon}{x} \cdot y.$$

Da $a(x) = \dfrac{\varepsilon}{x}$ über dem Definitionsbereich $D = \mathbb{R} \backslash \{0\}$ die Stammfunktion $A(x) = \varepsilon \cdot \ln(x)$ besitzt, ist nach Satz 4.5.1 die allgemeine Lösung

$$f(x) = c \cdot e^{\varepsilon \cdot \ln x} = c \cdot x^\varepsilon \text{ für } c \in \mathbb{R}$$

mit dem Definitionsbereich $D = \mathbb{R} \backslash \{0\}$. Dies sind also sämtliche Funktionen mit der konstanten Preiselastizität ε der Nachfrage.
Die Lösungen der linearen Differentialgleichungen $y' = a \cdot y + b$ mit den konstanten Koeffizienten a und b erhält man nach Satz 4.5.1, indem man in der allgemeinen Lösung für $A(x)$ die Stammfunktion $A(x) = a \cdot x$ einsetzt, und mit $b(x) = b$ das Integral ausrechnet.

Folgerung 4.5.2 *Die lineare Differentialgleichung erster Ordnung **mit konstanten Koeffizienten***

$$y' = a \cdot y + b$$

*besitzt die **allgemeine Lösung***

$$f(x) = \begin{cases} c \cdot e^{ax} - \dfrac{b}{a} & \text{für } a \neq 0,\ b \neq 0 \\ c \cdot e^{ax} & \text{für } a \neq 0,\ b = 0 \\ c + b \cdot x & \text{für } a = 0 \end{cases} \qquad \text{für } c \in \mathbb{R}$$

mit dem Definitionsbereich $D = \mathbb{R}$.

Beispiel 6:
Gesucht ist eine spezielle Lösung der Differentialgleichung $y' = 2 \cdot y - 7$ mit Anfangswert $f(0) = 5$.

Nach Folgerung 4.5.2 ist die allgemeine Lösung der Differentialgleichung mit den konstanten Koeffizienten $a = 2$ und $b = -7$

$$f(x) = c \cdot e^{2x} + \frac{7}{2} \text{ mit } c \in \mathbb{R}.$$

Indem man den Anfangswert $f(0) = 5$ einsetzt, erhält man die Bestimmungsgleichung $f(0) = c \cdot e^0 + \frac{7}{2} = 5$ für die Konstante c. Somit ergibt sich $c = 1.5$, und die gesuchte spezielle Lösung ist $f(x) = \frac{3}{2} \cdot e^{2x} + \frac{7}{2}$.

Beispiel 7:
Das in Kap. 3.4 im Beispiel 4 formulierte Wachstumsmodell für das Volkseinkommen Y in Abhängigkeit von den **diskreten** Zeitpunkten $t = 0, 1, \ldots$ kann man analog für das Volkseinkommen $Y(t)$ in Abhängigkeit von der **stetigen** Zeit t wie folgt beschreiben:

1. $S(t) = \alpha \cdot Y(t)$ mit $0 < \alpha < 1$
   Gespart wird der konstante Anteil α des Volkseinkommens.

2. $I(t) = \beta \cdot Y'(t)$ mit $0 < \beta$
   Die Investition ist proportional zur Änderung des Volkseinkommens.

3. $S(t) = I(t)$
   Investiert wird genau das Gesparte.

Indem man die beiden ersten Beziehungen in die Gleichung unter Punkt 3 einsetzt, erhält man die Differentialgleichung

$$Y' = \frac{\alpha}{\beta} \cdot Y.$$

Die Antwort auf die Frage, wie sich das Volkseinkommen bei gegebener Sparquote α und gegebenem Proportionalitätsfaktor β entwickelt, erhält man also durch die Lösung dieser homogenen, linearen Differentialgleichung mit konstanten Koeffizienten.
Die allgemeine Lösung ist $Y(t) = c \cdot e^{(\alpha/\beta) \cdot t}$ für $c \in \mathbb{R}$.
Eine spezielle Lösung zu dem Anfangswert $Y(0) = Y_0$ ist

$$Y(t) = Y_0 \cdot e^{(\alpha/\beta) \cdot t},$$

und die zeitliche Entwicklung von investierter bzw. gesparter Geldmenge ergibt sich als

$$I(t) = S(t) = \alpha \cdot Y_0 \cdot e^{(\alpha/\beta) \cdot t}.$$

4.6 Ökonomische Anwendungen

In diesem Kapitel wird aufgezeigt, wie man ökonomischen Zusammenhänge mit Hilfe mathematischer Funktionen beschreiben kann und wie die Methoden der Differential- und Integralrechnung zur Lösung von Problemen verwendet werden können. Die hier vorgestellten einfachen Modelle sind immer nur jeweils eines von mehreren Möglichkeiten. Insbesondere wird z. B. im Abschnitt B nur ein sehr spezieller Typ von Produktionsfunktionen betrachtet und auf den Zusammenhang zwischen Produktions- und Kostenfunktion nicht eingegangen. Aber auch mit dieser Einschränkung wird die Brauchbarkeit der Methodik sichtbar.

Soweit in diesem Kapitel reelle Funktionen verwendet werden, wird immer davon ausgegangen, dass die Argumentwerte - jeweils ökonomisch interpretierbare Größen - stetig in einem Definitionsbereich variieren können. Ebenso wird die Differenzierbarkeit immer dann, wenn sie benötigt wird, vorausgesetzt.

A Kosten-, Erlös- und Gewinnfunktionen

Bei der Erzeugung eines Gutes fallen Kosten K an, deren Höhe von der erzeugten Menge x abhängt. Ordnet man jeder möglichen Erzeugungsmenge x, üblicherweise aus einem Intervall $[0, b]$, die dabei erwachsenden Kosten zu, so erhält man die **Kostenfunktion** $K(x)$.

Diese Funktion setzt sich aus den konstanten **Fixkosten** $K_f = k$ (mit $k \in \mathbb{R}_+$) und den ebenfalls positiven **variablen Kosten** $K_v = K_v(x)$ zusammen.

Jede Kostenfunktion $K(x) = K_v(x) + k$ wird nur positive Werte annehmen, die mindestens gleich den Fixkosten sind. Weiters soll sie monoton wachsend sein und es gilt das **Gesetz des schließlich zunehmenden Kostenzuwachses**. Von einer bestimmten erzeugten Menge an erfordert jede zusätzliche Mengeneinheit immer größere Kosten.

Die erste Ableitung $K'(x)$ einer Kostenfunktion K nennt man **Grenzkosten**. $K'(x_0)$ gibt näherungsweise die Kostenzunahme an, die entsteht, wenn die Erzeugungsmenge, ausgehend von x_0, um eine Einheit erhöht wird, d. h. K' ist überall positiv.

Die zweite Ableitung $K''(x)$ beschreibt dann die **Änderung der Grenzkosten**. Formuliert man das Gesetz des schließlich zunehmenden Kostenzuwachses unter Verwendung der Ableitungen von K, so heißt das:

Die Grenzkosten K' werden schließlich, d. h. ab einer bestimmten Erzeugungsmenge x_w, monoton steigen und die zweite Ableitung K'' wird ab dort positiv. Die Stelle x_w ist x-Koordinate eines Wendepunktes von K, lokale Minimalstelle von K' und Nullstelle von K''. Der Quotient $\dfrac{K(x)}{x}$ gibt zu jeder erzeugten Menge $x > 0$ die **Durchschnittskosten** an.

Oft werden die Kosten gut durch eine Polynomfunktion dritten Grades beschrieben: $K(x) = a \cdot x^3 + b \cdot x^2 + c \cdot x + d$. Dabei sind die Koeffizienten a, c und d positiv, der Koeffizient b ist üblicherweise negativ mit $b^2 < 3 \cdot a \cdot c$. Diese Bedingungen gewährleisten, dass die Krümmung der Kostenfunktionskurve bis zu deren Wendepunkt negativ, ab diesem Punkt positiv ist und die Grenzkosten nirgends negativ werden. Der Graph von $K'(x)$ ist eine nach oben offene Parabel. Die x-Koordinate des Scheitels fällt mit der des Wendepunktes von $K(x)$ zusammen und gibt jene Menge an, ab welcher der Kostenzuwachs steigt. Von dort an gilt demgemäß das Gesetz des zunehmenden Kostenzuwachses.

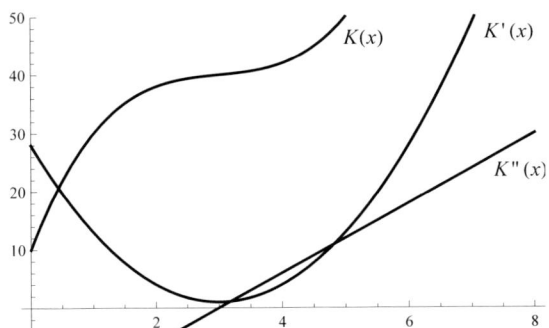

Abb. 4.19 Kostenfunktion und deren Ableitungen

Beispiel 1:
Man bestimme jene Kostenfunktion - eine Polynomfunktion dritten Grades - die folgenden Bedingungen genügt:
Die Fixkosten betragen 130 Geldeinheiten (GE). Die Grenzkosten sind an der Stelle $x = 4$ minimal und betragen dort 5 GE. Die variablen Kosten an dieser Stelle betragen 360 GE.
Zur Kostenfunktion $K(x) = a \cdot x^3 + b \cdot x^2 + c \cdot x + d$ ergeben sich die Ableitungen $K'(x) = 3 \cdot a \cdot x^2 + 2 \cdot b \cdot x + c$ und $K''(x) = 6 \cdot a \cdot x + 2 \cdot b$. Aus den

Vorgaben erhält man die vier Gleichungen

Fixkosten = 130: $K(0) = d = 130$

Grenzkosten sind minimal bei $x = 4$: $K''(4) = 24a + 2b = 0$

Grenzkosten zu $x = 4$ betragen 5: $K'(4) = 48a + 8b + c = 5$

Variable Kosten zu $x = 4$ betragen 360: $K_v(4) = 64a + 16b + 4c = 360.$

Die Lösung dieses Systems von Gleichungen lautet: $a = \dfrac{85}{16}$, $b = -\dfrac{255}{4}$, $c = 260$ und $d = 130$. Damit ist die gesuchte Kostenfunktion

$$K(x) = \frac{85}{16} \cdot x^3 - \frac{255}{4} \cdot x^2 + 260x + 130.$$

Wird nun ein erzeugtes Gut am Markt verkauft, so wird damit ein Erlös erzielt. Die Funktion, die jeder verkauften Menge x den dabei erzielten Erlös (Erlös = Preis mal Menge) zuordnet, nennt man die **Erlösfunktion** $E(x)$. Da der Preis im Allgemeinen von der angebotenen Menge abhängt, gilt für den Erlös: $E(x) = x \cdot p(x)$.

Die erste Ableitung $E'(x)$ der Erlösfunktion heißt **Grenzerlös**. Der erzielte Gewinn, errechnet als Differenz von Erlös und Kosten, wird beschrieben durch die **Gewinnfunktion** $G(x) = E(x) - K(x)$.

Für den Fall eines festen Preises p, etwa bei einem preisgeregelten Gut oder für einen „kleinen" Anbieter auf einem „großen" Markt, ist $E(x) = p \cdot x$ als eine Gerade mit der Steigung p darstellbar. Unabhängig von der verkauften Menge x ist der Grenzerlös gleich dem Preis p. Der Gewinn ist gegeben durch $G(x) = E(x) - K(x) = p \cdot x - K(x)$. Zur Bestimmung jener Erzeugungsmenge x_{max}, bei der maximaler Gewinn erzielt wird, ist die Gewinnfunktion zu maximieren. $G'(x) = 0$ ist eine notwendige Bedingung für das Vorliegen einer lokalen Maximalstelle, daher muss für die gewinnmaximierende Erzeugungsmenge $x = x_{max}$ gelten: $(p \cdot x - K(x))' = p - K'(x) = 0$, also $p = K'(x)$. An dieser Stelle sind die Grenzkosten K' genau gleich dem Preis p, stimmen also auch mit dem Grenzerlös überein.

Beispiel 2:

Die Kosten für die Erzeugung eines Gutes in Abhängigkeit von der Menge x unterliegen der Funktion $K(x) = 4x^3 - x^2 + 8x + 20$. Das Gut wird nun zu einem fixen Preis von $p = 32$ GE verkauft. Dann ist die gewinnmaximierende Erzeugungsmenge jene, für die Grenzkosten und Preis übereinstimmen, d. h. $K'(x) = 12x^2 - 2x + 8 = 32$. Diese quadratische Gleichung hat zwei Lösungen: $x_1 = \dfrac{3}{2}$ und $x_2 = -\dfrac{4}{3}$. Die negative Lösung ist irrelevant, die optimale Erzeugungsmenge beträgt demnach $x = 1,5$. Der maximal erzielbare Gewinn ist gegeben durch $G(1.5) = E(1.5) - K(1.5) = 48 - 43.25 = 4.75$.

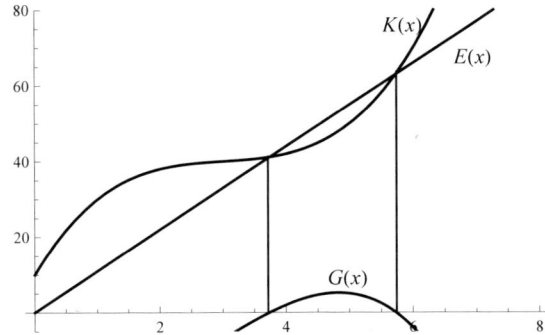

Abb. 4.20 Kosten, Erlös und Gewinn bei festem Preis p

B Produktionsfunktionen

Unter Verwendung eines Gutes, **Produktionsfaktor** oder **Input** genannt, soll ein anderes Gut, das **Produkt** oder **Output**, hergestellt werden. Setzt man dabei eine bestimmte Menge x des Produktionsfaktors ein, so kann damit eine bestimmte Menge des Produktes erzeugt werden.

Die Abhängigkeit des Outputs vom Input ist durch die **Produktionsfunktion** $f(x)$ gegeben. Im Folgenden wird speziell eine „ertragsgesetzliche Produktionsfunktion" beschrieben. Deren Definitionsbereich ist wieder ein Intervall $[0, b]$ worin b die maximal verfügbare Menge des Inputs bezeichnet. Die Funktion nimmt nur nichtnegative Werte an und ist sicher monoton steigend. Auf Grund ökonomischer Überlegungen gilt aber das **Gesetz des schließlich abnehmenden Ertragszuwachses**, kurz auch nur **Ertragsgesetz** genannt: Von einer bestimmten Inputmenge an liefert jede weitere Einheit des Inputgutes immer geringere Produktionszuwächse.

Die erste Ableitung $f'(x)$ einer Produktionsfunktion nennt man **Grenzprodukt** oder **Grenzproduktivität**. Die zweite Ableitung $f''(x)$ ist die **Änderungsrate des Grenzprodukts**.

Das Ertragsgesetz bedeutet, dass die Kurve einer Produktionsfunktion f für kleine Argumentwerte eine positive, ab ihrem Wendepunkt eine negative Krümmung aufweist. Daher hat die Kurve des Grenzproduktes x_w als lokale Maximalstelle und ab x_w wird die erste Ableitung f' monoton fallend und die zweite Ableitung f'' negativ sein.

Beispiel 3:

Die auf $\mathbb{R}_+$ definierte Funktion mit

$$f(x) = \begin{cases} x^2 & x \leq 1 \\ 4\sqrt{x} - 3 & x > 1 \end{cases}$$

erfüllt die Eigenschaften einer derartigen Produktionsfunktion. Diese Funktion ist auch an der Stelle $x = 1$ stetig und einmal differenzierbar. Sie ist bis $x = 1$ monoton steigend und positiv gekrümmt und ab dort zwar immer noch monoton steigend, aber negativ gekrümmt. Ab der Inputmenge $x = 1$ wird das Ertragsgesetz wirksam.

Man beachte, dass f an der Stelle $x_w = 1$ zwar einen Wendepunkt hat, aber dieser nicht durch zweimaliges Differenzieren errechnet werden kann, da die Funktion an dieser Stelle nicht zweimal differenzierbar ist.

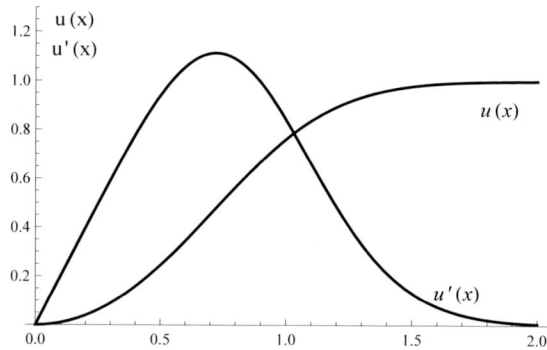

Abb. 4.21 Graph einer Produktionsfunktion (Nutzenfunktion) und deren Ableitung.

C Nutzenfunktionen

Wird ein Gut konsumiert, so erwächst dem Konsumenten daraus ein Nutzen, der umso höher ist, je mehr von diesem Gut zur Verfügung steht. Unter der nicht selbstverständlichen Annahme, man könne einen Nutzen durch eine reelle Zahl beschreiben, ordnet man jeder sinnvollen Menge x des Gutes den daraus resultierenden Nutzen (utility) zu und erhält somit die **Nutzenfunktion** $u(x)$. Die erste Ableitung $u'(x)$ wird **Grenznutzen** genannt und gibt näherungsweise den Nutzenzuwachs an, welcher durch den Konsum einer weiteren Einheit des Gutes entsteht. Dieser Nutzenzuwachs wird bei einer kleinen konsumierten Menge x hoch sein, bei ohnehin schon großer Menge des Gutes wird ein weiterer Zuwachs nur geringe Nutzenerhöhung bringen: Ein nicht ganz korrekter Vergleich: Wenn jemand eine Million € besitzt und er bekommt 1 000.− dazu, dann ist sein Nutzenzuwachs kleiner als der von jemandem, der nur 1 000.− € besitzt und weitere 1000.− dazubekommt. Auch wenn das in diesem Fall richtig sein mag, dieser Vergleich ist deshalb nicht ganz korrekt, weil Geld kein Konsumgut im strengen Sinn ist.

Nutzenfunktionen haben also ähnliche Eigenschaften wie Produktionsfunktionen. Sie sind monoton steigend, aber es gilt das **Gesetz vom schließlich abnehmenden Grenznutzen**. Die erste Ableitung $u'(x)$ ist überall positiv, wird aber schließlich, d. h. ab einem Punkt x^*, monoton fallend. Ab dort ist demnach die zweite Ableitung $u''(x)$ negativ.

D Konsumfunktionen

Das Volkseinkommen Y, angegeben in Geldeinheiten, kann konsumiert oder gespart (d.h. investiert) werden. Ein geringes (pro Kopf-) Volkseinkommen führt nur zu geringen gesparten Mengen. Es muss fast alles konsumiert werden. Bei höherem Einkommen kann mehr gespart werden. Die **Konsumfunktion** $C(Y)$ gibt nun den Wert des Konsums C an Gütern in Abhängigkeit vom Volkseinkommen Y an.

$C(Y)$ kann also Werte zwischen Null und Y annehmen. Dasselbe gilt für die Differenz $S(Y) = Y - C(Y)$, die als **Sparfunktion** bezeichnet wird.

Der Quotient $\dfrac{C(Y)}{Y}$ heißt **Konsumquote**, die Ableitung $C'(Y)$ nennt man **Grenzneigung zum Konsum**. Ihr Wert an einer Stelle Y_0 gibt an, wie viel von einer zusätzlichen Geldeinheit des Volkseinkommens konsumiert wird. Analog nennt man die Funktion $\dfrac{S(Y)}{Y}$ **Sparquote**. Die Ableitung $S'(Y)$ heißt **Grenzneigung zum Sparen**.

Beispiel 4:
In Österreich betrug das Volkseinkommen, beschrieben etwa durch das Bruttonationalprodukt (und angegeben auf Basis der Preise des Jahres 1983), in den Jahren 1993 bis 1995 zwischen 1540 und 1597 Milliarden ATS. Für den Konsum C der privaten Haushalte wurden davon 862 bis 902 Mrd. ATS ausgegeben. Die Konsumquote im Jahr 1995 betrug also 56.5 Prozent.
Die Grenzneigung zum Konsum lag bei 0.8, d. h. von einem zusätzlichen Schilling flossen 80% in privaten Konsum. Man kann nun auch überlegen,

um wie viel Prozent C sich ändert, wenn die vorhandene Geldmenge - das
BNP - um ein Prozent zunimmt. Um diese Zahl zu berechnen, ist der Wert
der Grenzneigung zum Konsum, hier errechnet aus den Daten der Jahre 1994
und 1995, durch die Konsumquote zu dividieren.

Man erhält für das Jahr 1995 den gerundeten Zahlenwert $\dfrac{0.8}{0.565} = 1.42$ und
nennt ihn **Einkommenselastizität des Konsums**.

Ein einprozentiger Einkommenszuwachs führt demnach zu einer 1.42 - pro-
zentigen Zunahme der Konsumausgaben. Eine genauere Betrachtung sollte
sich nicht auf das gesamte BNP, sondern nur auf das verfügbare Einkommen
beziehen und man erhält damit eine deutlich geringere Einkommenselastizität des Konsums. Auch bleibt es dem Leser und der Leserin überlassen,
sich dazu aktuelle Daten zu suchen. Am Prinzip ändert sich nichts.

Im Fall des Vorliegens einer differenzierbaren Konsumfunktion $C(Y)$ kann
für die Grenzneigung zum Konsum der Wert der Ableitung C' herangezogen
werden.

Der im Beispiel 4 verwendete, aus einer ökonomischen Fragestellung ent-
standene Begriff der Elastizität kann allgemein für jede Funktion definiert
werden. Die Änderung eines Funktionswertes in Abhängigkeit vom Argument wird durch die erste Ableitung dieser Funktion näherungsweise beschrieben, geometrisch gesehen durch die Steigung der Tangente an den
Funktionsgraphen im betrachteten Punkt. Es ist nun klar, dass diese Tangentensteigung von den Maßeinheiten, welche für Argument und Funktionswerte verwendet werden, abhängig ist.

Daher braucht man - um Vergleiche in ökonomischen Anwendungen überhaupt durchführen zu können - für das Änderungsverhalten von Funktionen
eine von den Maßeinheiten unabhängige Größe. Eine solche dimensionslose
Größe erhält man, wenn die Ableitung durch den Durchschnittswert dividiert
wird:

Definition 4.6.1 *Sei $a > 0$ und $f : [a,b] \to \mathbb{R}$ eine differenzierbare Funktion,
dann heißt die Funktion $\varepsilon_f : [a,b] \to \mathbb{R}$ mit*

$$\varepsilon_f(x) = \frac{f'(x)}{\frac{f(x)}{x}} = x \cdot \left(\frac{f'(x)}{f(x)} \right)$$

*die **Elastizität der Funktion f**. Ist klar, um welche Funktion es sich handelt,
schreibt man kurz $\varepsilon(x)$.*
*Der Wert $\varepsilon(x_0)$ der Elastizität von f an einer Stelle x_0 gibt an, um wieviel
Prozent sich der Funktionswert näherungsweise ändert, wenn der Argument-
wert, ausgehend von x_0, um ein Prozent erhöht wird.*

Beispiel 5:
Eine Funktion sei gegeben durch $f(x) = 3x^2 + 1$. Dann ist deren erste Ableitung $f'(x) = 6x$ und man bestimmt daraus allgemein die Elastizität $\varepsilon(x) = \dfrac{6x}{3x^2 + 1} \cdot x.$

An der Stelle $x = 2$ ergibt sich der Wert $\varepsilon(2) = \dfrac{24}{13} \approx 1.85$. Eine einprozentige Erhöhung des Argumentes führt dort zu einer etwa 1.85-prozentigen Erhöhung des Funktionswertes.

Bemerkung: Die Elastizität einer Funktion ist eine maßstabsunabhängige Größe. Der Zahlenwert $\varepsilon(x_0)$ hängt nicht von den gewählten Einheiten für Argumente und Funktionswerte ab.

Angewandt auf die volkswirtschaftliche Konsumfunktion nennt man die Elastizität $\varepsilon_C(Y) = \dfrac{C'(Y) \cdot Y}{C(Y)}$ die **Einkommenselastizität des Konsums**.

Angewandt auf eine Produktionsfunktion nennt man $\varepsilon_f(x) = \dfrac{f'(x) \cdot x}{f(x)}$ die **Produktionselastizität oder Faktorelastizität** (des Produktes). Sie gibt zu jeder Inputmenge näherungsweise an, wie stark der Output prozentual auf eine einprozentige Erhöhung dieser Menge reagiert. Besondere Bedeutung kommt dem Elastizitätsbegriff bei den nun folgenden Nachfragefunktionen zu.

E Nachfragefunktionen

Die Nachfrage nach einem Gut hängt vom Preis ab, zu dem dieses Gut angeboten wird. Eine Funktion, welche die nachgefragte Menge N eines Gutes in Abhängigkeit von p beschreibt, heißt **Nachfragefunktion** $N(p)$. Diese wird monoton fallend sein, d. h. zu höheren Preisen gehören geringere Nachfragemengen. Ihr Definitionsbereich ist ein Intervall $[a, b]$ von „sinnvollen" Preisen, d. h. es wird $a \geq 0$ sein und die obere Intervallgrenze b ist höchstens so groß, dass für den Preis $p = b$ die Nachfrage null wird. Damit ist N eine streng monoton fallende Funktion $N : [a, b] \to \mathbb{R}$.

Die erste Ableitung $N'(p)$ heißt **Grenznachfrage**. Die Elastizität einer Nachfragefunktion, $\varepsilon_N(p) = \dfrac{N'(p) \cdot p}{N(p)}$ bezeichnet man als **Preiselastizität der Nachfrage**.

Die Preiselastizität $\varepsilon(p)$ gibt zu jedem Preis p an, wie stark die Nachfrage prozentual auf Preisänderungen reagiert. Da die Grenznachfrage $N'(p)$ üblicherweise negativ ist, wird diese Elastizität ebenfalls immer negativ sein.

Da die Nachfragefunktion streng monoton ist, gibt es eine Umkehrfunktion $N^{-1} : Im(N) \to [a,b]$, die jeder Menge des Gutes jenen Preis zuordnet, zu dem diese Menge am Markt verkauft werden kann. Diese Umkehrfunktion $N^{-1}(x)$ von $N(p)$ nennt man **Preis-Absatz-Funktion**.

Die einfachste Möglichkeit, die Nachfrage als Funktion des Preises anzugeben, ist die lineare Nachfragefunktion $N(p) = a + b \cdot p$, worin b negativ ist und die Nachfrageminderung zur Preiserhöhung um eine Geldeinheit angibt. Die Konstante a gibt die maximale Nachfrage an, die beim Preis $p = 0$ vorliegt. Die zugehörige Preis-Absatzfunktion lautet $N^{-1}(x) = \dfrac{x-a}{b}$.
Die Grenznachfrage ist dann für jeden Preis p gleich b und gibt an, um wie viele Einheiten die Nachfrage abnimmt, wenn der Preis um eine Einheit steigt. (Man beachte, dass bei dieser einfachen Funktion die Ableitung nicht nur näherungsweise, sondern sogar exakt die Funktionswertänderung bei Zunahme des Argumentwertes beschreibt. Die Funktionskurve ist ja eine Gerade und somit stimmt sie mit ihrer Tangente überall überein!) Allerdings hängt der Wert der Grenznachfrage von den gewählten Einheiten sowohl für den Preis als auch für die Menge ab. Hingegen ist die Preiselastizität der Nachfrage davon unabhängig.

Beispiel 6:
Ein Gut wird zu einem Preis zwischen 0 und 100 $ angeboten. Die Nachfrage hänge vom Preis p (in $) ab gemäß der Gleichung $N(p) = 200 - 2p$ für $p \in [0, 100]$. Damit ist $N'(p) = -2$ für alle $p \in [0, 100]$. Wird nun der Preis z.B. in südafrikanischen Rand R angegeben - wobei der Einfachheit halber die Umrechnung 1 $ = 7 R angewandt wird - dann muss die Nachfragefunktion folgendermaßen geschrieben werden: $N(p) = 200 - \dfrac{2}{7} \cdot p$, wobei jetzt $p \in [0, 700]$. Damit ist $N'(p) = -\dfrac{2}{7}$ für alle $p \in [0, 700]$.
Für die Elastizität zum Preis $p_0 = 20$ $ berechnet man im ersten Fall:
$\varepsilon(20) = \dfrac{N'(20)}{N(20)} \cdot 20 = -\dfrac{2}{160} \cdot 20 = -0.25$.
Im zweiten Fall berechnet man für die umformulierte Nachfragefunktion den Wert der Elastizität an der Stelle 140 (zum Preis von 140 R) und erhält
natürlich dasselbe Ergebnis: $\varepsilon(140) = \dfrac{N'(140)}{N(140)} \cdot 140 = -\dfrac{\frac{2}{7}}{160} \cdot 140 = -0.25$.
Beide berechneten Zahlen sind folgendermaßen zu interpretieren: Erhöht sich der Preis, ausgehend von $ 20 (das sind R 140.- oder nach Stand Fe-

bruar 2010 etwa 15 €) um ein Prozent, dann sinkt die Nachfrage um ein Viertel Prozent.

In diesem Beispiel ist die Reaktion der Nachfrage auf Preiserhöhungen eher gering, man nennt dies unelastisch und erklärt allgemein:
Ist der Betrag der Elastizität groß, genauer $|\varepsilon(p)| > 1$, dann nennt man die Nachfrage **preiselastisch**, ist $|\varepsilon(p)| < 1$, nennt man sie **preisunelastisch**. Ist dieser Betrag $|\varepsilon(p)| = 1$, dann führt eine einprozentige Erhöhung des Preises zu einer ebenfalls etwa einprozentigen Verringerung der Nachfrage. Man nennt die Nachfrage dann **einselastisch**.
Die Nachfrage wird bei verschiedenen Gütern mehr oder weniger stark auf Preisänderungen reagieren. So wird z.B. die Nachfrage nach Grundnahrungsmitteln eher preisunelastisch, jene nach Luxusartikeln eher preiselastisch sein.
Den Reziprokwert $\dfrac{1}{\varepsilon(p)}$ der Preiselastizität nennt man **Preisflexibilität**. Diese ist, ebenso wie die Preiselastizität, normalerweise negativ. Ihr Wert für einen Preis p^0 und die zugehörige Menge $x^0 = N(p^0)$ ist die Nachfrageelastizität des Preises zur Menge x^0 und gibt an, wie stark der Preis eines Gutes auf eine Mengenzunahme reagiert.

Nun wird folgende monopolistische Situation betrachtet: Ein einziger Anbieter eines Gutes bestimmt dessen Preis und dadurch auch die Nachfrage nach diesem Gut. Wie ist vom Monopolisten der Preis p festzusetzen, um maximalen Gewinn zu erzielen? Die notwendige Bedingung für das Vorliegen maximalen Gewinns ist wieder $G'(x) = E'(x) - K'(x) = 0$. Es muss also der Grenzerlös berechnet werden:
Sei $N(p)$ die vorliegende streng monotone Nachfragefunktion. Dann ist, mit $x = N(p)$ und $p = N^{-1}(x)$, der Erlös $E(x)$ gegeben als Produkt von Menge und Preis, also $E(x) = x \cdot N^{-1}(x)$. Unter Anwendung der Differentiationsregeln, insbesondre Produktregel und Ableitung einer Umkehrfunktion, erhält man für den Grenzerlös, ausgedrückt in Abhängigkeit vom Preis p, folgendes Ergebnis:

$$E'(x) = 1 \cdot N^{-1}(x) + x \cdot \left(\frac{1}{N'(N^{-1}(x))} \right) = p + N(p) \cdot \left(\frac{1}{N'(p)} \right) \cdot \frac{p}{p}$$

$$= p + p \cdot \frac{N(p)}{N'(p) \cdot p} = p \cdot \left(1 + \frac{1}{\varepsilon(p)} \right).$$

Der Grenzerlös ist also abhängig vom Preis p und von der Preiselastizität der Nachfrage. An der Stelle maximalen Gewinns ist wegen $G'(x) = 0$ auch $E'(x) - K'(x) = 0$ und man erhält die Formel von **Amoroso-Robinson**: Für die gewinnmaximierende Erzeugungsmenge x gilt:

$$E'(x) = K'(x) = p \cdot \left(1 + \frac{1}{\varepsilon}\right).$$

Der Grenzerlös ist abhängig vom Preis und von der Preisflexibilität und ist kleiner als jener Preis, der sich durch die vom Monopolisten angebotene Menge am Markt einstellt. Diese Formel scheint vorerst im Widerspruch zu dem Ergebnis aus Abschnitt A zu stehen. Für die gewinnoptimierende Erzeugungsmenge x wurde dort hergeleitet: $E'(x) = K'(x) = p$. Tatsächlich liegen aber nur andere Voraussetzungen vor. Oben wurde ein fix vorgegebener, durch den Anbieter nicht beeinflussbarer Preis angenommen, hier hingegen hat der Anbieter als Monopolist die Möglichkeit, über den Preis die Nachfrage zu steuern.

F Stetig verzinste Kapitalströme

Stetige Verzinsung bedeutet: die Zinsen werden kontinuierlich, sofort wenn sie anfallen, dem Kapital zugeschlagen. Dieses Konzept macht beispielsweise Sinn, wenn die Zahlungszeitpunkte nicht exakt bekannt sind. Geht man von der üblichen nachschüssigen jährlichen Verzinsung mit Zinsfuß p% bzw. dem zugehörigen Aufzinsfaktor q aus, so gehört dazu eindeutig ein äquivalenter stetiger Zinssatz, nämlich $i = \ln(q)$ (vgl. dazu Kap. 3.3). Mit diesem stetigen Zinssatz wird im Folgenden gerechnet. Unter einem **stetigen Kapitalstrom** versteht man Zahlungen, die, in bestimmter Höhe je Zeiteinheit, innerhalb dieser Zeitspanne kontinuierlich einlangen, wobei also keine exakten Zahlungszeitpunkte angegeben werden können. Um den Wert eines derartigen Kapitalstromes zu einem bestimmten Zeitpunkt berechnen zu können, ist demnach nur eine stetige Verzinsung sinnvoll. Der Zeitwert eines Kapitalstromes ist dann nicht als Summe einer endlichen Anzahl von auf- oder abgezinsten Beträgen, sondern nur als deren Grenzwert, d.h. als Integral berechenbar.

Beim stetigen Zinssatz i ist der Barwert K_0 eines zwischen den Zeitpunkten $t = 0$ und $t = T$ einlaufenden Kapitalstromes $K(t)$ gegeben durch

$$K_0 = \int_0^T e^{-i \cdot t} \cdot K(t) dt.$$

Der Endwert - erhalten durch Aufzinsen - wird errechnet als

$$K_T = K_0 \cdot e^{i \cdot T} = \int_0^T e^{(T-t) \cdot i} \cdot K(t) dt.$$

Im Falle eines gleichbleibenden konstanten Kapitalstromes $K(t) = c$ erhält man für den Endwert auch die Formel

$$K_T = \int_0^T e^{+i \cdot t} \cdot K(t) dt.$$

Beispiel 7:
Ein fünf Jahre lang fließender stetiger Kapitalstrom von 1.8 Millionen € pro Jahr hat bei stetiger Verzinsung mit 6 Prozent den Barwert

$$K_0 = \int_0^5 e^{-0.06t} \cdot 1.8 \, dt = \frac{-1}{0.06} \cdot 1.8 \cdot e^{-0.06t} \Big|_0^5 = -30 \cdot (e^{-0.3} - 1) = 7\,775\,453.-$$

Derartige Barwertberechnungen werden insbesondere in der Investitionsrechnung verwendet. Wird jetzt, d.h. im Zeitpunkt $t = 0$, eine Investition getätigt, so erwachsen daraus einerseits Kosten. Deren Höhe werde mit a bezeichnet. Andererseits werden über die Lebensdauer der Investition hinweg Erträge erwirtschaftet, die in Form eines Kapitalstromes $E(t)$ anfallen. Dessen Barwert K_0 muss mit den anfallenden Investitionskosten verglichen werden. Nur dann, wenn dieser Barwert die Kosten überschreitet, ist die Investition gewinnbringend. Natürlich ist der Barwert abhängig vom Kalkulationszinsfuß, der seiner Berechnung zugrundegelegt wird. Je höher der Zinssatz angesetzt wird, desto kleiner wird der Barwert. Jener Zinssatz, bei dem der Barwert der Erträge nur mehr die Investitionskosten abdeckt, gibt Auskunft über die Wirtschaftlichkeit der Investition.

Unter dem **Internen Zinssatz** eines Investitionsprojekts mit Nutzungsdauer T versteht man jenen stetigen Zinssatz ρ, für den der abgezinste Wert K_0 des aus dieser Investition fließenden Ertragsstromes $E(t)$ - der Barwert aller Erträge - gleich den Investitionskosten a ist. Dieser interne Zinssatz wird berechnet als Lösung der Gleichung

$$\int_0^T e^{-\rho \cdot t} \cdot E(t) dt = a.$$

Diese Gleichung ist nicht ohne weiteres analytisch, d.h. mit Hilfe einer anzuwendenden Formel auflösbar. Wenn aber die darin auftretenden Funktionen stetig sind, kann der Zwischenwertsatz zur näherungsweisen Lösung herangezogen werden.

Beispiel 8:
Eine Investition bringe als Erlöse über fünf Jahre den Kapitalstrom von 1.8 Millionen € (Beispiel 7), hier mit $E(t)$ bezeichnet. Betragen die Investitionskosten derzeit 4.8 Millionen €, so bestimmt man den internen Zinssatz aus der Gleichung $\int_0^5 e^{-\rho \cdot t} \cdot 1.8 \, dt = 4.8$. Integration nach der Zeit t liefert für

die linke Seite $(1.8) \cdot \dfrac{-1}{\rho} \cdot \mathrm{e}^{-\rho \cdot t} \Big|_0^5$ und man erhält nach Einsetzen der Grenzen die stetige Funktion $f(\rho) = 1.8 \cdot \dfrac{-1}{\rho} \cdot (\mathrm{e}^{-5\rho} - 1)$.

Um die Gleichung $f(\rho) = 4.8$ zu lösen, wendet man den Zwischenwertsatz an. Ausgehend von den Funktionswerten $f(0.2) \approx 5.68$ und $f(0.4) \approx 3.98$ ergeben sich nach mehrmaliger Intervallhalbierung die beiden Funktionswerte $f(0.275) \approx 4.89$ und $f(0.30) \approx 4.66$ und man schließt daraus, dass eine Lösung im Intervall $]0.275, 0.30[$ liegen muss.

Unter Verwendung eines Rechners kann die Lösung beliebig genau ermittelt werden, man erhält $\rho = 0.2846$ und somit einen internen Zinssatz von etwa 28.5 Prozent.

4.7 Übungsaufgaben

1. (a) Geben Sie die stationären Punkte der folgenden Funktion an:

$$g : \mathbb{R} \to \mathbb{R} \ \text{ mit } \ g(x) = 70 \cdot x^3 \cdot \mathrm{e}^{-1.8x}$$

   (b) Bestimmen Sie $Im(g)$.

   (c) Bestimmen Sie die globalen Extremstellen und Extremwerte dieser Funktion über dem abgeschlossenen Intervall $I = [1, 4]$.

Lsg.:   (a) SP $(5/3, \approx 16.135)$ (b) $Im(f) = \ ]-\infty, 16.135]$
        (c) $x_{max} = 5/3, \ x_{min} = 4, \ f_{max} \approx 16.135 \ f_{min} \approx 3.345$

2. Gegeben sei die Funktion

$$f(x) = \frac{(1 - \ln(x))^2}{2x}$$

   (a) Wie lautet die größtmögliche Definitionsmenge von $f(x)$?

   (b) Bestimmen Sie die ersten beiden Ableitungen von $f(x)$!

   (c) Existiert der Grenzwert $\lim\limits_{x \to \infty} f(x)$?

Lsg.:   (a) $D = \mathbb{R}_{++}$ (b)$f'(x) = \frac{-2(1-\ln(x))-(1-\ln(x))^2}{2x^2}$

$f''(x) = \frac{1+3(1-\ln(x))+(1-\ln(x))^2\cdot 2}{x^3}$

(c) $\lim\limits_{x\to\infty} f(x) = \lim\limits_{x\to\infty} \frac{(1-\ln(x))^2}{2x} = \lim\limits_{x\to\infty} \left(-\frac{1-\ln(x)}{x}\right) = \lim\limits_{x\to\infty} \frac{1}{x} = 0$

3. Gegeben seinen folgende beiden Funktionen

$$f(x) = \frac{1}{x^2} - 1 \qquad\qquad g(x) = \ln(2x-4)$$

(a)   Bestimmen Sie die **gemeinsame** Definitionsmenge der beiden Funktionen, also die Menge, auf der beide Funktionen gleichzeitig definiert sind!

(b)   Welche der beiden Funktionen ist invertierbar auf der gemeinsamen Definitionsmenge? Geben Sie, falls möglich, die jeweilige inverse Funktion an!

(c)   Wie groß ist der Inhalt jener Fläche, die der Graph von $f(x)$ und die x-Achse im Intervall $[1,2]$ einschließen?

Lsg.:   (a) $\mathbb{D}_{f(x)} = \mathbb{R}\backslash\{0\}$
$\mathbb{D}_{g(x)} : 2x - 4 > 0 \Leftrightarrow x > 2 \Rightarrow \mathbb{D}_{g(x)} =]2,\infty[$
$\mathbb{D} = \mathbb{D}_{f(x)} \cap \mathbb{D}_{g(x)} =]2,\infty[$

(b)   Zu prüfen ist die Monotonie der beiden Funktionen auf dem Definitionsbereich: $f'(x) = -2 \cdot x^{-3}$
$f'(x) < 0 \,\forall x \in \mathbb{D} \Rightarrow f(x)$ ist invertierbar, weil die Funktion streng monton fallend ist.
$g'(x) = (x-2)^{-1}$
$g'(x) > 0 \,\forall x \in \mathbb{D} \Rightarrow g(x)$ ist invertierbar, weil die Funktion streng monton steigend ist.

(c) $\int_1^2 \left(\frac{1}{x^2} - 1\right) dx = -x^{-1} - x\Big|_1^2 = -2^{-1} - 2 + 1 + 1 = -\frac{1}{2}$
Der Flächeninhalt beträgt $\frac{1}{2}$.

4. Gegeben sei die Funktion

$$f(x) = (e^{2x} + 4e^{-2x})^2$$

(a)   Wo ist die Funktion monoton fallend?

(b)   Wo ist die Funktion konkav?

Lsg.:

(a) $f'(x) = 2 \cdot (e^{2x} + 4e^{-2x}) \cdot (2e^{2x} - 8e^{-2x}) = 4e^{4x} - 64e^{-4x}$
       monoton fallend für $4e^{4x} - 64e^{-4x} < 0 \Rightarrow e^{8x} < 16 \Rightarrow x < \frac{\ln(16)}{8}$

(b) $f''(x) = 16e^{4x} + 256e^{-4x} < 0 \Rightarrow e^{8x} < -16 \Rightarrow$ Widerspruch, weil
       $e^{8x} > 0 \ \forall x$. Die Funktion ist auf dem gesamten Definitionsbereich
       konvex

5. (a)   Die tatsächliche Nachfrage nach Glühbirnen zum Zeitpunkt x wird
          durch die Funktion $g(x) = 0.5x^2 + 6x + 2$ beschrieben. Das Insti-
          tut für Höhere Studien unterstellt eine andere, wesentlich einfachere
          Funktion der Nachfrage: $f(x) = 16$. Die Fläche zwischen den beiden
          Funktionen im Intervall $[0, 5]$ beschreibt die gesamte Abweichung
          der tatsächlichen Nachfrage $g(x)$ von der angenommenen Nachfra-
          ge $f(x)$ im gegebenen Zeitintervall. Wie groß ist diese Fläche?
          (Hinweis: Eine Skizze ist hilfreich)

(b)   Das Angebot von Glühbirnen wird im Betrachtungszeitraum $[0, 5]$
       nach der Annahme $f(x)$ ausgerichtet. Liegt ein Über- oder ein Un-
       terangebot vor?

Lsg.:

(a) $g'(x) = x + 6 > 0 \ \forall x \in [0, 5]$, daher ist die Funktion im relevan-
       ten Intervall monoton steigend und schneidet die konstante Funkton
       $f(x) = 16$ an der Stelle $g(x) = 0.5x^2 + 6x + 2 = 16 \Leftrightarrow 0.5x^2 + 6x -$
       $14 = 0 \Leftrightarrow x^2 + 12x - 28 = 0 \Rightarrow x = 2$.
       Es sind zwei Flächeninhalte zu berechnen, links und rechts von
       $x = 2$:

$$\int_0^2 (0.5x^2 + 6x + 2)dx = \frac{x^3}{6} + 3x^2 + 2x + c \Big|_0^2 = \frac{8}{6} + 12 + 4 = \frac{52}{3}$$

$$\int_2^5 (0.5x^2 + 6x + 2)dx = \frac{x^3}{6} + 3x^2 + 2x + c \Big|_2^5 =$$
$$= \frac{125}{6} + 75 + 10 - \frac{52}{3} = \frac{531}{6} = 88.5$$

Die Fläche zwischen den beiden Kurven im Intervall $[0,2]$ ist $32 - \frac{52}{3} = \frac{44}{3}$, im Intervall $[2,5]$: $88.5 - 48 = 40.5$. Die Summe der beiden Flächen ist $14.67 + 40.5 = 55.17$.

(b) Im Intervall $[0,2]$ gibt es eine Unternachfrage, im Intervall $[2,5]$ eine Übernachfrage. Die Differenz: $40.5 - \frac{44}{3}$. Die tatsächliche Nachfrage wurde also unterschätzt.

6. Man betrachte die Funktion f mit

$$f(x) = \frac{4x - 3}{2x^2 - 3x}$$

(a) Bestimmen Sie Nullstelle(n) und Polstelle(n) dieser Funktion sowie deren Grenzwerte an den Polstellen bzw. im Unendlichen!

(b) Berechnen Sie das bestimmte Integral $\int_{\frac{1}{2}}^{1} f(x)dx$!

Lsg.: (a) N(0.75, 0), Polstellen 0, 1.5, $(x \to \infty) \Rightarrow f(x) \to 0$ (b) 0

7. Betrachtet wird die auf $[0, +\infty[$ definierte Funktion mit

$$f(t) = \begin{cases} 2t - 2 & \text{für } t < 1 \\ t^2 - 1 & \text{für } t \in [1,2] \\ 3 \cdot e^{(2-t)} & \text{sonst} \end{cases}$$

(a) Ist diese Funktion überall stetig und/oder differenzierbar?

(b) Wie groß ist für $x = \frac{1}{2}$, $x = 2$ und für $x = 3$ jeweils der Wert der Funktion $F(x) = \int_{0}^{x} f(t)dt$?

(c) Ist die Funktion $f(t)$ über $[0, +\infty[$ uneigentlich integrierbar? Wie groß ist der Wert dieses uneigentlichen Integrals?

Lsg.: (a) überall stetig, nicht differenzierbar an $t = 2$
(b) $-0.75, 1/3, \approx 2.23$ (c) Ja, $\int_{0}^{\infty} f(t)dt = \frac{10}{3}$

8. Die Angebotsfunktion $f(x)$ beschreibt den Preis y zur angebotenen Menge x. Die Preis-Absatzfunktion $g(x)$ beschreibt den Preis y zur nachgefragten

Menge x. Die Funktionen lauten:

$$f(x) = e^{1.5x-8} + 10 \qquad g(x) = e^{-0.5x} + 10$$

(a) Bei welchem Preis y^* und bei welcher Menge x^* stimmen Angebot und Nachfrage überein?

(b) Berechnen Sie die Fläche zwischen $g(x)$ und $y = y^*$ im Intervall $[0, x^*]$ (Konsumentenrente)?

(c) Wie groß ist die Fläche zwischen $f(x)$ und $g(x)$ im Intervall $[0, x^*]$ (Produzentenrente und Konsumentenrente zusammen)?

Lsg.:   (a) $e^{1.5x-8} + 10 = e^{-0.5x} + 10$

$e^{1.5x-8} \cdot e^{0.5x} = 1 \;|\ln$

$2x = 8$

$x^* = 4$

$g(x^*) = e^{-2} + 10 = y^*$

(b)

$$\int_0^4 (e^{-0.5x} + 10)dx = (-2e^{-0.5x} + 10x)\Big|_0^4 = -2e^{-2} + 40 + 2 = 42 - \frac{2}{e^2}$$

$$42 - \frac{2}{e^2} - 4 \cdot (e^{-2} + 10) = 2 - 6e^{-2}$$

(c)

$$\int_0^4 (e^{1.5x-8} + 10)dx = \left(\frac{2}{3} \cdot e^{1.5x-8} + 10x\right)\Big|_0^4 = \frac{2}{3}e^{-2} + 40 - \frac{2}{3}e^{-8}$$

$$\Rightarrow 42 - 2e^{-2} - \frac{2}{3}e^{-2} - 40 + \frac{2}{3}e^{-8} = 2 - \frac{8}{3}e^{-2} + \frac{2}{3}e^{-8}$$

9. Die Nachfrage $f(x)$ nach einem Produkt hänge vom durchschnittlichen Pro-Kopf-Einkommen x ab und zwar in der Form:

$$f(x) = 20 \cdot \left(1 - e^{-x/100}\right).$$

(a) Man bestimme die Einkommenselastizität der Nachfrage.

(b) Man berechne näherungsweise mit Hilfe der Einkommenselastizität um wie viel Prozent p die Nachfrage steigt, wenn sich das durchschnittliche Einkommen, ausgehend von $x_0 = 200$, um 3% erhöht.

(c) Vergleichen Sie die errechnete genäherte prozentuale Änderung mit der exakten Lösung!

Lsg.: (b) $p = \varepsilon(200) \cdot 3 \approx 0.313 \cdot 3 = 0.939$ (c) exakt ≈ 0.91

10. Einem europäischen Alleinhersteller von Kraftfutter für Wüstenspringmäuse entstehen bei der Produktion von x Tonnen Futter Kosten in der Höhe von $K(x) = a \cdot x + b$.
Die vom Preis abhängige Nachfrage auf dem EU-Markt beträgt $x = N(p) = c - p \cdot d$ (Alle Koeffizienten $a, b, c, d > 0$).

(a) Man beschreibe den Gewinn in Abhängigkeit von der hergestellten und abgesetzten Menge x.

(b) Man ermittle den Preis p^*, der maximalen Gewinn sichert. Welche Menge x^* ermöglicht diesen Maximalgewinn?

(c) Man berechne den zugehörigen maximalen Gewinn in Abhängigkeit von a für $b = 20$, $c = 10$, $d = 1$.

Lsg.: (b) $p^* = \dfrac{c}{2d} + \dfrac{a}{2}$; $x^* = \dfrac{c}{2} - \dfrac{a \cdot d}{2}$ (c) $G(a) = 5 - 5a + \dfrac{a^2}{4}$

11. Die Nachfrage nach einem Gut sei preisabhängig gemäß der Nachfragefunktion $N(p) = 400 - \dfrac{p^2}{2}$.

(a) Bestimmen Sie Grenznachfrage und Preiselastizität zum Preis von 15.- €. Wie ändern sich die Grenznachfrage und die Preiselastizität, wenn der Preis nicht in €, sondern in US$ angegeben wird? (1 € sei gleich \$1.27)

(b) Bestimmen Sie die Preis-Absatzfunktion und dafür den größten ökonomisch sinnvollen Definitionsbereich!

Lsg.: (a) $N'(15) = -15$ $\varepsilon(15) \approx -0.783$; Elastizität bleibt gleich
       (b) $p(x) = \sqrt{(800 - 2x)}$, Definitionsbereich $= [0, 400]$

12. Eine Grenzkostenfunktion sei gegeben als

$$K'(x) = 6x^2 - 2x + 3$$

(a) Bestimmen Sie die Kostenfunktion, wenn Fixkosten von 15.- vorliegen und dazu die Kosten und Grenzkosten zur Menge $x = 4$.

(b) Zum selben Gut laute die Preis-Absatz-Funktion

$$p(x) = 200 - 20x$$

Bestimmen Sie die Erlös- und die Gewinnfunktion und berechnen Sie die gewinnmaximierende Erzeugungsmenge x^* und den erzielbaren Maximalgewinn.

Lsg.: (a) $K(x) = 2x^3 - x^2 + 3x + 15$, $K(4) = 139.-$ $GK(4) = 91.-$
(b) $x^* \approx 3.38$ $G(3.38) \approx 356.57$

13. Aus Erfahrung weiß ein Unternehmer, dass die Grenzkosten seines Betriebes durch die Funktion $3x^2 - 10x - 4$ beschrieben werden können. Die Fixkosten belaufen sich auf 9 GE. Die Preis-Absatzfunktion ist $p(x) = x^2 - 6x + 6$.

(a) Wie lautet die Kostenfunktion?

(b) Bei welcher Ausbringungsmenge wird der Gewinn des Betriebes maximal? Wie hoch ist dieser maximale Gewinn?

(c) Für welche $x \in [0, 10]$ macht der Betrieb einen Verlust?

(d) Ab welcher Erzeugungsmenge gilt das Gesetz der schließlich zunehmenden Grenzkosten?

Lsg.: (a) $K(x) = x^3 - 5x^2 - 4x + 9$

(b) $G(x) = E(x) - K(x)$
$E(x) = x^3 - 6x^2 + 6x$
$G(x) = x^3 - 6x^2 + 6x - x^3 + 5x^2 + 4x - 9 = -x^2 + 10x - 9$ $G'(x) =$
$-2x + 10 = 0 \Rightarrow x = 5$
$G''(x) = -2 \Rightarrow$ Maximum bei $G(5) = 16$

(c) $-x^2 + 10x - 9 = 0$

        $x_{12} = 5 \pm \sqrt{16} \Rightarrow x_1 = 1, x_2 = 9$

        Verlust entsteht für $x \in [0, 1[\cup]9, 10]$

(d) $K''(x) = 6x - 10 \Rightarrow x > \frac{10}{6}$

14. Eine stetige Nachfragefunktion sei gegeben durch

$$N(p) = \begin{cases} c - \dfrac{p^2}{10} & \text{für } 0 \leq p \leq 10 \\ -4p + 120 & \text{für } \qquad p > 10 \end{cases}$$

(a)   Begründen Sie: $c = 90$.

(b)   Bis zu welchem Preis macht diese Nachfragfunktion Sinn?

(c)   Ist die nun vorliegende Funktion überall differenzierbar?

(d)   Man bestimme Grenznachfrage und Preiselastizität der Nachfrage zum Preis $p = 12.-$.

Lsg.:   (b) $p \leq 30$ (c) nein   (d) $N'(12) = -4 \quad \varepsilon(12) = -2/3$

15. Eine Produktionsfunktion sei gegeben durch die logistische Funktion

$$f(x) = \frac{13}{1 + 2.8 \cdot e^{-0.3x}} - 3.42$$

über dem Definitionsbereich (zulässige Faktoreinsatzmengen) $[0, 10]$.

(a)   Bestimmen Sie die Grenzproduktivität und Produktionselastizität allgemein und an der Stelle $x = 3$.

(b)   Man bestimme (näherungsweise oder mit Rechnerunterstützung) die Stelle maximaler Grenzproduktivität.

Lsg.:   (a) $f'(3) \approx 0.97 \quad \varepsilon(3) \approx 1.09$ (b) ≈ 3.43

16. Eine Kostenfunktion und eine Erlösfunktion zur Herstellung bzw. zum Verkauf eines Gutes seien gegeben:

$$K(x) = x^3 - 9x^2 + 99x + k_f$$
$$E(x) = 18.19 \cdot x \cdot (20 - x)$$

(a)   Bestimmen Sie die Fixkosten a so, dass die minimalen Durchschnittskosten an der Stelle $x = 9$ erzielt werden.

(b)   Ermitteln Sie die zugehörige Preis-Absatzfunktion.

(c)   Für welches x wird der Erlös, für welches x^* der Gewinn maximal?

Lsg.:   (a) $k_f = 729$ (c) $x = 10, \quad x^* \approx 6.82$

17. Der Absatz N_A eines Artikels A hängt von dessen Preis p ab:

$$N_A(p) = 9 - 0.5p - 0.1p^2$$

Ein weiterer Artikel B, dessen Preis konstant gleich 3 gehalten wird, erfährt eine umso stärkere Nachfrage, je höher der Preis p für den Artikel A ist. Die Verbraucher weichen dann nämlich in zunehmendem Maß auf B als Ersatz für A aus. Für den Absatz des Gutes B gelte:

$$N_B(p) = 15 + 0.2p$$

Für welchen Preis aus dem Intervall $[5,8]$ -nur für dieses Intervall seien die angegebenen Funktionen als Näherung genau genug - nimmt der Gesamterlös aus den Artikeln A und B sein absolutes Maximum an?

Lsg.:   Gesamterlös $E(p) = -0.1p^3 - 0.5p^2 + 9.6p + 45$, globales Maximum bei $p = 5$

18. (a)   Bestimmen sie den Barwert eines acht Jahre hindurch stetig einlangenden Kapitalstromes von 1.2 Millionen €/Jahr, unter Zugrundelegung von stetiger Verzinsung mit einem stetigen Zinssatz $i = 0.06$.

(b)   Auf welche Summe erhöht sich dieser Barwert, wenn in den ersten beiden Jahren je 1.2 Mio. €, ab dann aber sechs Jahre lang ein Kapitalstrom von 1.5 Mio €/Jahr einlangt?

Lsg.:   (a) $7\,624\,332.-$ (b) $8\,965\,017.-$

19. Die Elastizität einer Nachfragefunktion in Bezug auf den Preis lautet $\varepsilon_N(p) = a - b \cdot p$. Wie lautet die Nachfragefunktion?

Lsg.: $N(p) = c \cdot p^a \cdot \mathrm{e}^{-b \cdot p}$

Kapitel 5

Funktionen von mehreren reellen Variablen

5.1 Eigenschaften von Funktionen von n Variablen

Beispiel 1:

Ein Warenkorb enthalte drei verschiedene Güter. Diese werden mit 1, 2 und 3 bezeichnet. Von Gut $i = 1,2,3$ seien x_i Mengeneinheiten in diesem Korb. Man fasst die x_i in einem Vektor $x = (x_1, x_2, x_3)$ zusammen und nennt diesen ein **Güterbündel**. Hat nun jedes Gut i seinen Preis p_i pro Einheit, so kann zu jedem Güterbündel x sein Preis $P(x) = P(x_1, x_2, x_3) = x_1 \cdot p_1 + x_2 \cdot p_2 + x_3 \cdot p_3$ angegeben werden.

Jedem Vektor des $\mathbb{R}^3$ mit nichtnegativen Komponenten x_i, d. h. allen Elementen des $(\mathbb{R}_+)^3$, wird auf diese Weise eine reelle Zahl zugeordnet. Damit wird $P(x) = P(x_1, x_2, x_3)$ nicht als Funktion nur einer Variablen x, sondern als Funktion dreier Variablen x_1, x_2, x_3 erklärt.

Definition 5.1.1 *Eine Zuordnung $f : D \to \mathbb{R}$ mit $D \subseteq \mathbb{R}^n$, wobei jedem n-Tupel $(x_1, x_2, \ldots, x_n)$ genau eine reelle Zahl zugeordnet wird, nennt man re-elle Funktion von n reellen Variablen (oder Veränderlichen).*
Man schreibt $f : D \to \mathbb{R}$, $(x_1, x_2, \ldots, x_n) \mapsto f(x_1, x_2, \ldots, x_n)$.
*Verwendet man die Schreibweise wie in Def. 4.1.1, so ist die Funktion f das Tripel (D, B, F) mit dem **Definitionsbereich** $D \subseteq \mathbb{R}^n$, dem **Wertevorrat** $B = \mathbb{R}$ und dem **Graphen** $F \subseteq \mathbb{R}^n \times \mathbb{R}$.*

Jede Variable x_i heißt eine **unabhängige Variable**, $x = (x_1, x_2, \ldots, x_n) \in D$ nennt man **Argument, (Argument-)Stelle** oder **(Argument-)Punkt**. Die diesem Punkt zugeordnete Zahl $f(x_1, x_2, \ldots, x_n)$ ist dann der **Funktionswert** oder das **Bild** von $(x_1, x_2, \ldots, x_n)$.

Die Menge aller Funktionswerte wird **Bildmenge** genannt. Man schreibt:

$$Im(f) = \{z \in \mathbb{R} \,|\, \exists x \in D \text{ sodass } z = f(x)\}.$$

Definition 5.1.2 *Eine Funktion $f : D \to \mathbb{R}$ mit $D \subseteq \mathbb{R}^n$ heißt **beschränkt**, wenn ihr Bildbereich $Im(f)$ eine beschränkte Menge ist.*

Werden Funktionen in nur zwei oder drei Variablen betrachtet, so benützt man häufig die Schreibweise $f(x,y)$ bzw. $f(x,y,z)$ um die Verwendung von Indizes zu vermeiden.

Beispiel 2:
Betrachtet wird die auf $\mathbb{R}^2$ erklärte Funktion $f(x,y) = y - 2x^2$. Eine Wertetabelle enthält nun einige Argumentstellen (d. s. Punkte des $\mathbb{R}^2$) und die zugehörigen Funktionswerte:

(x,y)	$(0,0)$	$(1,0)$	$(-2,-1)$	$(1,1)$	$(1,2.5)$	$(0,1.8)$	$(2,4)$	$(-1,0)$
$f(x,y)$	0	-2	-9	-1	0.5	1.8	-4	-2

Diese Tabelle ist nicht gerade anschaulich. Wie schon bei Funktionen einer Variablen wird man eine grafische Darstellung des Funktionsgraphen suchen. Das ist möglich und man erhält das Bild einer Fläche im dreidimensionalen Raum. Schränkt man den Definitionsbereich auf das Rechteck $[-2,3] \times [0,20]$ ein, so entsteht die Fläche aus Abb. 5.1.

Um zu einer ebenen Darstellung zu finden, wird ein Beispiel aus der Geografie herangezogen.

Beispiel 3:
Der Definitionsbereich D sei die Fläche der Insel Teneriffa. Jeder Punkt aus D hat als x-Koordinate seine westliche Länge und als y-Koordinate seine nördliche Breite. Der Funktionswert $f(x,y)$ sei die Seehöhe des Punktes (x,y). Die Darstellung des Graphen der Funktion mit Hilfe von Höhenschichtenlinien, das sind Linien, welche Punkte gleicher Höhe (also: mit gleichem Funktionswert) verbinden, wird bei jeder Wanderkarte verwendet.
Diese Funktion ist beschränkt, da alle Funktionswerte im Intervall $[0,3718]$ liegen. (Die höchste Erhebung Teneriffas, der Pico Teide, ist 3718 m hoch.)

Der Begriff der Menge der Punkte mit gleichem Funktionswert macht natürlich nicht nur für die die Funktion "Seehöhe eines Punktes", sondern für jede Funktion in zwei Variablen Sinn und lässt sich auch verallgemeinern auf Funktionen von mehr als zwei Variablen.

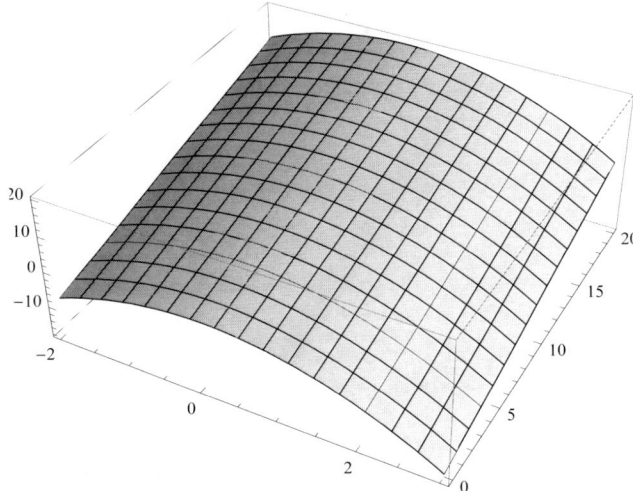

Abb. 5.1 Funktionsgraph von $f : [-2,3] \times [0,20] \to \mathbb{R}$ mit $f(x,y) = y - 2x^2$

Definition 5.1.3 *Gegeben sei eine Funktion von n Variablen* $f : D \to \mathbb{R}$, $(x_1, x_2, \ldots, x_n) \mapsto f(x_1, x_2, \ldots, x_n)$. *Dann nennt man die Menge aller Punkte mit dem Funktionswert c die **Isoquante von f zum Wert c** und schreibt dafür kurz* $I_c = \{(x_1, x_2, \ldots, x_n) \in D \,|\, f(x_1, x_2, \ldots, x_n) = c\}$.

Beispiel 4:
Zur Funktion $f(x,y) = y - 2x^2$ aus Bsp. 2 ergibt sich die Isoquante zu einem beliebigen Wert c, indem man $f(x,y) = y - 2x^2 = c$ setzt.

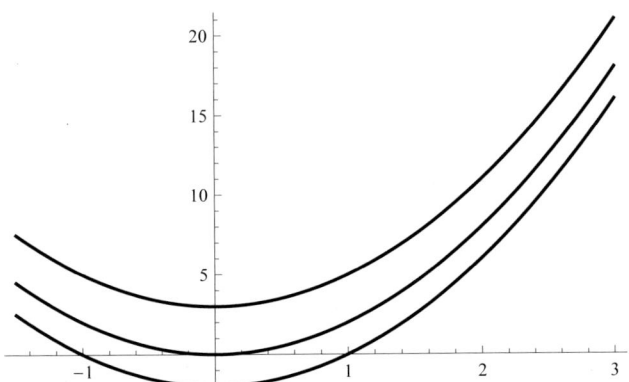

Abb. 5.2 Isoquanten der Funktion $f(x,y) = y - 2x^2$ zu verschiedenen Werten von c

Man schreibt dafür $I_c = \{(x,y) \in \mathbb{R}^2 \,|\, y - 2x^2 = c\}$. Die Isoquante zum Wert $c = 0$ ist die Parabel $I_0 = \{(x,y) \in \mathbb{R}^2 \,|\, y - 2x^2 = 0\}$.
Diese Funktion ist auf $\mathbb{R}^2$ nicht beschränkt. Zu jedem beliebigen Funktionswert c ist die Isoquante eine nichtleere Menge.

Man beachte, dass diese **grafische Darstellung** von Isoquanten in der Ebene bei Funktionen von mehr als zwei Variablen nicht mehr möglich ist. Der **Begriff** der Isoquante ist aber für derartige Funktionen sehr wohl sinnvoll. Man vergleiche dazu auch die grafische Lösung von Linearen Programmen in zwei Variablen unter Verwendung der Isoquanten der Zielfunktion (Kap. 6.1). Lineare Programme mit mehr als zwei Variablen entziehen sich im Allgemeinen der grafischen Lösbarkeit.

Betrachtet man eine Funktion $f : (x_1, x_2, \ldots, x_n) \mapsto f(x_1, x_2, \ldots, x_n)$ von mehreren Variablen an einer Stelle $x^0 = (x_1, x_2, \ldots, x_n)^0 = (x_1^0, x_2^0, \ldots, x_n^0)$ und verändert man das Argument nur in einer, etwa der i-ten Komponente, so wird daraus die Funktion $x_i \mapsto f(x_1^0, x_2^0, \ldots, x_{i-1}^0, x_i, x_{i+1}^0, \ldots, x_n^0)$, also eine Funktion nur mehr der einen Variablen x_i.
Daher lassen sich einige Begriffe aus Kap. 4.1 verallgemeinern.

Definition 5.1.4 *Eine Funktion von n Veränderlichen heißt* **monoton** *in der i-ten Variablen, wenn* $f(x_1^0, x_2^0, \ldots, x_{i-1}^0, x_i, x_{i+1}^0, \ldots, x_n^0)$, *unabhängig von den Werten der anderen Variablen, eine monotone Funktion von x_i ist.*

Die Funktion aus Beispiel 3 ist in keiner der beiden Variablen monoton, jene aus Beispiel 2 ist monoton steigend in y. Die Funktion aus Beispiel 1 ist monoton steigend in allen drei Variablen - jedenfalls solange alle Preise positiv sind.

Für reelle Funktionen einer reellen Variablen wurde in Kap. 4.1 die Stetigkeit an einer Stelle x_0 erklärt: f ist genau dann an x_0 stetig, wenn sowohl der rechts- als auch der linksseitige Grenzwert der Funktion für $x \to x_0$ gleich dem Funktionswert $f(x_0)$ sind, d.h. wenn für jede gegen x_0 konvergierende Folge (x_n) von Argumenten die Folge der zugehörigen Funktionswerte $f(x_n)$ gegen $f(x_0)$ strebt. Diese Formulierung kann für Funktionen mit n Variablen wörtlich übernommen werden.

Definition 5.1.5

(a)   *Eine Funktion $f : D \to \mathbb{R}$ mit $D \subseteq \mathbb{R}^n$ heißt* **stetig an einer Stelle** $x^0 \in D$, *wenn für jede Folge (x_n) mit $x_n \in D$ und $x_n \to x^0$ auch $f(x_n) \to f(x^0)$. Man schreibt dafür:* $\lim\limits_{x \to x^0} f(x) = f(x^0)$.

*(b)   Die Funktion heißt **stetig in D**, wenn sie an jeder Stelle aus D stetig ist.*

Eine Funktion $f(x_1, x_2, \ldots, x_n)$ heißt stetig in der i-ten Variablen, wenn die Funktion $f(x_i) = f(x_1^0, x_2^0, \ldots, x_{i-1}^0, x_i, x_{i+1}^0, \ldots, x_n^0)$ stetig ist. Ist eine Funktion von n Variablen stetig, so ist sie auch stetig in jeder einzelnen Variablen x_i, für $i = 1, \ldots, n$.

Bemerkung: Eine Funktion von n Variablen auf Stetigkeit zu überprüfen ist ein mühsames Unterfangen und daher soll darauf nicht eingegangen werden. Allerdings lässt sich in vielen Fällen die Stetigkeit sofort erkennen: Sind die Funktionen (einer Variablen) $g(x)$ und $h(y)$ stetig, dann sind auch die daraus gebildeten Funktionen in zwei Variablen $f(x, y) = g(x) + h(y)$, $g(x) \cdot h(y)$, sowie deren Differenz und Quotient stetig auf ihrem Definitionsbereich.

Beispiel 5:
Da die Exponentialfunktion e^x, die Logarithmusfunktion $\ln(y)$, und alle Polynomfunktionen stetige Funktionen je einer Variablen sind, ist auch die Funktion in drei Variablen mit $f(x, y, z) = e^x + \ln(x^2 + y) + z^3$ stetig auf dem ganzen Definitionsbereich $D = \{(x, y, z) \subseteq \mathbb{R}^3 \,|\, x^2 + y > 0\}$. Insbesondere strebt für jede gegen $(0, 1, 2)$ konvergierende Punktfolge (P_n) die Folge der zugehörigen Funktionswerte $f(P_n)$ gegen den Funktionswert $f(0, 1, 2) = 9$.

Nun wird wieder die Funktion $P(x_1, x_2, x_3) = x_1 \cdot p_1 + x_2 \cdot p_2 + x_3 \cdot p_3$ aus Bsp. 1 betrachtet, wobei die x_i Mengeneinheiten der Güter $i = 1, 2, 3$ bezeichnen. Wie ändert sich nun der Funktionswert, wenn alle x_i mit demselben Faktor $\lambda \in \mathbb{R}$ multipliziert werden? Man erkennt sofort, dass $P(\lambda x_1, \lambda x_2, \lambda x_3) = \lambda x_1 \cdot p_1 + \lambda x_2 \cdot p_2 + \lambda x_3 \cdot p_3 = \lambda \cdot P(x_1, x_2, x_3)$, d. h. der Funktionswert ändert sich um den gleichen Multiplikator λ. Diese Eigenschaft nennt man Homogenität, genauer: **Homogenität vom Grad eins.**

Definition 5.1.6 *Die Funktion* $f : (x_1, x_2, \ldots, x_n) \mapsto f(x_1, x_2, \ldots, x_n)$ *heißt* ***homogen vom Grad r***, *wenn es eine Zahl* $r \in \mathbb{R}$ *gibt, sodass für alle* $\lambda \in \mathbb{R}$

$$f(\lambda x_1, \lambda x_2, \ldots, \lambda x_n) = \lambda^r \cdot f(x_1, x_2, \ldots, x_n).$$

*Die Hochzahl r nennt man den **Homogenitätsgrad** der Funktion f.*

Die Funktion aus Bsp. 1 ist, wie oben gezeigt, homogen vom Grad 1. Die Funktion aus Bsp. 5 ist nicht homogen: Setzt man statt der Argumentstelle (x, y, z) deren Vielfaches $(\lambda x, \lambda y, \lambda z)$, so lässt sich aus dem Ausdruck $f(\lambda x, \lambda y, \lambda z) = e^{\lambda x} + \ln\left((\lambda x)^2 + \lambda y\right) + (\lambda z)^3$ kein λ^k herausheben.

Beispiel 6:

$f(x,y) = \dfrac{x}{y}$ ist homogen vom Grad null, da $f(\lambda x, \lambda y) = \dfrac{\lambda x}{\lambda y} = 1 \cdot \left(\dfrac{x}{y}\right) = \lambda^0 \cdot f(x,y)$. Der Funktionswert ist nur vom Verhältnis $x : y$ der beiden Komponenten des Argumentes abhängig.

Beispiel 7:

Dass der Homogenitätsgrad keine ganze Zahl zu sein braucht, sieht man an der Funktion $f(x_1, x_2, x_3) = \displaystyle\sum_{i=1}^{3} \sqrt[3]{x_i} = \sqrt[3]{x_1} + \sqrt[3]{x_2} + \sqrt[3]{x_3}$. Diese Funktion ist homogen vom Grad $r = \dfrac{1}{3}$, da $f(\lambda x_1, \lambda x_2, \lambda x_3) = \sqrt[3]{\lambda \cdot x_1} + \sqrt[3]{\lambda \cdot x_2} + \sqrt[3]{\lambda \cdot x_3} = \sqrt[3]{\lambda} \cdot f(x_1, x_2, x_3)$.

Im Folgenden werden zwei Typen homogener Funktionen genauer untersucht. Ist eine Funktion homogen vom Grad eins und gilt zusätzlich, dass der Funktionswert einer Summe zweier Argumente gleich der Summe der beiden Funktionswerte ist, so nennt man diese Funktion linear.

Definition 5.1.7 *Eine Funktion von n Variablen, $f : D \subseteq \mathbb{R}^n \to \mathbb{R}$ heißt **linear**, wenn für alle $x, y \in D : f(x + y) = f(x) + f(y)$ und für alle $\lambda \in \mathbb{R} : f(\lambda x) = \lambda f(x)$. Zusammengefasst:*

$$f \text{ ist linear} \Leftrightarrow (\forall x, y \in D \wedge \forall \mu, \lambda \in \mathbb{R}) \Rightarrow f(\mu x + \lambda y) = \mu \cdot f(x) + \lambda \cdot f(y).$$

Betrachtet man k Punkte $x^1, x^2, \ldots, x^k$ des $\mathbb{R}^n$ und seien $\lambda_1, \lambda_2, \ldots, \lambda_k$ beliebige reelle Zahlen, dann ist der Punkt $z = \displaystyle\sum_{j=1}^{k} \lambda_j \cdot x^j$ eine **Linearkombination** (vgl. Kap.2.2) dieser k Punkte und es gilt:

Folgerung 5.1.1 *Sei f eine lineare Funktion. Dann ist für jede Linearkombination $z = \lambda_1 \cdot x^1 + \lambda_2 \cdot x^2 + \ldots + \lambda \cdot x^k$ deren Funktionswert gleich derselben Linearkombination der Funktionswerte der x^j*

$$f(z) = \sum_{j=1}^{k} \lambda_j \cdot f(x^j).$$

Eine lineare Funktion ist leicht an der einfachen Form ihres Funktionsterms zu erkennen.

Satz 5.1.1

(a)   Seien $c_1, c_2, \ldots, c_n$ reelle Zahlen, dann ist die Funktion

$$f(x_1, \ldots, x_n) = c_1 \cdot x_1 + c_2 \cdot x_2 + \ldots + c_n \cdot x_n = \sum_{i=1}^{n} c_i \cdot x_i$$

linear.

(b)   Jede lineare Funktion von n Variablen kann in dieser Form als Skalarprodukt eines Zeilenvektors $c^T = (c_1, c_2, \ldots, c_n)$ mit dem Spaltenvektor der n Variablen dargestellt werden.
Sie lautet also $f(x) = c^T \cdot x$.
$c^T = (c_1, c_2, \ldots, c_n)$ bezeichnet man als Koeffizientenvektor.

Beispiel 8:
Gegeben sei die lineare Funktion $f(x,y) = 6x + 2y$. Der Funktionsgraph ist eine schräg liegende Ebene im Raum und enthält - wie bei jeder linearen Funktion - den Punkt $(0,0,0)$.
Bestimmt man zu einer beliebigen Zahl c aus der Gleichung $f(x,y) = c$ die Isoquante zu diesem Wert so erhält man dafür $I_c = \{(x,y) \subset \mathbb{R}^2 \mid y = \frac{c}{2} - 3x\}$.
Die Isoquanten sind also parallele Geraden in der Ebene.
Einige dieser Isoquanten sind in folgender Abbildung dargestellt.

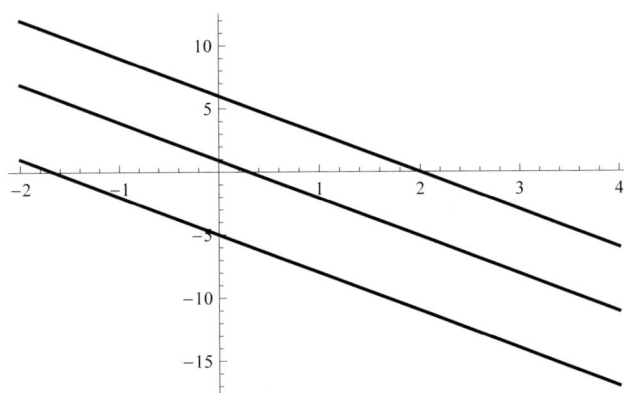

Abb. 5.3 Isoquanten der linearen Funktion $f(x,y) = 6x + 2y$

Beispiel 9:

Man bestimme die Funktionsgleichung jener linearen Funktion in zwei Variablen, deren Graph die Punkte $(1,1,3)$ und $(2,3,7)$ enthält. Der Funktionsterm lautet $f(x,y) = cx + dy$ und man hat das lineare Gleichungssystem $c + d = 3$ und $2c + 3d = 7$ nach den Koeffizienten c und d aufzulösen. Die Lösung lautet $c = 2$ und $d = 1$. Damit ist $f(x,y) = 2x + y$.

Jede lineare Funktion ist homogen vom Grad eins, aber nicht jede Funktion, die den Homogenitätsgrad eins besitzt, ist linear.

Beispiel 10:

$f(x,y,z) = \sqrt[3]{x \cdot y \cdot z}$ ist keine lineare Funktion, hat aber den Homogenitätsgrad eins, da $f(\lambda x, \lambda y, \lambda z) = \sqrt[3]{\lambda x \cdot \lambda y \cdot \lambda z} = \lambda^1 \cdot f(x,y,z)$.

Als Funktionen vom Homogenitätsgrad 2 werden speziell die Quadratischen Formen betrachtet.

Definition 5.1.8 *Sei C eine symmetrische $n \times n$-Matrix. Dann heißt die auf ganz $\mathbb{R}^n$ definierte Funktion mit $f(x) = x^T \cdot C \cdot x$ **Quadratische Form**.*

Der Argumentvektor x muss, damit die Matrizenmultiplikationen durchführbar sind, links von C als Zeilenvektor x^T, rechts von C als Spaltenvektor geschrieben werden.
Bezeichnet man die Elemente der Matrix C mit c_{ij}, so ist wegen der Symmetrie von C $c_{ij} = c_{ji}$ und für $f(x)$ ergibt sich, ausführlich geschrieben:

$$f(x) = \sum_{i=1}^{n} \sum_{j=1}^{n} c_{ij} \cdot x_i \cdot x_j = \sum_{i=1}^{n} c_{ii} \cdot x_i^2 + 2 \cdot \sum_{i<j}^{n} c_{ij} \cdot x_i \cdot x_j.$$

Beispiel 11:

Die Quadratische Form zur Matrix $C = \begin{pmatrix} 4 & 2 \\ 2 & 7 \end{pmatrix}$ ist gegeben durch $f(x) =$

$(x_1, x_2) \cdot \begin{pmatrix} 4 & 2 \\ 2 & 7 \end{pmatrix} \cdot \begin{pmatrix} x_1 \\ x_2 \end{pmatrix} = 4x_1^2 + 7x_2^2 + 2x_1 \cdot x_2 + 2x_2 \cdot x_1$.

Offensichtlich gilt für diese Funktion, dass $f(\lambda x) = \lambda^2 \cdot f(x)$, sie ist homogen vom Grad $r = 2$.
Umformung ergibt, dass man f(x) als Summe zweier Quadrate schreiben kann, nämlich $f(x) = 4x_1^2 + x_2^2 + 6x_2^2 + 4x_1 \cdot x_2 = (2x_1 + x_2)^2 + 6x_2^2$. Man erkennt daraus, dass diese Funktion den Wert Null nur an der Stelle $(0,0)$ annimmt und für alle anderen Argumente der Funktionswert positiv ist.

Eine Quadratische Form mit dieser Eigenschaft nennt man positiv definit. Dieselbe Bezeichnung verwendet man auch für die Matrix C, welche diese Funktion bestimmt.

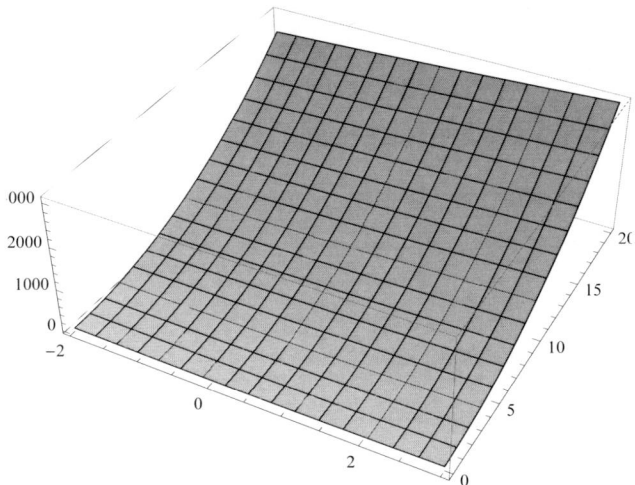

Abb. 5.4 Funktionsgraph der Funktion $f(x,y) = 4x^2 + 7y^2 + 4x \cdot y$

Definition 5.1.9 *Eine Quadratische Form $f(x) = x^T \cdot C \cdot x$ bzw. die symmetrische $n \times n$-Matrix C heißt*

(a) **positiv definit**, *wenn $f(x) > 0$ für alle $x \neq 0$,*

(b) **negativ definit**, *wenn $f(x) < 0$ für alle $x \neq 0$,*

(c) **positiv semidefinit**, *wenn $f(x) \geq 0$ für alle x,*

(d) **negativ semidefinit**, *wenn $f(x) \leq 0$ für alle x.*

(e) *In allen anderen Fällen heißt $f(x)$ bzw. die Matrix C* **indefinit**.

In Bsp. 11 konnte man die Definitheit der Funktion durch Umformung auf eine Summe von Quadraten feststellen.
Dieses Verfahren ist nicht immer durchführbar.
Da aber durch die Matrix C die Funktion vollständig bestimmt ist, lässt sich die Definitheit von $f(x)$ schon alleine durch Betrachtung von C überprüfen.

Man benötigt dazu bestimmte Unterdeterminanten der Matrix C, die sogenannten **Hauptabschnittsdeterminanten** oder **Hauptminoren** $D_1, D_2, \ldots,$
D_n. Die Determinante $D_i(C)$ ist dabei die Determinante jener Teilmatrix von
C, welche nur aus den ersten i Zeilen und den ersten i Spalten von C besteht.
Die Vorzeichen all dieser Hauptabschnittsdeterminanten geben dann Auskunft über die Definitheitseigenschaften der Matrix C bzw. der Funktion
$f(x_1, \ldots, x_n)$. (Zur Berechnung von Determinanten vgl. Kap. 2.1.)

Die Hauptabschnittsdeterminante D_i ist gegeben durch

$$D_i = \left| \begin{pmatrix} c_{11} & c_{12} & c_{13} & \cdots & c_{1i} \\ c_{21} & c_{22} & c_{23} & \cdots & c_{2i} \\ & & & & \\ c_{i1} & c_{i2} & c_{i3} & \cdots & c_{ii} \end{pmatrix} \right| .$$

Satz 5.1.2 *Für eine Quadratische Form $f(x) = x^T \cdot C \cdot x$ gilt:*

(a)   *$f(x)$ positiv definit $\Leftrightarrow D_i(C) > 0$ für $i = 1, \ldots, n$,*

(b)   *$f(x)$ negativ definit $\Leftrightarrow$ die D_i haben alternierende Vorzeichen, beginnend mit Minus, d. h. $(-1)^i \cdot D_i > 0$ für $i = 1, \ldots, n$.*

(c)   *Erfüllen die D_i weder die Bedingungen aus (a) noch aus (b) und ist die
Determinante $|C|$ von Null verschieden, dann ist C indefinit.*

Beispiel 11, Fortsetzung:
Zu f bzw. zu deren Koeffizientenmatrix C sind die Hauptabschnittsdetermi-
nanten $D_1 = 4$ und $D_2 = \left| \begin{pmatrix} 4 & 2 \\ 2 & 7 \end{pmatrix} \right| = 28 - 4 = 24$ beide positiv. Damit ist
nochmals gezeigt, f ist positiv definit.

Falls eine oder mehrere der Hauptabschnittsdeterminanten gleich null, aber
alle $D_i(C)$ bzw. alle $(-1)^i \cdot D_i(C)$ nichtnegativ sind, kann daraus nicht auf
die Semidefinitheit der Funktion geschlossen werden. Diese Eigenschaft ist
für die Semidefinitheit nur notwendig, aber nicht hinreichend.

Satz 5.1.3 *Für eine Quadratische Form $f(x) = x^T \cdot C \cdot x$ gilt:*

(a)   *$f(x)$ positiv semidefinit $\Rightarrow D_i \geq 0$ für $i = 1, \ldots, n$,*

(b)   *$f(x)$ negativ semidefinit $\Rightarrow (-1)^i \cdot D_i \geq 0$ für $i = 1, \ldots, n$.*

Beispiel 12:

Zur Quadratischen Form $f(x) = x^T \cdot \begin{pmatrix} +4 & -2 \\ -2 & +1 \end{pmatrix} \cdot x$ errechnet man $D_1 = 4 > 0$

und $D_2 = 0$.

Daraus folgt, dass die Funktion weder positiv definit noch indefinit ist. Man kann vermuten, dass sie positiv semidefinit ist. Dies folgt tatsächlich aus der Umformung auf $f(x) = (2x_1 - x_2)^2$.

Die Funktion nimmt sowohl an der Stelle $(0,0)$ als auch entlang der Geraden $g : x_2 = 2x_1$ den Wert Null an.

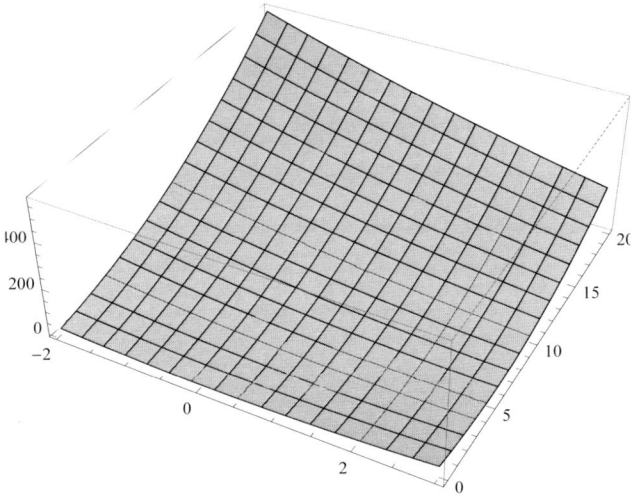

Abb. 5.5 Funktionsgraph der Funktion $f(x_1, x_2) = (2x_1 - x_2)^2$

Bei einer semidefiniten, nicht aber definiten Quadratischen Form besteht die Isoquante zum Wert $c = 0$ nicht nur aus dem Nullpunkt.

Bemerkung: In Kap. 2.4 wurde ein anderer Weg zur Bestimmung der Definitheitseigenschaften aufgezeigt, die Betrachtung der Vorzeichen der Eigenwerte der Matrix C (Vgl. dazu Satz 2.4.2).

5.2 Partielle Ableitungen und Lokale Extremstellen

Um das Änderungsverhalten einer Funktion $f(x)$ von einer Variablen zu beschreiben, wurde in Kap. 4.3 der Begriff der Ableitung $f'(x)$ eingeführt. Der Wert dieser Ableitung an einer Stelle x^0 gibt die Steigung des Graphen der Funktion an eben dieser Stelle an. Wenn das Argument, ausgehend von der Stelle x_0, um eine Einheit erhöht wird, wenn man sich also in die positive x-Richtung von der Stelle x^0 wegbewegt, so ändert sich die lineare Approximation von f um $f'(x^0)$, die Funktion f selbst ändert sich näherungsweise um diesen Wert.

Wie ist das nun bei mehreren, z.B. zwei Variablen, zu präzisieren? Der Graph einer Funktion von zwei Variablen ist eine Fläche im Raum. Der Anstieg dieser Fläche an einer Stelle $x^0 = (x_1^0, x_2^0)$, genauer gesagt im Punkt $\left((x_1^0, x_2^0), f(x_1^0, x_2^0)\right)$ auf der Funktionsfläche, hängt jetzt von der Richtung ab, in die man sich von dieser Stelle x^0 wegbewegt. Man kann nicht einfach „x_0 um eins erhöhen"!

Beispiel 1:
Betrachtet man die Funktion deren Graph in Abb. 5.6 dargestellt ist:
$$f(x_1, x_2) = 10 - (x_1 - 2)^2 - \left(\frac{1}{2}\right) \cdot (x_2 - 3)^2.$$

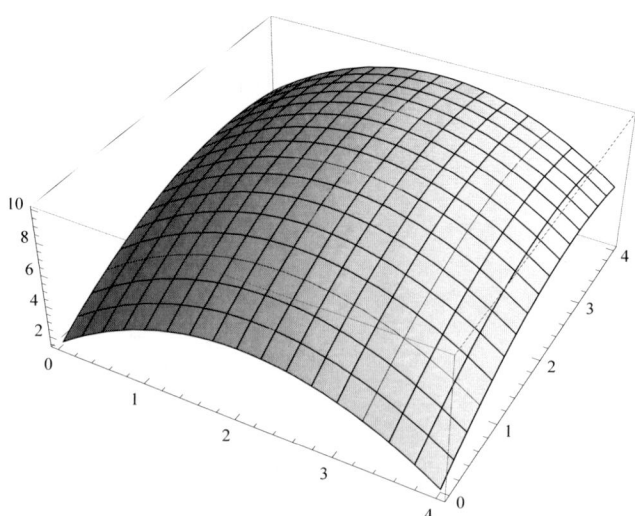

Abb. 5.6 Graph der Funktion aus Beispiel 1

Aus Abb. 5.6 ist zu erkennen, dass die Funktion ihren größten Wert an der Stelle $(2,3)$ annimmt: $f(2,3) = 10$. Nähert man sich dieser Stelle, ausgehend z. B. von der Stelle $(1,1)$, nimmt der Funktionswert zu.

An der Stelle $x_0 = (x_{10}, x_{20}) = (1,1)$ ist der Funktionswert $f(1,1) = 7$. Erhöht man x um eins, geht also zur Stelle $(2,1)$ ändert sich der Funktionswert auf 8, d.h. er nimmt um 1 zu, erhöht man stattdessen die zweite Komponente y um eins, erhöht sich der Funktionswert um 1.5 auf 8.5 .

Bewegt man sich von der Stelle $(1,1)$ zur Stelle $\left(1 + \dfrac{1}{\sqrt{2}}, 1 + \dfrac{1}{\sqrt{2}}\right)$, so ist diese Stelle ebenfalls genau eine Einheit von der Stelle $(1,1)$ entfernt, man geht die Hälfte dieser Entfernung in die x-Richtung, die andere Hälfte in die y-Richtung, bewegt sich also in Richtung "45 Grad nach rechts oben". Der Wert $f\left(1 + \dfrac{1}{\sqrt{2}}, 1 + \dfrac{1}{\sqrt{2}}\right) = 8.043$ (gerundet), die Änderung des Funktionswertes beträgt etwa 1.043.

Auch aus Abb. 5.7 , der Darstellung von f durch einige ihrer Isoquanten, kann man die Stelle des größten Funktionswertes entnehmen. Gezeichnet sind die Isoquanten zu den Werten $c = 7, 8, 9$ und 10. I_7, I_8 und I_9 sind Ellipsen, die Isoquante I_{10} besteht nur aus dem einen Punkt $(2,3)$. Isoquanten zu Werten über 10 gibt es nicht.

Auch das Steigungsverhalten der Funktion ist aus diesen Isoquanten - zumindest qualitativ - ablesbar.

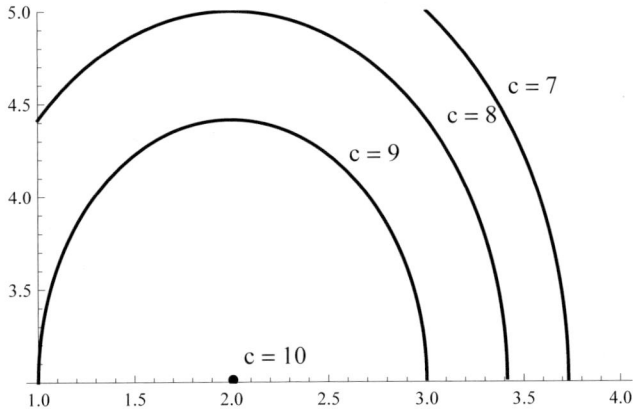

Abb. 5.7 Isoquanten und Richtungen in der (x_1, x_2) - Ebene

Man erkennt: Der Begriff der Ableitung einer Funktion von zwei oder mehreren Variablen ist genauer zu formulieren als Ableitung der Funktion in eine
bestimmte Richtung, kurz gesagt als **Richtungsableitung**.

Es ergeben sich zwei Fragen, die vorerst für eine Funktion von nur zwei Variablen formuliert werden.
Erstens: Wie groß ist die Steigung der Funktion in eine vorgegebene Richtung, insbesondere wie ändert sich der Funktionswert, wenn nur eine Variable um eine Einheit erhöht wird und die andere unverändert bleibt?
Zweitens: In welche Richtung soll man sich, ausgehend von einer Argumentstelle, etwa dem Punkt (x_1^0, x_2^0), wegbewegen, um einen maximalen Zuwachs
des Funktionswertes zu erzielen? In welchem Verhältnis sind dazu die beiden
Variablen zu verändern?

Vorerst wird die Funktionsänderung nur in Richtung der zweiten Variablen
x_2 betrachtet. Die Variable x_1 wird festgehalten, bleibt also konstant gleich
c. Man betrachtet dazu den Funktionsgraphen nur über jenen Punkten, die
genau auf der zur x_2-Achse parallelen Geraden mit fester erster Komponente
$x_1 = c$ liegen.
Zu diesen Argumentpunkten (c, x_2) gehören die Funktionswerte $f(c, x_2)$,
also liegt nur mehr eine Funktion einer Variablen vor. Deren Graph er-
scheint als Schnittkurve des Funktionsgraphen der ursprünglichen Funktion
$f(x_1, x_2)$ mit jener auf die x_1, x_2 - Ebene normalen Ebene, welche die in der
(x_1, x_2)- Ebene liegende Gerade $x_1 = c$ enthält. Diese Kurve hat (wenn sie
ausreichend glatt ist) in jedem auf ihr gelegenen Punkt eine eindeutig bestimmbare Steigung.
Nach der verbleibenden Variablen x_2 wird nun nach den schon bekannten
Regeln differenziert.

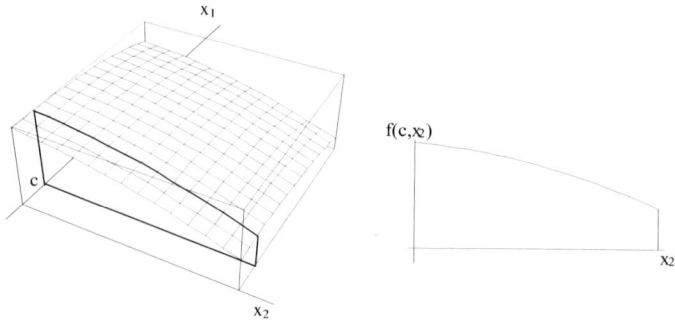

Abb. 5.8 Ableitung einer Funktion in Richtung x_2

Beispiel 2:

Man betrachte die Funktion $f(x_1, x_2) = x_1^2 \cdot x_2^2 + 2x_2 + 3$. Wird x_1 festgehalten, etwa gleich c gesetzt, so erhält man die Funktion $f(c, x_2) = c^2 \cdot x_2^2 + 2x_2 + 3$. Diese ist nur mehr von x_2 abhängig und kann nach x_2 differenziert werden. Man erhält $f'(c, x_2) = 2 \cdot c^2 \cdot x_2 + 2$ als erste Ableitung.

Diese Ableitung kann für jedes c - also jedes beliebige x_1 - errechnet werden und die Ableitung von f (nach x_2) lautet $2 \cdot x_1^2 \cdot x_2 + 2$.

Analog kann verfahren werden, wenn nach x_1 differenziert werden soll.

Unter Verlust der geometrischen Anschaulichkeit lässt sich dieses Ableiten nach einer Variablen auch für Funktionen von mehr als zwei Veränderlichen erklären.

Definition 5.2.1 *Wenn eine Funktion $f(x_1, \ldots, x_n)$ von n Veränderlichen unter Festhalten aller übrigen Variablen nach x_i abgeleitet werden kann, nennt man diese Ableitung **(erste) partielle Ableitung von f nach** x_i und schreibt dafür $\dfrac{\partial f}{\partial x_i}$ oder f_{x_i}, gelesen "df **nach** dx_i" oder "f **nach** x_i". Die Funktion f heißt dann **nach** x_i **partiell differenzierbar**.*

Für die Berechnung von partiellen Ableitungen braucht man keine weiteren Rechenregeln, man behandelt einfach all jene Variablen, nach denen gerade nicht differenziert werden soll, wie Konstanten.

Bemerkung:

(a) Jede partielle Ableitung $\dfrac{\partial f}{\partial x_i}$ ist wieder eine Funktion von allen n Variablen.

(b) Sind alle partiellen Ableitungen von f stetige Funktionen, so nennt man die Funktion f **stetig partiell differenzierbar**.

(c) Es kann n erste partielle Ableitungen einer Funktion von n Variablen geben.

(d) Der Wert der Ableitung nach x_i an einer Stelle $x^0 = \left(x_1^0, \ldots, x_n^0\right)$ gibt die näherungsweise Änderung der Funktion an dieser Stelle in Richtung des i-ten Einheitsvektors e_i an.

Beispiel 2, Fortsetzung:

Für die Funktion $f(x_1, x_2) = x_1^2 \cdot x_2^2 + 2x_2 + 3$ ergibt sich demgemäß $\dfrac{\partial f}{\partial x_1} = 2x_1 \cdot x_2^2$. An der Stelle $(x_1^0, x_2^0) = (4, 5)$ ergeben sich die Zahlenwerte $f_{x_1}(4, 5) = 200$ und $f_{x_2}(4, 5) = 162$. Diese beiden Zahlen geben an, um wie viele Einheiten sich der Funktionswert näherungsweise verändert, wenn - ausgehend von der Stelle $(4, 5)$ - entweder x_1 oder x_2 um eine Einheit erhöht wird.

Auch partielle Ableitungen von Funktionen von mehr als zwei Variablen sind mit Hilfe schon bekannter Ableitungsregeln bestimmbar.

Beispiel 3:

Für die Funktion mit $f(x) = e^{x_1} + x_3 \cdot \ln(x_2) + 3x_1^2 \cdot x_2$ errechnet man die folgenden partiellen Ableitungen nach den drei Variablen

$$\frac{\partial f}{\partial x_1} = e^{x_1} + 6x_1 \cdot x_2, \quad \frac{\partial f}{\partial x_2} = \frac{x_3}{x_2} + 3x_1^2 \text{ und } \frac{\partial f}{\partial x_3} = \ln(x_2).$$

Den Funktionswert und die Werte dieser partiellen Ableitungen an der Stelle $x^0 = (1, 1, 0)$ erhält man durch Einsetzen: $f(1, 1, 0) = e + 3 \approx 5.72$.

$$f_{x_1}(x^0) = e + 6 \approx 8.72, \quad f_{x_2}(x^0) = 3 \text{ und } f_{x_3}(x^0) = 0.$$

Die letzten drei Zahlen geben wieder näherungsweise die Änderungen des Funktionswertes an, wenn, ausgehend vom Argument $(1, 1, 0)$, genau eine der Variablen x_1, x_2 oder x_3 um eine Einheit erhöht wird.

Die erste der beiden anfangs gestellten Fragen ist somit schon teilweise beantwortet. Die Richtungsableitungen einer Funktion von n Variablen an einer Stelle $x_0 = \left(x_1^0, \ldots, x_n^0\right)$ in Richtung der n Einheitsvektoren e_i sind gerade die Werte der partiellen Ableitungen an dieser Stelle.
Mit Hilfe dieser Werte kann aber auch die zweite Frage beantwortet werden. Wieder soll vorerst eine Funktion von nur zwei Variablen betrachtet werden.

Beispiel 2, Fortsetzung:

Die oben berechneten Werte der Ableitungen der Funktion an der Stelle $(4, 5)$ sind folgend zu interpretieren: Erhöht man nur die erste Komponente um eine Einheit, d. h. bewegt man sich auf die Stelle $(5, 5)$ zu, so nimmt der Funktionswert um etwa 200 zu.
Offensichtlich wird er etwa um 200 abnehmen, wenn man sich in die entgegengesetzte Richtung zur Stelle $(3, 5)$ bewegt.
Erhöht man hingegen nur die zweite Komponente um eine Einheit, so nimmt der Funktionswert um etwa 162 zu.

Die stärkste Zunahme des Funktionswertes wird dann erreicht, wenn die beiden Komponenten des Argumentes genau im Verhältnis 200 zu 162 erhöht werden. Diese beiden Zahlen bekommen damit eine inhaltliche Bedeutung. Zusammengefasst zum Vektor $(200, 162)$ beschreiben sie eine Richtung im $\mathbb{R}^2$ und können als Pfeil in dieser Ebene dargestellt werden: "200 nach vorne und 162 nach rechts". Dies ist die Richtung der stärksten Zunahme der Funktion an der Stelle $(4, 5)$.

Für Funktionen von mehr als zwei Variablen lassen sich, wiederum unter Verlust der geometrischen Anschaulichkeit, dieselben Überlegungen durchführen. Auch hier gilt, ausgehend von einer Funktion bzw. deren Funktionswert an einem beliebigen Punkt x^0: Jeder Vektor z im $\mathbb{R}^n$ kann als Richtung interpretiert werden. Diese Richtung beschreibt zugleich das Verhältnis, in welchem die n Koordinaten des Punktes x^0 erhöht, bzw., falls der Vektor z negative Komponenten enthält, verringert werden.
Im Folgenden wird genau jene Richtung gesucht, die zum stärksten Anstieg des Funktionswertes führt.

Definition 5.2.2 *Der Zeilenvektor der (ersten) partiellen Ableitungen von f heißt* **Gradient von f**, *man schreibt*

$$grad(f) = \left(\frac{\partial f}{\partial x_1}, \frac{\partial f}{\partial x_2}, \cdots, \frac{\partial f}{\partial x_n} \right).$$

Damit ist der Gradient ein Vektor, dessen Komponenten Funktionen von n Variablen sind. Der **Gradient von f an einer Stelle** x^0, *geschrieben*

$$grad(f)(x^0) = \left(\frac{\partial f}{\partial x_1}(x^0), \frac{\partial f}{\partial x_2}(x^0), \cdots, \frac{\partial f}{\partial x_n}(x^0) \right)$$

ist dann ein n-dimensionaler Vektor, dessen Komponenten Zahlen sind.

Satz 5.2.1 *Sei $f(x_1, \ldots, x_n)$ eine nach allen Variablen partiell differenzierbare Funktion. Dann gibt der Vektor $grad(f)(x^0)$ die Richtung der größten Steigung der Funktion an der Stelle x_0 an.*

Beispiel 3, Fortsetzung:
Werden die partiellen Ableitungen zu einem Vektor zusammengefaßt, so erhält man für die Funktion aus Beispiel 3

$$grad(f) = \left(e^{x_1} + 6x_1 \cdot x_2, \frac{x_3}{x_2} + 3x_1^2, \ln(x_2) \right).$$

An der Stelle $(1,1,0)$ ergibt sich die Richtung des steilsten Funktionsanstieges als $grad(f)(1,1,0) = (8.72,3,0)$.

Soll der Funktionswert, ausgehend von der Stelle $(1,1,0)$, maximal erhöht werden, so sind die Komponenten x_1 und x_2 im Verhältnis 8.72 zu 3 zu erhöhen, die dritte Komponente ist nicht zu verändern.

Unter Verwendung des Gradienten (d. h. aller partiellen Ableitungen) einer Funktion kann auch der noch verbleibende zweite Teil der anfangs gestellten ersten Frage beantwortet werden: Wie groß ist die Steigung einer Funktion in eine beliebige Richtung?

Wieder kann anhand einer Funktion $f(x_1, x_2)$ von nur zwei Variablen der Sachverhalt geometrisch dargestellt werden. Der Graph einer derartigen Funktion ist eine Fläche im Raum. Ist diese Fläche „hinreichend glatt", so kann an sie in jedem ihrer Punkte $(x_1, x_2, f(x_1, x_2))$ eine berührende Ebene gelegt werden. An der Stelle (x_1^0, x_2^0) sind die Steigungen dieser Tangentialebene in die beiden Achsenrichtungen genau die Werte der partiellen Ableitungen von f nach x_1 und x_2 im Punkt (x_1^0, x_2^0).

Andererseits liegt durch die beiden Steigungen in die Achsenrichtungen, d. h. durch $grad(f)(x_1^0, x_2^0)$, die Tangentialebene und damit auch deren Steigung in jede beliebige Richtung - also jede Richtungsableitung - fest.

Für die Steigungen der Tangentialebene in Richtung der beiden Einheitsvektoren $e_1 = (1,0)^T$ und $e_2 = (0,1)^T$ gilt nach den Regeln der Vektormultiplikation (vgl. Kap. 2.1) offensichtlich:

$$\frac{\partial f}{\partial x_1}(x_1^0, x_2^0) = \left(\frac{\partial f}{\partial x_1}(x_1^0, x_2^0), \frac{\partial f}{\partial x_2}(x_1^0, x_2^0) \right) \cdot \begin{pmatrix} 1 \\ 0 \end{pmatrix}$$

beziehungsweise $\dfrac{\partial f}{\partial x_2}(x_1^0, x_2^0) = grad(f)(x_1^0, x_2^0) \cdot \begin{pmatrix} 0 \\ 1 \end{pmatrix}$.

In Worten: Das Skalarprodukt des Gradienten von f an der Stelle x^0 mit einem Einheitsvektor ergibt näherungsweise die Änderung der Funktion in Richtung dieses Einheitsvektors.

Diese Beziehung lässt sich verallgemeinern auf Änderungen der Funktion nicht nur in Richtung der Einheitsvektoren e_i, sondern in jede beliebige Richtung.

Sei eine Richtung in der Ebene gegeben durch einen Vektor $z = (z_1, z_2)^T$ mit dem Betrag (der Länge) $|z| = 1$. Dann ist die Steigung der Tangentialebene an einer Stelle (x_1^0, x_2^0) in Richtung des Vektors $z = \begin{pmatrix} z_1 \\ z_2 \end{pmatrix}$, die gesuchte Richtungsableitung der Funktion f in Richtung dieses Vektors, zu berechnen als $grad(f)(x_1^0, x_2^0) \cdot \begin{pmatrix} z_1 \\ z_2 \end{pmatrix}$. Man schreibt dafür $\dfrac{\partial f}{\partial \mathbf{z}}(x^0)$.

Beispiel 2, Fortsetzung:
Man berechne die Richtungsableitung der Funktion $f(x_1, x_2) = x_1^2 \cdot x_1^2 + 2x_2 + 3$ an der Stelle $(x_1^0, x_2^0) = (4, 5)$ in Richtung des Vektors $z = (\dfrac{1}{\sqrt{2}}, \dfrac{1}{\sqrt{2}})^T$. Dieser Vektor ist normiert, d. h. er hat die Länge eins. Die Richtungsableitung erhält man als Skalarprodukt

$$\frac{\partial f}{\partial z}(x^0) = grad(f)(x_1^0, x_2^0) \cdot \begin{pmatrix} z_1 \\ z_2 \end{pmatrix} = (200, 162) \cdot \begin{pmatrix} \frac{1}{\sqrt{2}} \\ \frac{1}{\sqrt{2}} \end{pmatrix} = \frac{362}{\sqrt{2}} \approx 256.$$

Diese Methode zur Berechnung einer Richtungsableitung gilt, Differenzierbarkeit vorausgesetzt, auch für Funktionen von n Variablen.

Satz 5.2.2 *Die Funktion $f(x_1, \ldots, x_n)$ sei nach allen Variablen stetig partiell differenzierbar. z sei ein Vektor des $\mathbb{R}^n$ mit $|z| = 1$. Dann berechnet man die Richtungsableitung von f an einer Stelle $x^0 = (x_1^0, \ldots, x_n^0)$ in Richtung dieses Vektors z als $\dfrac{\partial f}{\partial z}(x^0) = grad(f)(x^0) \cdot \begin{pmatrix} z_1 \\ \vdots \\ z_n \end{pmatrix}$.*

Folgerung 5.2.1 *Ist zur Bestimmung einer Richtungsableitung der Vektor z nicht in normierter Form gegeben, d. h. ist $|z| \neq 1$, so ist der gemäß Satz 5.2.2 erhaltene Wert noch durch den Betrag des Vektors z zu dividieren:*

$$\frac{\partial f}{\partial \mathbf{z}}(x^0) = \frac{1}{|z|} \cdot grad(f)(x^0) \cdot \begin{pmatrix} z_1 \\ \vdots \\ z_n \end{pmatrix}.$$

Damit ist auch die erste der oben gestellten Fragen vollständig beantwortet. Im Fall $n = 2$ lässt sich eine Richtungsableitung auch geometrisch darstellen, indem man eine zur (x_1, x_2)- Ebene normale Schnittebene durch das Funktionsgebirge legt, und zwar genau über der durch x^0 und den vorgegebenen

Richtungsvektor z bestimmten Geraden. Man erhält als Schnittkurve den Graphen einer Funktion g von nur einer Veränderlichen λ, welche die Entfernung vom Punkt x^0 angibt: $g(\lambda) = f(x^0 + \lambda \cdot z)$.

Wird diese Funktion g nach λ differenziert, so erhält man damit den Wert der gesuchten Richtungsableitung als Steigung der Schnittkurve im Punkt $(x^0, f(x^0))$. Damit ist $\dfrac{\partial f}{\partial \mathbf{z}}(x^0) = \dfrac{\partial}{\partial \lambda}\left(f(x^0 + \lambda \cdot z)\right) = \dfrac{\partial g}{\partial \lambda}(x^0)$. Dieser Sachverhalt ist in Abb. 5.9 dargestellt.

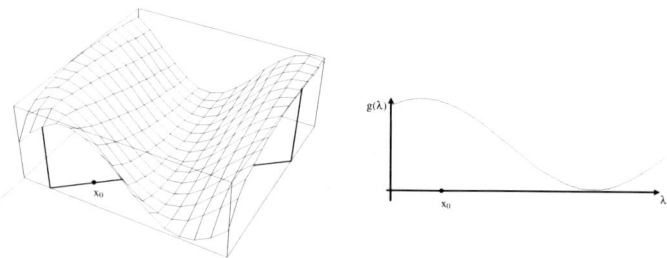

Abb. 5.9 Richtungsableitung einer Funktion von zwei Variablen

Setzt man für die Richtung z genau den Gradienten von f an einer Stelle x^0 ein, so ergibt sich:

Folgerung 5.2.2 *Die größte Steigung einer Funktion an einer Stelle x^0, also jene in Richtung $z = \mathrm{grad}(f)(x^0)$, ist gegeben durch den Betrag des Gradienten an dieser Stelle,* $\dfrac{\partial f}{\partial \mathbf{z}}(x^0) = |\mathrm{grad}(f)(x^0)|.$

Beispiel 2, Fortsetzung:
An der Stelle $x^0 = (4,5)$ ist $\mathrm{grad}(f)(x^0) = (200, 162)$. Damit hat die Ableitung in diese Richtung den Wert

$$\frac{\partial f}{\partial z}(4,5) = \frac{1}{\sqrt{200^2 + 162^2}} \cdot (200, 162) \cdot \begin{pmatrix} 200 \\ 162 \end{pmatrix}$$

$$= \sqrt{200^2 + 162^2} = |(200, 162)| \approx 257.4$$

Diese Zahl ist etwa die maximal erreichbare Zunahme des Funktionswertes, wenn man sich von der Stelle $x^0 = (4,5)$ um eine Einheit wegbewegt.

Beispiel 4:

Sei $f(x_1, x_2, x_3) = x_1^2 + 6x_1 \cdot x_2 + \ln(x_3) + x_1 \cdot x_3^2$ und es soll das Änderungsverhalten von f an der Stelle $(3, 2, 1)$ betrachtet werden.

Man berechnet $grad(f) = \left(2x_1 + 6x_2 + x_3^2, 6x_1, \dfrac{1}{x_3} + 2x_1 \cdot x_3 \right)$ und durch

Einsetzen $grad(f)(3, 2, 1) = (19, 18, 7)$. Eine Erhöhung der Komponenten x_1, x_2 und x_3 im Verhältnis 19 zu 18 zu 7 führt zur maximalen Erhöhung des Funktionswertes, $|(19, 18, 7)| = \sqrt{19^2 + 18^2 + 7^2} \approx 27$.

Um die Steigung der Funktion in eine andere Richtung, etwa $z = (-1, -1, 3)$ zu ermitteln, berechnet man vorerst $|z| = \sqrt{1 + 1 + 9} = \sqrt{11}$ und dann die

Richtungsableitung $\dfrac{\partial f}{\partial \mathbf{z}} = \dfrac{1}{\sqrt{11}} \cdot (19, 18, 7) \cdot \begin{pmatrix} -1 \\ -1 \\ +3 \end{pmatrix} \approx -4.8$. Verändert man

den Argumentpunkt $(3, 2, 1)$ auf $(3 - d, 2 - d, 1 + 3d)$, mit $\sqrt{d^2 + d^2 + (3d)^2} = 1$, so sinkt der Funktionswert um näherungsweise 4.8.

Eine Richtungsableitung gibt näherungsweise an, um wie viele Einheiten der Funktionswert sich ändert, wenn man den Argumentvektor um eine Einheit in die vorgegebene Richtung verändert.

Ein anderer Zugang, das Änderungsverhalten einer Funktion von n Variablen zu beschreiben, geht von folgender Frage aus: Wie ändert sich der Funktionswert, wenn das Argument, ausgehend von einer Stelle $x^0 \in \mathbb{R}^n$, um komponentenweise vorgegebene Unterschiede variiert? Wie reagiert die Funktion auf kleine Änderungen der Argumentstelle?

Es ist klar, dass dabei die partiellen Ableitungen der Funktion an der Stelle x^0, die ja Steigungen darstellen, eine Rolle spielen werden.

Vorerst soll nur eine Variable, etwa x_i, um den Wert Δx_i erhöht werden. Die Änderung des Funktionswertes f beträgt exakt

$$\Delta f = f(x_1^0, \dots, x_{i-1}^0, x_i^0 + \Delta x_i, x_{i+1}^0, \dots, x_n^0) - f(x_1^0, \dots, x_n^0)$$

und ist (vgl. Abb. 5.10) näherungsweise gegeben durch

$$\Delta f = \frac{\partial f}{\partial x_i}(x^0) \cdot \Delta x_i.$$

Je kleiner $|\Delta x_i|$ ist, desto besser wird diese Näherung sein. Setzt man nun dx_i statt Δx_i, dann nennt man den Ausdruck $\dfrac{\partial f}{\partial x_i}(x^0) \cdot dx_i$ das **partielle Differential** von f bezüglich x_i an der Stelle x^0.

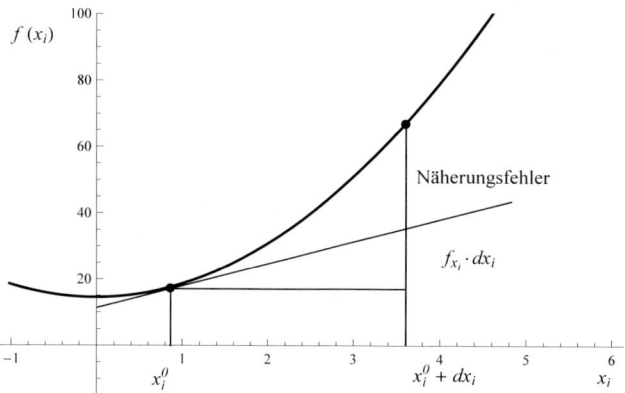

Abb. 5.10 Das partielle Differential

Ändert sich nun nicht nur eine Variable, sondern jedes x_j jeweils um dx_j, dann kann die Funktionswertänderung Δf näherungsweise berechnet werden als Summe aller partiellen Differentiale

$$\Delta f \approx \frac{\partial f}{\partial x_1}(x^0) \cdot dx_1 + \frac{\partial f}{\partial x_2}(x^0) \cdot dx_2 + \cdots + \frac{\partial f}{\partial x_n}(x^0) \cdot dx_n.$$

Das gilt nicht nur an einer Stelle x^0, sondern für eine beliebige Argumentstelle x. Unabhängig von der geometrischen Deutung nennt man die rechte Seite der obigen Gleichung totales Differential.

Definition 5.2.3 *Sei* $f(x_1, \ldots, x_n)$ *eine Funktion mit stetigen ersten partiellen Ableitungen* $\dfrac{\partial f}{\partial x_1}, \cdots, \dfrac{\partial f}{\partial x_n}$. *Dann heißt die Funktion*

$$df = \sum_{j=1}^{n} \frac{\partial}{\partial x_j}(x) \cdot dx_j = \frac{\partial}{\partial x_1}(x) \cdot dx_1 + \cdots + \frac{\partial f}{\partial x_n}(x) \cdot dx_n$$

*das **totale Differential von** f.*

Bemerkung: Das totale Differential stellt eine Funktion der $2n$ Variablen $x_1, \ldots, x_n$ und $dx_1, \ldots, dx_n$ dar. Wie man leicht sieht, ist df bei festem Wert von x linear bezüglich der Zuwächse $dx_1, \ldots, dx_n$.

Das totale Differential von f an einer Stelle x^0 zu vorgegebenen (kleinen) Änderungen dx_i der Komponenten von x^0 gibt näherungsweise an, um wieviel der Funktionswert sich ändert, wenn man die Argumentstelle x^0 genau um den Vektor der dx_i verändert.

Beispiel 2, Fortsetzung:
Das totale Differential von $f(x_1, x_2) = x_1^2 \cdot x_2^2 + 2x_2 + 3$ an der Stelle $(4, 5)$ mit $dx_1 = 0.3$ und $dx_2 = -0.2$ errechnet man unter Verwendung der oben berechneten Ableitungen als

$$df(4,5;0.3,-0.2) = \frac{\partial f}{\partial x_1}(4,5) \cdot 0.3 + \frac{\partial f}{\partial x_2}(4,5) \cdot (-0.2)$$
$$= 200 \cdot 0.3 + 162 \cdot (-0.2) = 27.6.$$

Mit Hilfe des totalen Differentials kann man eine Erweiterung der Kettenregel herleiten.

Sind bei einer Funktion die beiden Variablen x_1, x_2 selbst wieder Funktionen $x_1 = x_1(t)$ und $x_2 = x_2(t)$ derselben unabhängigen Variablen t, so handelt es sich bei $f(x_1, x_2)$ eigentlich um eine Funktion nur einer Variablen $h(t) = f(x_1(t), x_2(t))$.

Deren Ableitung $h'(t) = \dfrac{dh}{dt} = \dfrac{df(x_1(t), x_2(t))}{dt}$ lässt sich unter Verwendung

des totalen Differentials $df(x_1(t), x_2(t)) = \dfrac{\partial f}{\partial x_1} \cdot dx_1(t) + \dfrac{\partial f}{\partial x_2} \cdot dx_2(t)$ schrei-

ben als $\dfrac{dh}{dt} = \dfrac{\partial f}{\partial x_1} \cdot \dfrac{dx_1(t)}{dt} + \dfrac{\partial f}{\partial x_2} \cdot \dfrac{dx_2(t)}{dt}$.

Allgemein ergibt sich auch für eine derartige Funktion von mehreren Variablen die im folgenden Satz formulierte Ableitungsregel.

Satz 5.2.3 *Sei* $f(x_1, \ldots, x_n)$ *eine Funktion mit stetigen partiellen Ableitungen* $\dfrac{\partial f}{\partial x_1}, \cdots, \dfrac{\partial f}{\partial x_n}$. *Sind dann die Funktionen* $x_1(t), \ldots, x_n(t)$ *differenzierbar nach t und existiert die Funktion* $h(t) = f(x_1(t), \ldots, x_n(t))$, *so gilt für die Ableitung dieser Funktion*

$$h'(t) = \frac{dh}{dt} = \frac{\partial f}{\partial x_1} \cdot \frac{dx_1(t)}{dt} + \ldots + \frac{\partial f}{\partial x_n} \cdot \frac{dx_n}{dt} = \sum_{i=1}^{n} \frac{\partial f}{\partial x_i} \cdot \frac{dx_i}{dt}.$$

Wie bei Funktionen einer Variablen erklärt man auch für solche von n Variablen den Begriff der höheren Ableitungen.

Jede erste partielle Ableitung von f ist wieder eine Funktion von n Variablen, kann also eventuell wieder partiell differenziert werden, und man kann dann höhere Ableitungen bilden.

Definition 5.2.4 *Die Funktion* $f(x_1, \ldots, x_n)$ *sei nach allen Variablen partiell differenzierbar.*

(a)   Ist nun auch die partielle Ableitung $\dfrac{\partial f}{\partial x_i} = f_{x_i}$ nach der Variablen x_j dif-

*ferenzierbar, so nennt man die Funktion $\dfrac{\partial f_{x_i}}{\partial x_j}$ **zweite (gemischte) par-***

tielle Ableitung von f.

Man schreibt $\dfrac{\partial^2 f}{\partial x_i \partial x_j}$ oder kürzer $f_{x_i x_j}$, gelesen "f nach x_i nach x_j".

Für $i = j$ schreibt man $\dfrac{\partial^2 f}{\partial x_i^2}$.

*Man sagt, f ist **zweimal partiell differenzierbar**. Sind alle zweiten Ab-leitungen stetige Funktionen, so nennt man die Funktion **zweimal stetig partiell differenzierbar**.*

(b)   Die quadratische Matrix aller zweiten partiellen Ableitungen

$$
H = \begin{pmatrix} f_{x_1 x_1} & f_{x_1 x_2} & \cdots & f_{x_1 x_n} \\ f_{x_2 x_1} & f_{x_2 x_2} & \cdots & f_{x_2 x_n} \\ \vdots & \vdots & & \vdots \\ f_{x_n x_1} & f_{x_n x_2} & \cdots & f_{x_n x_n} \end{pmatrix} = \left(f_{x_i x_j} \right)
$$

*heißt **Hessesche Matrix der Funktion f.***

Bemerkung: Die Matrix H enthält als Elemente n^2 Funktionen. Ist f zwei-mal stetig partiell differenzierbar, so ist die Reihenfolge der Differentiation gleichgültig, also $f_{x_i x_j} = f_{x_j x_i}$ und damit ist H symmetrisch. Betrachtet man die Hessesche Matrix an einer Stelle x^0, so enthält diese als Elemente n^2 reelle Zahlen.

Ist $f(x)$ eine Funktion nur einer Variablen, also $n = 1$, ist die Hessesche Ma-trix einfach die zweite Ableitung $f''(x)$. Durch diese wird das Krümmungs-verhalten der Funktion beschrieben. Der Wert von $f''(x)$ an einer Stelle x^0 gibt Auskunft darüber, ob der Funktionsgraph dort positiv oder negativ ge-krümmt ist. Dasselbe leistet die Hessesche Matrix bei Funktionen von meh-reren Variablen.
Anhand dreier Beispiele von Funktionen einer Veränderlichen soll nun der Begriff einer konvexen oder einer konkaven Funktion erläutert werden.

Beispiel 5a:
Sei $f(x) = x^2$. Die ersten beiden Ableitungen dieser Funktion sind $f'(x) = 2x$ und $f''(x) = 2$. Die zugehörige Kurve ist über ganz $\mathbb{R}$ positiv gekrümmt, da $f''(x) > 0$. Die oberhalb des Funktionsgraphen liegende Teilmenge des $\mathbb{R}^2$ ist eine konvexe Menge (vgl. dazu Kap. 1.2). Man nennt die Funktion konvex.

Beispiel 5b:
Sei $f(x) = -x^2$. Die ersten beiden Ableitungen dieser Funktion sind $f'(x) = -2x$ und $f''(x) = -2$. Die zugehörige Kurve ist über ganz $\mathbb{R}$ negativ gekrümmt, da $f''(x) < 0$. Die unterhalb des Funktionsgraphen liegende Teilmenge des $\mathbb{R}^2$ ist eine konvexe Menge. Man nennt f konkav.
Die beiden schraffierten Mengen sind konvexe Teilmengen der Ebene.

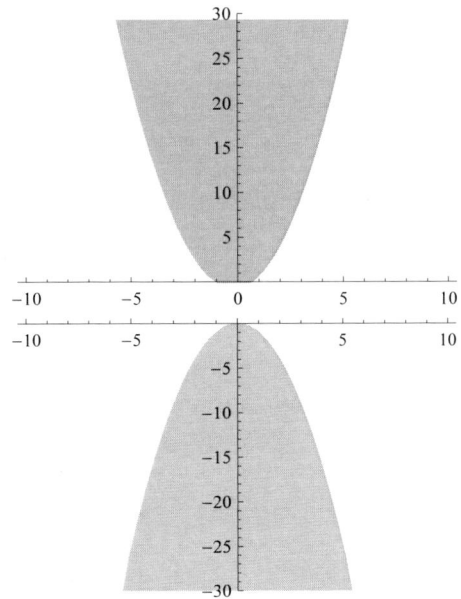

Abb. 5.11 Graphen der Funktionen $f(x) = x^2$ und $f(x) = -x^2$

Beispiel 5c:
Sei $f(x) = x^3$. Die ersten beiden Ableitungen dieser Funktion sind $f'(x) = 3x^2$ und $f''(x) = 6x$. Für $x < 0$ ist $f''(x)$ negativ und der Funktionsgraph von $f(x)$ negativ gekrümmt. Dort ist die unterhalb des Funktionsgraphen liegende Teilmenge des $\mathbb{R}^2$ eine konvexe Menge. Man sagt, f ist konkav über den negativen reellen Zahlen. Für positive Argumentwerte ist $f''(x) > 0$, d. h. für diese ist die Kurve positiv gekrümmt und dort ist die oberhalb des Funktionsgraphen liegende Teilmenge des $\mathbb{R}^2$ eine konvexe Menge. Die Funktion f ist konvex über $\mathbb{R}_+$. Insgesamt ist also die Funktion f weder konvex noch konkav über ganz $\mathbb{R}$, wohl aber über Teilmengen des Definitionsbereiches.

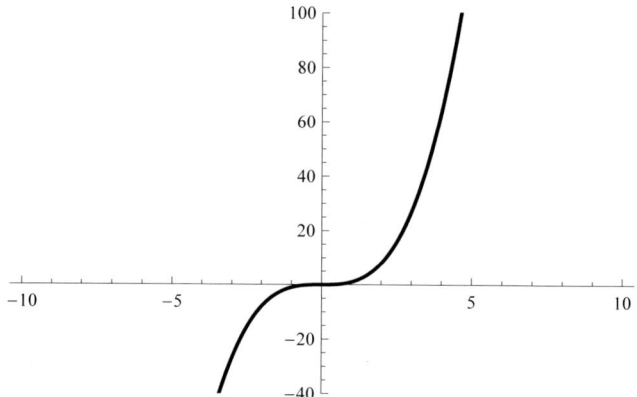

Abb. 5.12 Graph der Funktion $f(x) = x^3$

Im Folgenden soll der in Kap. 1.2 definierte Begriff der Konvexität einer Menge nochmals erklärt und verschärft werden.

Seien x und $y \in \mathbb{R}^n$. Dann ist auch jeder Punkt $s = \lambda \cdot x + (1 - \lambda) \cdot y$ mit beliebigem $\lambda \in \,]0, 1[$, jede **Konvexkombination** von x und y, ein Punkt des $\mathbb{R}^n$. All diese Punkte s liegen auf der Verbindungsstrecke von x und y.

Eine Teilmenge M des $\mathbb{R}^n$ heißt **konvex**, wenn sie mit je zweien ihrer Elemente, etwa x und y, auch jede Konvexkombination $\lambda \cdot x + (1 - \lambda) \cdot y$ enthält. Die Menge M heißt **streng konvex**, wenn jede Konvexkombination von Punkten aus M ganz im Inneren von M liegt.

Definition 5.2.5 *Eine Funktion f von n Variablen, die über einer konvexen Menge $M \subseteq \mathbb{R}^n$ definiert ist, heißt*

(a)   ***konvex***, *wenn $\{(x, y) | x \in M$ und $y \geq f(x)\}$, das ist die Menge der Punkte oberhalb des Funktionsgraphen, eine konvexe Teilmenge des $\mathbb{R}^{(n+1)}$ ist,*

(b)   ***konkav***, *wenn $\{(x, y) | x \in M$ und $y \leq f(x)\}$, das ist die Menge der Punkte unterhalb des Funktionsgraphen, eine konvexe Teilmenge des $\mathbb{R}^{(n+1)}$ ist,*

(c)   ***streng konvex (konkav)***, *wenn die in (a) und (b) angegebenen Mengen streng konvex sind.*

Folgerung 5.2.3

(a) *Sei f eine über M definierte konvexe Funktion, dann gilt: Der Funktionswert einer Konvexkombination zweier beliebiger Punkte aus M ist nicht größer als dieselbe Konvexkombination der Funktionswerte dieser Punkte. Formal schreibt man: Für $\forall x, y \in M$ und $\forall \lambda \in]0,1[$ ist*

$$f(\lambda x + (1 - \lambda) \cdot y) \leq \lambda \cdot f(x) + (1 - \lambda) \cdot f(y).$$

Mit anderen Worten, jede Sehne des Graphen von f liegt oberhalb dieses Funktionsgraphen.

(b) *Ist f eine konkave Funktion, so gilt für*

$$\forall x, y \in M \text{ und } \forall \lambda \in]0,1[: f(\lambda x + (1 - \lambda) \cdot y) \geq \lambda \cdot f(x) + (1 - \lambda) \cdot f(y).$$

Jede Sehne des Graphen liegt unterhalb des Funktionsgraphen.

(c) *Für streng konvexe (konkave) Funktionen gilt das Ungleichheitszeichen in (a) bzw. (b) streng.*

Eine Funktion kann über ihrem ganzen Definitionsbereich oder Teilmengen davon konvex oder konkav sein. Eine konkave Menge gibt es nicht! Wie im Fall von Funktionen einer Variablen, bei denen das Vorzeichen der zweiten Ableitung Auskunft über das Krümmungsverhalten - und damit über die Konvexitätseigenschaften - gab, wird auch bei Funktionen von mehreren Variablen die Konvexität mit Hilfe der zweiten Ableitungen, hier also der Hesseschen Matrix, untersucht. Es gelten die folgenden Sätze.

Satz 5.2.4 *Sei die Funktion $f(x_1, \ldots, x_n)$, definiert auf einer konvexen Teilmenge des $\mathbb{R}^n$, zweimal stetig partiell differenzierbar und H die Hessesche Matrix von f, dann gilt*

(a) *f konvex $\Leftrightarrow$ H positiv semidefinit*

(b) *f konkav $\Leftrightarrow$ H negativ semidefinit.*

Satz 5.2.5 *Sei die Funktion $f(x_1, \ldots, x_n)$ definiert auf einer konvexen Teilmenge des $\mathbb{R}^n$, zweimal stetig partiell differenzierbar und H die Hessesche Matrix von f, dann gilt*

(a) *H positiv definit $\Rightarrow$ f streng konvex*

(b) *H negativ definit $\Rightarrow$ f streng konkav*

(c)   H indefinit ⟺ f weder konvex noch konkav .

Beispiel 6:
Für die Funktion $f(x_1, x_2) = x_1^2 \cdot x_2^2 + 2x_2 + 3$ bestimmt man die Ableitungen

und die Hessesche Matrix $H = \begin{pmatrix} 2x_2^2 & 4x_1x_2 \\ 4x_1x_2 & 2x_1^2 \end{pmatrix}$.

Deren erste Hauptabschnittsdeterminante $D_1 = 2x_2^2$ ist immer positiv. Die zweite Hauptabschnittsdeterminante $D_2 = |H| = 4x_1^2x_2^2 - 16x_1^2x_2^2$ ist immer negativ. Die Hessesche Matrix H ist indefinit, somit ist diese Funktion f weder konvex noch konkav.

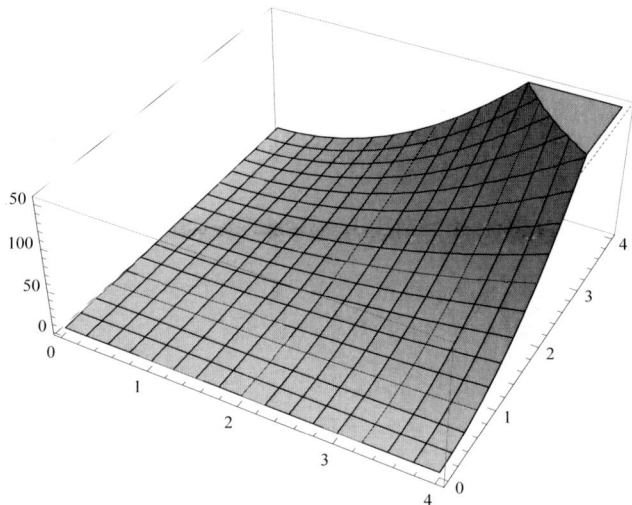

Abb. 5.13 Funktionsgraph zu $f(x_1, x_2) = x_1^2 \cdot x_2^2 + 2x_2 + 3$ aus Bsp. 6

Beispiel 7:
Eine lineare Funktion $f(x) = c^T \cdot x$ ist sowohl konvex als auch konkav, aber beides nicht streng.
Die Hessesche Matrix von f ist die Nullmatrix, deren Hauptabschnittsdeterminanten sind sämtlich gleich null; H ist sowohl positiv als auch negativ semidefinit.

Beispiel 8:
Die Quadratische Form $f(x,y) = x^2 + 2xy + 4y^2$ hat die Hessesche Matrix
$H = \begin{pmatrix} 2 & 2 \\ 2 & 8 \end{pmatrix}$. Alle ihre Elemente sind konstant. Man berechnet $D_1 = 2$ und
$D_2 = |H| = 12$. Die Matrix H ist positiv definit, daraus folgt die Konvexität
der Funktion f. Man nennt dann auch f selbst positiv definit (vgl. Kap. 5.1).

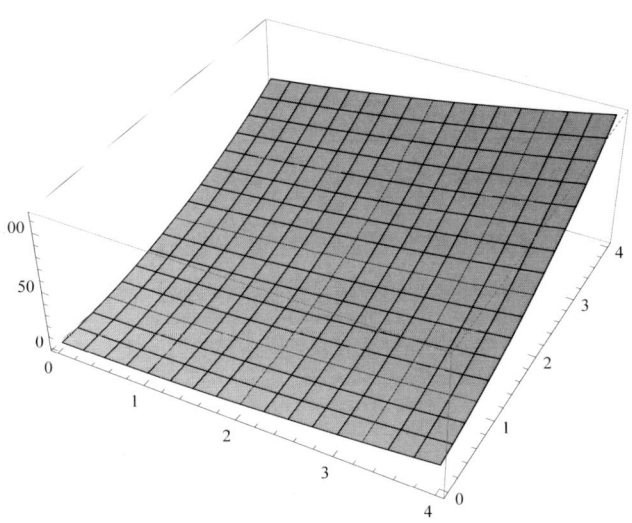

Abb. 5.14 Funktionsgraph zu $f(x,y) = x^2 + 2xy + 4y^2$ aus Bsp. 8

Die Quadratische Form in Bsp. 8 kann unter Verwendung der Koeffizienten-
matrix $C = \begin{pmatrix} 1 & 1 \\ 1 & 4 \end{pmatrix}$ geschrieben werden und man erkennt, dass $H = 2 \cdot C$.
Diese Eigenschaft haben auch Quadratische Formen in mehreren Variablen.

Folgerung 5.2.4 *Für jede Quadratische Form* $f(x) = x^T \cdot C \cdot x$ *ist die Hessesche Matrix* $H = 2 \cdot C$.

Damit kann die Konvexität ebenso wie die Definitheit einer Quadratischen
Form sowohl anhand der Koeffizientenmatrix C als auch mit Hilfe der Hes-
seschen Matrix H untersucht werden.
Die entsprechenden Hauptabschnittsdeterminanten D_i unterscheiden sich

immer nur um den Faktor zwei, sie haben also für beide Matrizen jeweils dieselben Vorzeichen.

Beispiel 9:
Die Funktion mit $f(x_1, x_2) = x_1 - x_1^4 - 4x_1x_2 - x_2^2$ ist zwar nicht über ganz $\mathbb{R}^2$, wohl aber über Teilmengen davon konkav. Für die Ableitungen ergibt sich $f_{x_1} = 1 - 4x_1^3 - 4x_2$, $f_{x_2} = -(4x_1 + 2x_2)$ und daraus die Hessesche Matrix

$$H = \begin{pmatrix} -12x_1^2 & -4 \\ -4 & -2 \end{pmatrix}.$$

Deren erste Hauptabschnittsdeterminante $D_1 = -12x_1^2$ ist für alle Argumentpunkte negativ. Somit könnte H negativ definit, also f konkav sein. Dazu müsste D_2 positiv sein. Man sieht aber, dass $D_2 = 24x_1^2 - 16$ für alle Argumentstellen mit $|x_1| < \sqrt{\dfrac{2}{3}}$ negativ ist.

Die Funktion f ist nicht konkav über ganz $\mathbb{R}^2$, wohl aber streng konkav über $\left]-\infty, -\sqrt{\dfrac{2}{3}}\right[\times \mathbb{R}$ und über $\left]+\sqrt{\dfrac{2}{3}}, \infty\right[\times \mathbb{R}$.

Aus Abbildung 5.11 sollte ersichtlich sein, dass die Konvexität einer Funktion mit dem Vorliegen von Tief- oder Hochpunkten, also lokalen Extrema, zu tun hat. Der Begriff der lokalen Extremstelle wird nun auch für Funktionen von mehreren Variablen erklärt.

Definition 5.2.6 *Sei $f : D \to \mathbb{R}, D \subseteq \mathbb{R}^n$ und x^0 ein innerer Punkt des Definitionsbereiches D.*

(a)   *Die Stelle x^0 heißt **lokale Maximalstelle** von f, wenn für ein hinreichend kleines ε gilt:*

$$f(x^0) \geq f(x) \quad \text{für alle } x \text{ mit } |x - x^0| < \varepsilon.$$

*Der zugehörige Funktionswert $f(x^0)$ heißt dann **lokales Maximum**.*

(b)   *Die Stelle x^0 heißt **lokale Minimalstelle** von f, wenn für ein hinreichend kleines ε gilt:*

$$f(x^0) \leq f(x) \quad \text{für alle } x \text{ mit } |x - x^0| < \varepsilon.$$

*Der zugehörige Funktionswert $f(x^0)$ heißt dann **lokales Minimum**.*

*Zusammenfassend spricht man wieder von **lokalen Extremstellen** beziehungsweise **lokalen Extremwerten**.*

Eine lokale Extremstelle kann jedenfalls nicht vorliegen, wenn die Funktion an dieser Stelle in irgendeine Richtung eine Steigung aufweist, die von null verschieden ist. Insbesondere müssen auch die Ableitungen in die Achsenrichtungen sämtlich gleich null sein, der Gradient von f an dieser Stelle ist der Nullvektor.

Definition 5.2.7 *Sei $f : D \to \mathbb{R}, D \subseteq \mathbb{R}^n$ und x^0 sei innerer Punkt von D. Man nennt x^0 **stationäre Stelle** von $f(x)$, wenn $grad(f)(x^0) = (0, \ldots, 0)$. Der Punkt $(x^0, f(x^0))$ heißt **stationärer Punkt**.*

Folgerung 5.2.5 *An einer stationären Stelle x^0 ist jede Richtungsableitung gleich Null.*

Folgerung 5.2.6 *Ist die Funktion f nach allen Variablen partiell differenzierbar und x^0 lokale Extremstelle von f, dann ist x^0 auch stationäre Stelle. Andererseits braucht aber nicht jede stationäre Stelle auch lokale Extremstelle zu sein.*

Beispiel 9, Fortsetzung:
Zur Funktion $f(x_1, x_2) = x_1 - x_1^4 - 4x_1x_2 - x_2^2$ bestimmt man die stationären Stellen, indem man die partiellen Ableitungen null setzt und die beiden Gleichungen nach x_1 und x_2 auflöst: $f_{x_2} = -4x_1 - 2x_2 = 0$ ergibt $x_2 = -2x_1$. In die andere Gleichung eingesetzt erhält man eine Gleichung in x_1: $f_{x_1} = 1 - 4x_1^3 - 4x_2 = 1 - 4x_1^3 + 8x_1 = 0$.
Mit Hilfe des Zwischenwertsatzes lässt sich diese Gleichung dritten Grades zumindest näherungsweise lösen und man erhält dafür die drei Lösungen $x_{11} \approx -1.347$, $x_{12} \approx -0.126$ und $x_{13} \approx 1.473$.

Damit gibt es drei stationäre Stellen der Funktion, der Reihe nach geschrieben, $S_1 = (-1.347, 2.694)$, $S_2 = (-0.126, 0.252)$ und $S_3 = (1.473, -2.946)$. Die jeweiligen Funktionswerte sind 2.6168, −0.0627 und 5.444. Sind das nun Extremwerte? Man stelle sich dazu die Tangentialebene an den Funktionsgraphen in einem der stationären Punkte vor. Wenn diese oberhalb des Funktionsgraphen liegt - also die Funktion f in der Nähe der stationären Stelle konkav ist - so handelt es sich dabei um eine lokale Maximalstelle. Wenn diese Tangentialebene aber den Funktionsgraphen im stationären Punkt schneidet - also die Funktion dort nicht konkav oder konvex ist - liegt kein lokales Extremum vor.
Diese Überlegung ist für alle drei stationären Punkte durchzuführen.

Anhand der Konvexitätseigenschaft der Funktion in der Nähe des stationären Punktes kann auch bei Funktionen von mehreren Variablen entschieden wer-

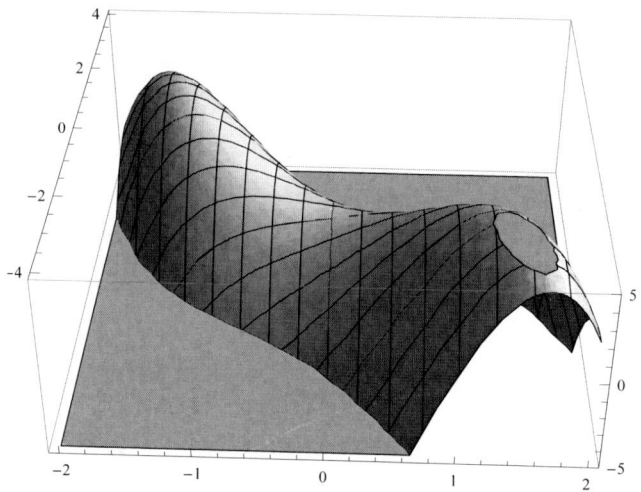

Abb. 5.15 Räumliche Darstellung des Funktionsgraphen zu Bsp. 9

den, ob es sich um eine lokale Extremstelle handelt. Liegt eine stationäre Stelle in einem Bereich, in welchem die Funktion konvex ist, so ist diese Stelle lokale Minimalstelle, liegt sie in einem Konkavitätsbereich von f, so ist sie lokale Maximalstelle.

Da die Konvexität einer Funktion in der Nähe einer Stelle x^0 mit Hilfe der Definitheitseigenschaften der Hesseschen Matrix an eben dieser Stelle überprüft wird, gilt folgender Satz.

Satz 5.2.6 *Sei $f : D \to \mathbb{R}, D \subseteq \mathbb{R}^n$. Ist f zweimal stetig partiell differenzierbar und x^0 stationäre Stelle von f, dann gilt in Abhängigkeit von der Definitheit der Hesseschen Matrix an der Stelle x^0,*

(a) $H(x^0)$ ist positiv definit $\Rightarrow$ x^0 ist lokale Minimalstelle, $f(x^0)$ ist lokales Minimum,

(b) $H(x^0)$ ist negativ definit $\Rightarrow$ x^0 ist lokale Maximalstelle, $f(x^0)$ ist lokales Maximum,

(c) $H(x^0)$ ist indefinit $\Rightarrow$ x^0 ist keine lokale Extremstelle.

(d)   Im Fall der Semidefinitheit kann nicht ohne weiteres entschieden werden.

Beispiel 9, Fortsetzung:
Für jede der drei stationären Stellen ist H auf Definitheit zu überprüfen. Da D_1 jedenfalls negativ ist, ist H möglicherweise negativ definit und es muss für die drei stationären Stellen noch untersucht werden, ob $|H| = D_2 = 24x_1^2 - 16$ dort positiv ist.
Für $S_1 = (-1.347, 2.694)$ erhält man $D_2 = 27.5 > 0$. Damit ist S_1 lokale Maximalstelle und $f(S_1) = 2.6168$ ein lokaler Maximalwert.
Die stationäre Stelle $S_2 = (-0.126, +0.252)$ liegt nicht im Konkavitätsbereich der Funktion. Die Hessesche Matrix ist in deren Nähe indefinit, die Funktion ist hier weder konvex noch konkav. Es liegt also kein lokales Extremum vor, die Funktion hat an der Stelle $(-0.126, +0.252)$ einen sogenannten **Sattelpunkt** (vgl. Abb. 5.15).
Für die stationäre Stelle S_3 ergibt sich $D_2 = 36.07 > 0$ und somit ist auch S_3 eine lokale Maximalstelle und $f(S_3) = 5.444$ ein lokaler Maximalwert der Funktion f.
Man beachte, dass diese stetige Funktion zweier Variablen zwei lokale Maximalstellen, aber keine lokale Minimalstelle besitzt.

Folgerung 5.2.7

(a)   Ist eine Funktion über ihrem ganzen Definitionsbereich $D \subseteq \mathbb{R}^n$ konvex, so kann sie höchstens einen stationären Punkt besitzen. Dieser ist dann lokale und zugleich globale Minimalstelle.

(b)   Ist eine Funktion über ihrem ganzen Definitionsbereich $D \subseteq \mathbb{R}^n$ konkav, so kann sie höchstens einen stationären Punkt besitzen. Dieser ist dann lokale und zugleich globale Maximalstelle.

Beispiel 10:
Um lokale Extremstellen der Funktion von drei Variablen mit $f(x, y, z) = 3x^2 + y^3 - 4xy + xz - z$ zu bestimmen, ermittelt man alle partiellen Ableitungen, setzt diese gleich null und errechnet die stationären Punkte. Die drei Gleichungen

$$\frac{\partial f}{\partial x} = 6x - 4y + z = 0, \quad \frac{\partial f}{\partial y} = 3y^2 - 4x = 0 \text{ und } \frac{\partial f}{\partial z} = x - 1 = 0.$$

besitzen zwei Lösungen, die Funktion hat zwei stationäre Stellen,

$$S_1 = \left(1, +\frac{2}{\sqrt{3}}, +\frac{8}{\sqrt{3}} - 1\right) \text{ und } S_2 = \left(1, -\frac{2}{\sqrt{3}}, -\frac{8}{\sqrt{3}} - 1\right).$$

An diesen beiden Stellen ist die Hessesche Matrix auf Definitheit zu untersu-
chen. Allgemein erhält man $H = \begin{pmatrix} 6 & -4 & 1 \\ -4 & 6y & 0 \\ 1 & 0 & 0 \end{pmatrix}$. Ohne die stationären Punkte
tatsächlich einsetzen zu müssen, sieht man: $D_1 = 6 > 0$. Die Werte der bei-
den weiteren Hauptabschnittsdeterminanten hängen von y ab.
$D_2(y) = 36y - 16$ und $D_3 = -6y$. Damit ist an der stationären Stelle S_1
$D_2 \approx 25.6$ und $D_3 = \det(H) \approx -6.9$. Somit ist H indefinit und die erste
stationäre Stelle ist keine Extremstelle.

An der zweiten stationären Stelle S_2 ist schon D_2 negativ, auch hier ist die
Hessesche Matrix indefinit, die Funktion hat keine lokale Extremstelle.

Wie auch immer man y wählt, es können nicht alle drei Hauptabschnittsdeterminanten positiv sein. Diese Funktion ist nirgends konvex oder konkav.
Ihre Definitionsmenge ist - solange man sie nicht explizit einschränkt - der
ganze $\mathbb{R}^3$. Dort besitzt f dann auch keine globale Extremstelle, hat also weder einen Minimal- noch einen Maximalwert.

Wählt man hingegen eine beschränkte Teilmenge des Raumes $\mathbb{R}^3$ als Definitionsmenge, dann bleibt die Funktion f beschränkt und nimmt einen globalen Maximalwert an (vgl. dazu auch Kap. 6.2 und Kap. 6.3).

Die Hessesche Matrix einer Funktion von zwei Variablen kann nur definit
sein, wenn ihre Determinante $\det(H)$ positiv ist. Ob positive oder negative
Definitheit vorliegt, entscheidet sich durch die erste Hauptabschnittsdeter-
minante $D_1 = |(f_{x_1 x_1})| = f_{x_1 x_1}$. Damit ergeben sich als Spezialfall von Satz
5.2.6 die folgenden hinreichenden Bedingungen für das Vorliegen einer lokalen Minimal- bzw. Maximalstelle.

Folgerung 5.2.8 *Ist für eine Funktion von zwei Variablen an einer stationären Stelle x^0 die Determinante $\det(H) > 0$, dann ist diese Stelle*

(a)   lokale Maximalstelle, wenn $\dfrac{\partial^2 f}{\partial x_1^2} < 0$

(b)   lokale Minimalstelle, wenn $\dfrac{\partial^2 f}{\partial x_1^2} > 0$.

Der Fall $\dfrac{\partial^2 f}{\partial x_1^2} = 0$ ist nicht möglich, wenn $\det(H(x^0))$ positiv sein soll.

Beispiel 11:
Die Funktion $f(x_1, x_2) = x_1^2 + 2x_1x_2 + 3x_2^2 - 2x_1$ ist auf lokale Extremstellen zu untersuchen. Nullsetzen der partiellen Ableitungen ergibt die beiden Gleichungen $f_{x_1} = 2x_1 + 2x_2 - 2 = 0$ und $f_{x_2} = 2x_1 + 6x_2 = 0$. Man errechnet die (einzige) Lösung und somit die stationäre Stelle $\left(\dfrac{3}{2}, -\dfrac{1}{2} \right)$. Zur Überprüfung der hinreichenden Bedingung ermittelt man die Hessesche Matrix $H = \begin{pmatrix} 2 & 2 \\ 2 & 6 \end{pmatrix}$. Es sind - unabhängig von der Stelle x^0 - beide Hauptabschnittsdeterminanten positiv: $D_1 = 2$ und $D_2 = 12 - 4 = 8$. H ist positiv definit, die Funktion konvex über $\mathbb{R}^2$ und der Punkt $\left(\dfrac{3}{2}, -\dfrac{1}{2} \right)$ ist lokale und zugleich globale Minimalstelle. Der Minimalwert von f beträgt -1.5.

5.3 Ökonomische Anwendungen

Auch hier gilt, wie schon in Kap. 4.6, dass nur spezielle Typen von Funktionen einzeln betrachtet werden und manche kompliziertere wirtschaftliche Zusammenhänge außer Acht bleiben.

Viele ökonomische Größen sind nicht nur von einer, sondern von mehreren Variablen abhängig. Es bietet sich folglich an, die Begriffe aus Kapitel 4.6 auch bei Funktionen von mehreren Variablen anzuwenden, um solche Abhängigkeiten zu beschreiben und zu quantifizieren.

A Kostenfunktionen

Es sei $(x_1, \ldots, x_n)$ ein Vektor des $\mathbb{R}^n$. Interpretiert man dessen Komponenten als Mengen von n Gütern, auch **Güterbündel** genannt, so fallen bei Herstellung dieses Güterbündels Kosten K an, die von jeder einzelnen Produktionsmenge x_i abhängig sind. Diese Abhängigkeit wird durch die **Kostenfunktion** $K(x_1, \ldots, x_n)$ beschrieben. Höhere Erzeugungsmengen jedes Gutes werden üblicherweise zu höheren Kosten führen. Eine Kostenfunktion ist demnach monoton steigend in allen Variablen. Alle ersten partiellen Ableitungen sind positiv. Der Wert der partiellen Ableitung nach x_i an einer

Stelle $x_0 = (x_1{}^0, \ldots, x_n{}^0)$ gibt dann näherungsweise die zusätzlichen Kosten an, welche erwachsen, wenn vom i-ten Gut um eine Mengeneinheit mehr erzeugt wird und die übrigen Mengen x_j mit $j \neq i$ unverändert bleiben. Man bezeichnet demzufolge die partielle Ableitung als **Grenzkostenfunktion des i-ten Gutes** und es gilt $\dfrac{\partial K}{\partial x_i} > 0$ für alle $i = 1, \ldots n$. Lässt man im Ausdruck $K(x_1{}^0, \ldots, x_n{}^0)$ alle Variablen bis auf die i-te unverändert, so ergibt sich eine Funktion von nur mehr einer Variablen x_i. Der Verlauf dieser Funktion wird wieder (vgl. Kap. 4.6) dem Gesetz der schließlich zunehmenden Grenzkosten genügen. Die Grenzkosten des i-ten Gutes sind eine schließlich, d.h. für alle $x_i > x_i{}^*$, wachsende Funktion. Die zweite partielle Ableitung $\dfrac{\partial^2 K}{\partial x_i{}^2}$ wird ab dieser Stelle positiv sein.

B Produktionsfunktionen

Hier im Abschnitt B wird wieder nur - analog zu Kap. 4.6 - eine spezielle Art von Produktionsfunktion besprochen, und zwar jene mit „schließlich fallenden Grenzerträgen". In Abschnitt F werden dann Produktionsfunktionen mit von Anfang an fallenden Grenzerträgen betrachtet. In diesen beiden Fällen sind die Inputgüter prinzipiell substituierbar. Auch in Kap. 2.5 wurden Technologien bzw. Produktionsprozesse beschrieben. Für die dort beschriebenen linearen Produktionsprozesse gibt es keinerlei Substitutionsmöglichkeit unter den Inputgütern.

Ein Betrieb (eine Papiermaschine, ein Hochofen, etc.) stelle ein Erzeugnis her. Dazu werden in einem Produktionsprozess n Güter eingesetzt, diese werden **Inputfaktoren** genannt. In Abhängigkeit von den Mengen all dieser eingesetzten Güter wird weniger oder mehr erzeugt werden. Die erzeugte Quantität nennt man den Output. Dieser Output könnte z.B. auch der Geldwert des hergestellten Gutes sein.
Bezeichnet man den Inputvektor für einen Produktionsprozess mit

$$r = (r_1, \ldots, r_n),$$

so wird die produzierte Menge, der Output, von allen Inputgrößen r_j abhängen. Diese werden auch Faktoreinsatzmengen der einzelnen Faktoren genannt. Die Annahme eines funktionalen Zusammenhanges zwischen Input und Output ist naheliegend.

Die **Mikroökonomische Produktionsfunktion** $f(r_1, \ldots, r_n)$ beschreibt den Output eines Betriebes oder einer Produktionsanlage in Abhängigkeit von den n Faktoreinsatzmengen r_1 bis r_n. Oft werden auch bei Produktionsfunktionen die Variablen mit x_i und nicht mit r_i bezeichnet, insbesondere um Verwechslungen mit der schon oben verwendeten Bezeichnung r für den Homogenitätsgrad einer Funktion aber auch mit der weiter unten auftretenden Bezeichnung r_{ij} für die Grenzrate der Substitution zu vermeiden.

Die erste partielle Ableitung $\dfrac{\partial f}{\partial r_i}$ heißt **Grenzproduktivität** oder auch kurz **Grenzprodukt** oder **Grenzertrag des i-ten Faktors**.

Höhere Mengen von irgendeinem der Inputgüter werden höheren oder zumindest den gleichen Output nach sich ziehen, damit sind alle partiellen Ableitungen $\dfrac{\partial f}{\partial r_i} \geq 0$, d. h. kein Grenzprodukt ist negativ. Der Wert von $\dfrac{\partial f}{\partial r_i}$ an einer Stelle $(r_1{}^0, \ldots, r_n{}^0)$ gibt dann an, um wie viele Einheiten der Output näherungsweise steigt, wenn vom i-ten Gut eine Einheit mehr eingesetzt wird. Für jeden einzelnen Inputfaktor gilt wieder (vgl. Kap. 4.5) das **Ertragsgesetz**: Ab einer bestimmten Menge $r_i{}^*$ wird „ceteris paribus", d.h. wenn alle anderen Inputgütermengen unverändert beibehalten werden, der Zuwachs an Output, also das Grenzprodukt, immer geringer. Damit ist ab $r_i{}^*$ die erste Ableitung $\dfrac{\partial f}{\partial r_i}$ monoton fallend und die zweite Ableitung $\dfrac{\partial^2 f}{\partial r_i{}^2}$ negativ.

Betrachtet man nicht den Output eines einzelnen Betriebes, sondern die von einer gesamten Volkswirtschaft erbrachte Leistung in Abhängigkeit von den Mengen der Produktionsfaktoren Arbeit (A) und Kapital (K), so nennt man die Funktion $Y = f(A, K)$ **Makroökonomische Produktionsfunktion**. Y kann darin als das Bruttonationalprodukt oder eine ähnliche volkswirtschaftliche Größe gedeutet werden. Der Wert von Y ergibt sich in Abhängigkeit von der eingesetzten Arbeits- bzw. Kapitalmenge. Die partielle Ableitung $\dfrac{\partial f}{\partial A}$ heißt **Grenzproduktivität des Faktors Arbeit**. Analog nennt man $\dfrac{\partial f}{\partial K}$ die **Grenzproduktivität des Kapitals**. Auch bei Makroökonomischen Produktionsfunktionen gilt für beide Faktoren: Der Grenzertrag ist positiv und es gilt das Gesetz der schließlich abnehmenden Grenzerträge.

C Nutzenfunktionen

Einem Konsumenten, dem n verschiedene Konsumgüter in den Mengen $x_1, \ldots, x_n$ zur Verfügung stehen, erwächst daraus ein Nutzen, der von jeder einzelnen Gütermenge x_i, also dem gesamten Güterbündel, abhängt. Wenn man nun diesen Nutzen - und hier soll nicht untersucht werden, unter welchen Voraussetzungen das möglich ist - durch eine reelle Zahl ausdrückt, so ergibt sich eine Funktion $u(x_1, \ldots, x_n)$, welche **Nutzenfunktion** genannt wird. Diese Funktion hat im Allgemeinen ähnliche Eigenschaften wie eine Produktionsfunktion: Sie ist monoton steigend in jeder Variablen, d. h. alle partiellen Ableitungen $\dfrac{\partial u}{\partial x_i}$ sind positiv. Man nennt diese Ableitung den **Grenznutzen des i-ten Gutes**. Für alle Güter gilt das **Gesetz des schließlich abnehmenden Grenznutzens**. Damit ist ab einem $x_i{}^*$ der Grenznutzen des i-ten Gutes monoton fallend und ab dort ist die zweite partielle Ableitung nach x_i negativ.

D Nachfragefunktionen

Die Konsumenten werden ihre Nachfrage nach einem bestimmten Gut sowohl am Preis dieses einen Produktes, als auch an den Preisen anderer (vergleichbarer) Produkte orientieren. Wenn die mit $i = 1, \ldots, n$ nummerierten Güter zu den Preisen $p_1, \ldots, p_n$ angeboten werden, so ist die Nachfrage nach einem dieser Produkte, etwa dem Gut mit der Nummer i, nicht nur eine Funktion des Preises p_i, sondern auch von den anderen Preisen abhängig. Bezeichnet man den Vektor der Preise mit $(p_1, \ldots, p_n)$, so wird die Nachfrage nach dem i-ten Gut durch eine **Nachfragefunktion** $N^i(p_1, \ldots, p_n)$ aller n Preise beschrieben.

Jede Preiserhöhung eines Gutes bewirkt nun Änderungen der nachgefragten Mengen. Üblicherweise wird jenes Gut, dessen Preis steigt, weniger nachgefragt: N^i ist - betrachtet als Funktion des Preises p_i - monoton fallend, daher ist die **Grenznachfrage** $\dfrac{\partial N^i}{\partial p_i}$ negativ.

Die Nachfrage nach den anderen Gütern - diese werden ja relativ gesehen billiger - wird hingegen zunehmen. N^j ist - betrachtet als Funktion von p_i - monoton steigend, $\dfrac{\partial N^j}{\partial p_i}$ ist positiv. Diese partielle Ableitung nennt man die

Grenznachfrage nach Gut j bezogen auf den Preises des i-ten Gutes.
Der Wert an einer Stelle $p_0 = (p_1{}^0, \ldots, p_n{}^0)$ gibt dann an, um wie viele Einheiten sich die Nachfrage nach Gut j näherungsweise ändert, wenn der Preis p_i, ausgehend von $p_i{}^0$, um eine Einheit steigt.
Um zu beschreiben, wie sich eine Funktion bei Änderung der Argumentwerte verhält, werden die partiellen Ableitungen verwendet.

Allerdings gilt auch hier - wie im Fall von Funktionen einer Variablen - dass der Wert dieser Ableitungen von den gewählten Maßeinheiten abhängig ist. Eine davon unabhängige Größe erhält man, indem man wie in Kap. 4.6 die (hier partielle) Ableitung durch den Durchschnittswert dividiert.

Definition 5.3.1 *Partielle Elastizitäten*
Für eine Funktion $f(x_1, \ldots, x_n)$ von n Variablen nennt man die Größe

$$\varepsilon_j = \frac{\frac{\partial f}{\partial x_j}}{\frac{f(x)}{x_j}}$$

partielle Elastizität von f bezüglich x_j , kurz: partielle Elastizität von x_j.

Der Wert dieser partiellen Elastizität an einer Stelle $x_0 = (x_1{}^0, \ldots, x_n{}^0)$ gibt an, um wieviel Prozent sich der Funktionswert näherungsweise ändert, wenn, ausgehend vom Argumentvektor x_0 , dessen j-te Komponente $x_j{}^0$ um ein Prozent erhöht wird. Insbesondere nennt man bei Nachfragefunktionen

$$\varepsilon_{ii} = p_i \cdot \frac{N^i{}_{p_i}}{N^i}$$

Preiselastizität des i-ten Gutes.

Der Wert der Preiselastizität ε_{ii} an einer Stelle $p_0 = (p_1{}^0, \ldots, p_n{}^0)$ gibt an, um wieviel Prozent sich die Nachfrage nach Gut i näherungsweise verändert, wenn der Preis dieses Gutes um ein Prozent steigt.
Die Preiselastizität ist üblicherweise negativ.
Die prozentuale Nachfrageänderung nach Gut i, wenn der Preis eines anderen Gutes, etwa p_j , um ein Prozent steigt, ist gegeben durch $\varepsilon_{ij} = p_j \cdot \frac{N^i{}_{p_j}}{N^i}$ und heißt **Kreuzpreiselastizität**. Diese ist im Allgemeinen positiv.

Bei einer Produktionsfunktion $f(r_1, \ldots, r_n)$ bezeichnet man $\varepsilon_j = \frac{f_{r_j}}{f} \cdot r_j$ als **Produktionselastizität des j-ten Faktors** oder kurz **Faktorelastizität**.

Da Produktionsfunktionen üblicherweise in allen Variablen monoton wachsend sind, ist hier jede Elastizität positiv. Der zugehörige Wert $\varepsilon_j(r^0)$ an einer Stelle $r^0 = (r_1{}^0, \ldots, r_n{}^0)$ gibt an, um wie viel Prozent der Output näherungsweise zunimmt, wenn vom j-ten Faktor um ein Prozent mehr eingesetzt wird.

E Substitution von Inputfaktoren bei Produktionsfunktionen

Im Folgenden soll untersucht werden, in welcher Weise und wie gut sich bei einem Produktionsprozess ein Produktionsfaktor durch einen anderen ersetzen (substituieren) lässt, ohne eine Produktionseinbuße zu erleiden. Die Überlegungen dazu werden im Folgenden mit einer makroökonomischen Produktionsfunktion in den zwei Variablen A (Arbeit) und K (Kapital) durchgeführt, lassen sich aber auf Funktionen von mehr als zwei Variablen sinngemäß erweitern.

Bei einer Produktionsfunktion $f(A,K)$ wird normalerweise ein und derselbe Funktionswert c (der Output) unter Einsatz verschiedener Kombinationen von Faktormengen erzielt werden können. Alle Punkte (A,K), die zum selben Output führen, liegen auf ein und derselben Isoquante von f. Bei einer Produktionsfunktion $f(A,K)$ sagt man statt Isoquante auch Isoproduktkurve. Die Isoproduktkurve zum Wert c ist bestimmt durch die Gleichung $f(A,K) = c$. Man errechnet daraus beispielsweise K als Funktion von A und erhält eine Funktion einer Variablen: $K = K_c(A)$.

Wird nun, ausgehend etwa vom Punkt (A_0, K_0) der Isoproduktkurve, ein Teil der Arbeit durch Kapital ersetzt, dann gibt die Ableitung der Funktion $K_c(A)$ nach A, also $\dfrac{d}{dA}K_c(A)$, näherungsweise an, um wie viele Einheiten der Kapitaleinsatz sich - bei gleichbleibendem Output c - ändert, wenn vom Faktor Arbeit eine Einheit mehr eingesetzt wird. Der Absolutbetrag dieser Ableitung gibt also an, wie viel Kapital (in Einheiten) zusätzlich eingesetzt werden muss, um eine Mindereinheit des Faktors Arbeit zu ersetzen, ohne dass sich der Output c ändert.

Längs der Isoquante gilt logischerweise $f(A,K) = c$ bzw. $f(A, K_c(A)) = c$, d.h. die Funktion $f(A,K)$, betrachtet als Funktion $f(A, K_c(A))$ nur der einen Variablen A, ist längs dieser Isoquante konstant und daher ist dort die Ableitung nach A gleich null: $\dfrac{d}{dA}f(A, K_c(A)) = 0$.

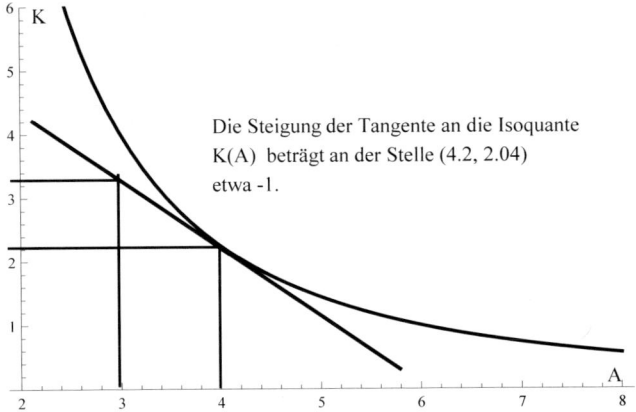

Abb. 5.16 Isoproduktkurve I_c der Funktion $f(A,K) = A \cdot K^{\frac{1}{2}}$ für $c = 6$

Unter Anwendung der erweiterten Kettenregel (Satz 5.2.3) erhält man

$$\frac{\partial f}{\partial A} \cdot \frac{dA}{dA} + \frac{\partial f}{\partial K} \cdot \frac{dK}{dA} = 0 \text{ und daraus } \frac{\partial f}{\partial K} \cdot \frac{dK}{dA} = -\frac{\partial f}{\partial A} = f_A.$$

Also ergibt sich für die Steigung der Isoproduktkurve $\dfrac{dK}{dA} = -\dfrac{f_A}{f_K}$.

Ihr Wert an einer Stelle (A_0, K_0) gibt an, um wie viele Einheiten K sich näherungsweise verringert, wenn A um eine Einheit erhöht wird und der gleiche Output c erzielt werden soll. Dieser Wert ist normalerweise negativ. Sein Betrag kann auch interpretiert werden als die zur Aufrechterhaltung des Outputs c benötigte Menge von K, wenn um eine Einheit Arbeit weniger eingesetzt wird.

Für eine Produktionsfunktion $f(A,K)$ nennt man den Betrag der Steigung der Tangente an die Isoquante durch einen Punkt (A,K) die Grenzrate der Substitution (von Kapital für Arbeit), bezeichnet diesen mit r_{KA} und berechnet $r_{KA} = \left| \dfrac{dK}{dA} \right| = \left| \dfrac{f_A}{f_K} \right|$.

Für die Funktion $f(A,K)$ gibt also der Betrag der Steigung der Isoquante $K_c(A)$ durch einen Punkt (A_0, K_0) Auskunft über die gegenseitige Substituierbarkeit der beiden Inputgrößen unter Beibehalten desselben Outputs $f(A_0, K_0) = c$. Ähnliche Überlegungen können für Funktionen von mehr als zwei Variablen durchgeführt werden und führen zu (b) der folgenden Definition.

Definition 5.3.2 *Grenzrate der Substitution*

(a) *Sei $f(A,K)$ eine Produktionsfunktion. Dann nennt man den Ausdruck $r_{KA} = \left|\frac{dK}{dA}\right| = \left|\frac{f_A}{f_K}\right|$ **Grenzrate der Substitution von Kapital an Stelle von Arbeit** (kurz: Kapital für Arbeit).*

(b) *Sei $f(x_1,\ldots,x_n)$ eine Produktionsfunktion. Dann nennt man den Ausdruck $r_{ij} = \left|\frac{f_{x_j}}{f_{x_i}}\right|$ die **Grenzrate der Substitution von Faktor i für Faktor j**.*

Man sagt dazu auch **Marginale Rate der Substitution**, abgekürzt **MRS**. Offensichtlich ist r_{ij} der Kehrwert von r_{ji} bzw. r_{AK} der Kehrwert von r_{KA}.

Beispiel 1: Gegeben sei die Funktion $f(A,K) = A \cdot \sqrt{K} = A \cdot K^{1/2}$. Dann liegen die Punkte $(A_0, K_0) = (3,4)$ und $(A_1, K_1) = (6,1)$ beide auf der Isoproduktkurve zu $c = 6$ (vgl. Abb. 5.16). Man berechnet für beide Faktoren die Grenzprodukte, $\frac{\partial f}{\partial A} = K^{1/2}$ und $\frac{\partial f}{\partial A} = A \cdot \frac{1}{2}K^{-1/2}$. An der Stelle $(A_0, K_0) = (3,4)$ betragen die Werte dieser Grenzprodukte $f_A(3,4) = 2$ und $f_K(3,4) = \frac{3}{4}$ und man erhält $r_{KA}(3,4) = \frac{8}{3}$. Das bedeutet, ausgehend von den Faktoreinsatzmengen $(3,4)$ benötigt man näherungsweise $8/3$ Einheiten Kapital, um eine Einheit Arbeit zu ersetzen. Für den auf derselben Isoquante liegenden Punkt $(A_1, K_1) = (6,1)$, d. h. bei einem Faktoreinsatzverhältnis von Kapital zu Arbeit, $K : A = 1 : 6$ ergeben sich für die Ableitungen die Werte 1 und 3, die Grenzrate der Substitution beträgt hier $1/3$. Eine Mindereinheit Arbeit kann durch eine Drittel Mehreinheit Kapital substituiert werden.

Man erkennt aus diesem Beispiel zweierlei:
Erstens: Die Grenzrate der Substitution ist eine von den gewählten Einheiten abhängige Größe, für ökonomische Vergleiche also nicht unmittelbar brauchbar.
Zweitens: Bei einer Produktionsfunktion von zwei Variablen ist die Grenzrate der Substitution abhängig von den Faktoreinsatzmengen, genauer gesagt vom Verhältnis, in welchem die beiden Faktoren eingesetzt werden.
Zu einem kleinem Faktoreinsatzverhältnis $v = K : A = 1 : 6$ ergibt sich mit $1/3$ ein kleiner Wert für r_{KA}, zum größeren Quotienten $v = K : A = 4 : 3$ erhält man für r_{KA} den größeren Wert $8/3$.
Ökonomisch ist dieser Sachverhalt folgendermaßen interpretierbar: Ein Faktor, von dem ohnehin schon wenig eingesetzt wird, lässt sich schwerer - nur durch mehr Einheiten des anderen Faktors - substituieren, als wenn er in größerer Menge eingesetzt wird. Folglich ist $r_{KA}(v)$ eine monoton wachsende Funktion von v. Diese Funktion ist umkehrbar und $v(r_{KA})$ ist eine eben-

falls monoton wachsende Funktion von r_{KA} .

Nun wird die Änderung des Faktoreinsatzverhältnisses v in Abhängigkeit von der Grenzrate r_{KA} untersucht. Soll diese Änderung prozentual angegeben werden, so ist dazu die Elastizität $\varepsilon_v(r_{KA})$ der Funktion $v(r_{KA})$ heranzuziehen.

Man berechnet definitionsgemäß $\varepsilon_v(r_{KA}) = \varepsilon(r) = \dfrac{dV}{dr} \Big/ \dfrac{v}{r} = \dfrac{dV}{dr} \Big/ \dfrac{dr}{r}$.

Dieser Ausdruck kann interpretiert werden als relative Änderung des Faktoreinsatzverhältnisses v dividiert durch die relative Änderung der Grenzrate der Substitution. Diese Größe nennt man Substitutionselastizität. Setzt man für v und $r = r_{KA}$ wieder deren ursprüngliche Ausdrücke ein, so ergibt sich:

Definition 5.3.3 *(Partielle) Substitutionselastizität*

(a) *Für eine Produktionsfunktion $f(A,K)$ nennt man den Quotienten σ aus der relativen Änderungsrate des Faktoreinsatzverhältnisses, dividiert durch die relative Grenzrate der Substitution von K für A,*

$$\sigma = \sigma_{KA} = \frac{d\frac{K}{A}}{\frac{K}{A}} \Big/ \frac{d\frac{f_A}{f_K}}{\frac{f_A}{f_K}}$$

*die **Substitutionselastizität** (für die Substitution von K für A).*

(b) *Bei einer Produktionsfunktion von mehr als zwei Variablen wird analog, um die Substituierbarkeit des Faktors i durch Faktor j zu beschreiben, die Elastizität σ_{ij} erklärt und **partielle Substitutionselastizität** genannt.*

Zur Berechnung von σ_{KA} ergibt sich aus der Definition die Gleichung

$$\sigma_{KA} = \frac{f_A \cdot f_K(f_A \cdot A + f_K \cdot K)}{A \cdot K(2 f_A \cdot f_k \cdot f_{AK} - f_A^2 \cdot f_{KK} - f_K^2 \cdot f_{AA}}$$

Einige Eigenschaften der Substitutionselastizität sind in folgendem Satz zusammengefasst:

Satz 5.3.1

(a) σ_{KA} *ist von den Maßeinheiten für A und K unabhängig*

(b) $\sigma_{AK}(A,K) = \sigma_{KA}(A,K)$.

(c)   Sind die Isoproduktkurven konvex, dann ist σ_{AK} positiv.

(d)   Die Aussagen aus (a) und (b) gelten sinngemäß auch für partielle Substitutionselastizitäten.

Je größer der Wert von σ, desto flacher ist die Isoproduktkurve, und desto langsamer nimmt die Grenzrate der Substitution zu, wenn K für A substituiert wird.
Die Größe von σ zeigt also an, mit welchem Aufwand die gleiche Produktmenge aufrechterhalten werden kann, wenn man K für A substituiert.

Es gibt zwei Grenzfälle:
Sind K und A vollkommen substituierbare Faktoren, derart, dass man bei einer Vermehrung von K, die der Abnahme von A proportional ist, dieselbe Produktmenge erhält, dann ist die Isoproduktkurve eine gerade Linie und σ wird unendlich.

Wenn K und A überhaupt nicht substituiert werden können und in einem festen Verhältnis gebraucht werden, muss die Zunahme eines der Faktoren über dieses Verhältnis hinaus die Produktmenge unverändert lassen. Die Isoproduktkurve bildet in dem betreffenden Punkt einen rechten Winkel und σ ist gleich null.

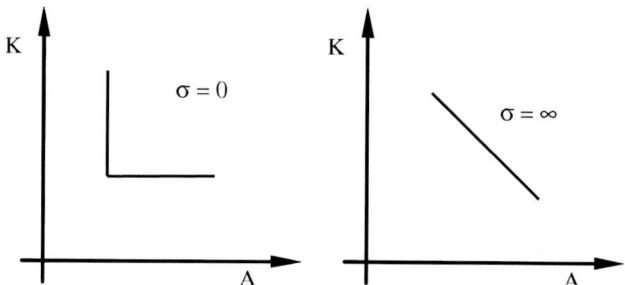

Abb. 5.17 Isoquanten von Produktionsfunktionen mit verschiedenen σ-Werten

Beispiel 1, ff: Für die Produktionsfunktion $f(A,K) = A \cdot K^{1/2}$ bestimmt man die partiellen Ableitungen $f_A = K^{1/2}$, $f_K = A \cdot \frac{1}{2}K^{-1/2}$, daraus die zweiten Ableitungen $f_{AA} = 0$, $f_{AK} = f_{KA} = \frac{1}{2} \cdot K^{-1/2}$ und $f_{KK} = A \cdot (-1/4) \cdot K^{-3/2}$. Durch Einsetzen in obige Formel ergibt sich, unabhängig von den Werten für A und K, die Substitutionselastizität $\sigma = 1$.

F Spezielle Produktionsfunktionen

In der Literatur finden sich insbesondere zwei spezielle Typen von Produktionsfunktionen. Durch Multiplikation aller Inputgrößen, wobei jede mit einem ihrem Gewicht entsprechenden Exponenten zu versehen ist, ergibt sich der folgende Funktionstyp.

Definition 5.3.4 Cobb-Douglas-Produktionsfunktionen
Eine Produktionsfunktion f mit

$$f(r_1,\ldots,r_n) = c \cdot (r_1{}^{\alpha_1} \cdot \ldots \cdot r_n{}^{\alpha_n})$$

*wobei der Multiplikator c und alle Exponenten α_i positiv sind, heißt **Cobb-Douglas-Produktionsfunktion**.*

Satz 5.3.2 Eigenschaften von Cobb-Douglas-Produktionsfunktionen

(a) *Eine derartige Produktionsfunktion ist homogen vom Grad $\sum\limits_{i=1}^{n} \alpha_i$.*

(b) *Die Grenzproduktivität des i-ten Faktors ist gerade das α_i-fache seiner Durchschnittsproduktivität: $f_{r_i}(r) = \alpha_i \cdot \dfrac{f(r)}{r_i}$.*

(c) *Jede Faktorelastizität ist konstant und beträgt $\varepsilon_j = \alpha_j$.*

(d) *Jede Grenzrate der Substitution ist proportional dem Einsatzverhältnis der beiden Faktoren: $r_{ij} = \dfrac{\alpha_j}{\alpha_i} \cdot \dfrac{r_i}{r_j}$.*

(e) *Jede partielle Substitutionselastizität σ_{ij} ist konstant.*

Beispielhaft soll (c) bewiesen werden: Berechnet man die Faktorelastizität ε_j allgemein, so ergibt sich für eine Cobb-Douglas-Funktion die erste Ableitung nach r_j als $\dfrac{\partial f}{\partial r_j} = \alpha_j \cdot f(r) \cdot r_j^{-1}$ und daraus bleibt, nach Multiplikation mit r_j, Division durch $f(r)$ und Kürzen nur α_j übrig.

Beispiel 1, Fortsetzung: Die Funktion $f(A,K) = A \cdot K^{1/2}$ ist eine Cobb-Douglas-Funktion, damit sind die Faktorelastizitäten genau die beiden Exponenten, $\varepsilon_A = 1$ und $\varepsilon_K = 1/2$.

Gemäß (d) errechnet man $r_{AK}(6,1) = \dfrac{1/2}{1} \cdot \dfrac{6}{1} = \dfrac{1}{3}$. Dieses Ergebnis wurde schon oben unter Verwendung der allgemeinen Formel für r_{AK} erhalten. Für die Substitutionselastizität erhält man an der Stelle $(A,K) = (1,1)$ den Wert $\sigma_{AK} = 1$ und wegen (e) ist dieser Wert für alle (A,K) derselbe.

Eine zweite spezielle Produktionsfunktion, bei der im wesentlichen alle Faktoren mit dem gleichen Exponenten versehen und unter Verwendung von Gewichtungskoeffizienten addiert werden, wurde von den vier Ökonomen Arrows, Chenery, Minhas und Solow formuliert und wird daher kurz ACMS - Produktionsfunktion genannt.

Definition 5.3.5 *ACMS-Produktionsfunktionen*
Eine Produktionsfunktion f, die gegeben ist durch

$$f(r_1,\ldots,r_n) = (\beta_1 r_1^{-\rho} + \beta_2 r_2^{-\rho} + \ldots + \beta_n r_n^{-\rho})^{-1/\rho}$$

*wobei alle $\beta_i > 0$ und $\rho > -1$, heißt **ACMS-Produktionsfunktion***

Satz 5.3.3

(a) *Jede ACMS-Produktionsfunktion ist homogen vom Grad eins.*

(b) *Die Grenzproduktivität des i-ten Faktors kann gemäß $f_{r_i}(r) = \beta_i \cdot \left(\dfrac{f(r)}{r_i}\right)^{\rho+1}$ berechnet werden.*

(c) *Die Faktorelastizität ε_j ist berechenbar als $\varepsilon_j = \beta_j \cdot \left(\dfrac{f(r)}{r_j}\right)^{\rho}$.*

(d) *Für die Grenzrate der Substitution des Faktors j durch Faktor i erhält man $r_{ij} = \dfrac{\beta_j}{\beta_i} \cdot \left(\dfrac{r_i}{r_j}\right)^{\rho+1}$.*

(e) *Jede partielle Substitutionselastizität σ_{ij} ist konstant.*

Beispiel 2: Die Funktion $f(X,Y) = (3\sqrt{X} + 2\sqrt{Y})^2$ ist eine Funktion dieses Typs. Die Faktorelastizitäten errechnen sich als

$$\varepsilon_X = \frac{3\sqrt{X}}{(3\sqrt{X} + 2\sqrt{Y})} \quad \text{und} \quad \varepsilon_Y = \frac{2\sqrt{Y}}{(3\sqrt{X} + 2\sqrt{Y})}.$$

Insbesondere haben an der Stelle $(4,25)$ die beiden Elastizitäten die Werte $\varepsilon_X(4,25) = 0.375$ und $\varepsilon_Y(4,25) = 0.625$.

Ist eine Produktionsfunktion homogen vom Grad eins und besitzt sie eine konstante Substitutionselastizität, so nennt man sie, abgekürzt für Constant Elasticity of Substitution, eine **CES-Funktion**.

Aufgrund der Eigenschaften (a) und (e) der beiden obigen Sätze ist jede ACMS-Funktion und jede Cobb-Douglas-Funktion mit der Exponentensumme

$$\sum_{i=1}^{n} \alpha_i = 1$$

eine CES-Funktion.

5.4 Übungsaufgaben

1. Gegeben sei folgende Funktion

$$f(x,y) = (x^2 + y - 4)^2$$

(a) Wie verändert sich der Funktionswert näherungsweise, wenn man ausgehend von $(1,4)$ in die Richtung $z = (1,1)$ geht? In welche Richtung ändert sich der Funktionswert ausgehend von $(1,4)$ am stärksten und wie groß ist diese Änderung?

(b) Bestimmen Sie die allgemeine Gleichung der Isoquanten!

(c) Bestimmen Sie die globaben Extremstellen in $D = [0,1] \times [0,1]$

Lsg.:

(a) $f_x = 2 \cdot (x^2 + y - 4) \cdot 2x = 4x^3 + 4xy - 16x$

   $f_y = 2x^2 + 2y - 8$

   $(f_x(1,4) + f_y(1,4)) \cdot \frac{1}{\sqrt{2}} = \frac{6}{\sqrt{2}}$

   $grad_f(1,4) = (4,2).$

   Die Erhöhung der Variablen x und y im Verhältnis 4:2 führt zu einer maximalen Erhöhung des Funktionswerts. Die Norm des Vektors $(4,2)$ beträgt $\sqrt{16+4} = 2 \cdot \sqrt{5}$.

(b) $(x^2 + y - 4)^2 = c \Leftrightarrow |x^2 + y - 4| = \sqrt{c} \Leftrightarrow y = -x^2 + 4 \pm \sqrt{c}$

(c) Die Funktion erreicht in D ihr Maximum im Punkt (0,0). Wenn die Argumente ausgehend von (0,0) erhöht werden, sinkt der Ausdruck $x^2 + y - 4$.

2. Ein Betrieb erzeugt zwei Güter A und B. Die Funktion

$$C(x,y) = \frac{x \ln(2x) y}{3x + y}$$

beschreibt die Kosten der Erzeugung von x Einheiten des Gutes A und y Einheiten des Gutes B. Zur Zeit werden $\frac{1}{2}$ Einheit von A und 1 Einheit von B erzeugt.

(a) Was kostet die Produktion einer zusätzlichen Einheit des Gutes A näherungsweise, wenn die Erzeugungsmenge von B unverändert $y = 1$ bleibt?

(b) In welchem Verhältnis sind die Produktionsmengen, ausgehend von den derzeitigen Produktionsmengen, zu verändern, damit die Kosten möglichst stark verringert werden?

Lsg.:

(a) $\dfrac{\partial U}{\partial x} = \dfrac{(y \cdot \ln(2x) + y \cdot x \cdot \frac{1}{2x} \cdot 2) \cdot (3x + y) - x \cdot y \cdot \ln(2x) \cdot 3}{(3x + y)^2} \Rightarrow$

   $\dfrac{\partial U}{\partial x}(\frac{1}{2}, 1) = \dfrac{2}{5} = 0.4$

(b) $\quad \dfrac{\partial U}{\partial x} = \dfrac{x\ln(2x)(3x+y)-xy\ln(2x)}{3x+y} = 0$

Im Verhältnis $x:y = -1:0$ verringern sich die Kosten am stärksten.

3. Untersuchen Sie die Funktion $f : \mathbb{R} \times \mathbb{R} \to \mathbb{R}$ mit

$$f(x,y) = x^2 + y^3 + 3xy$$

auf Stationäre Punkte und lokale Extremstellen.

Lsg.: SP $(0,0)$, SP $\left(-\dfrac{9}{4}, \dfrac{3}{2}\right)$ ist lokale Minimalstelle

4. Betrachtet wird eine Funktion von zwei Variablen

$$f(x,y) = \dfrac{6y \cdot x^2}{\sqrt{x \cdot y}} - 5x^2$$

(a) Ist diese Funktion homogen, wenn ja, von welchem Grad r?

(b) Bestimmen Sie die beiden ersten partiellen Ableitungen von f.

(c) Bestimmen Sie die näherungsweise Änderung des Funktionswertes zwischen den Stellen $(x,y)^0 = (1,1)$ und $(x,y)^1 = (1.2, 1.1)$ mit Hilfe des totalen Differentials!

Lsg.: (a) $r = 2$ (c) -1

5. Man betrachte die Funktion $f(x,y) = x^2 + (y-1)^2$ über dem Definitionsbereich $A = \{(x,y)|x \geq 0 \wedge y \geq 0 \wedge (10x+5y \leq 40)\}$

(a) Man bestimme die lokale Minimalstelle und den Minimalwert.

(b) Skizieren Sie die Isoquanten I_c dieser Funktion zu $c = 4$, und $c = 9$.

(c) Wo nimmt die Funktion über ihrem Definitionsbereich das globale Maximum an?

Lsg.: (a) $(0,1;0)$ (c) $(0,8); f_{max} = 49$

6. Für die Funktion $f(x,y,z) = 2x^2 + x \cdot y^2 + \ln(z)^2$ bestimme man:

   (a) Mit Hilfe des totalen Differentials die näherungsweise Änderung des
        Funktionswertes zwischen den Stellen $(1,2,1)$ und $(1.3,2,1.4)$ und
        die exakte Differenz der beiden Funktionswerte.

   (b) Mit Hilfe des Gradienten die näherungsweise Änderung des Funk-
        tionswertes zwischen den in (a) angegebenen Stellen sowie jene in
        Richtung des steilsten Anstiegs an der Stelle $(1,2,1)$.

   Lsg.:   (a) $df = 3.6$, $\Delta f \approx 3.253$ (b) 6.4, 9.165

7. Eine Firma stellt zwei miteinander konkurrierende Güter A und B her. Bei
   den Preisen p_A und p_B lauten die Nachfragefunktionen

   $$x = N_A(p_A, p_B) = 20 - 2p_A + p_B$$
   $$y = N_B(p_A, p_B) = 30 + p_A - 3p_B$$

   Die Herstellungskosten seien $K(x,y) = x + y$. Bei welchen Preisen wird
   der Reingewinn für die Firma maximal und wie groß ist dieser?

   Lsg.: $p_A = 9.5$; $p_B = 8.5$; $G_{max} = 185.75$

8. Eine Nachfragefunktion sei gegeben durch $N(p, p_y) = \sqrt{\dfrac{p + p_y^2}{p}}$. Darin
   bezeichnet p den Preis jenes Gutes, dessen Nachfrage durch $N(p, p_y)$ beschrieben wird, p_y den Preis eines konkurrierenden Gutes.

   (a) Geben Sie einen sinnvollen Definitionsbereich für $p_y = 1$ an.

   (b) Bestimmen Sie die Grenznachfrage des Preises p allgemein sowie
        für $p = 4$ und $p_y = 1$.

   (c) Wie groß ist die Kreuzpreiselastizität für $p = 4$ und $p_y = 1$?

   Lsg.:   (a) $p > 0$ (b) -0.028 (c) $\dfrac{1}{5}$

9. Zur Produktionsfunktion $f(A,K) = 2\,500 \cdot \sqrt[5]{A^2} \cdot (K)^{0.55}$ bestimme man den Homogenitätsgrad, die Grenzrate der Substitution von Kapital K für Arbeit A an der Stelle $(1,5)$ sowie die Substitutionselastizität an der Stelle $(1,1)$.

   Lsg.:   0.95, 3.63, 1

10. Bestimmen Sie den Homogenitätsgrad r der Funktion

$$f(x,y) = x^3 y + \ln\left(\frac{3x+y}{x}\right)^{x^4}.$$

Lsg.:

$$f(\lambda x, \lambda y) = \lambda^3 x^3 \lambda y + \ln\left(\frac{3\lambda x + \lambda y}{\lambda x}\right)^{(\lambda x)^4}$$

$$= \lambda^4 x^3 y + \lambda^4 x^4 \ln\left(\frac{3x+y}{x}\right)$$

$$= \lambda^4 \left(x^3 y + \ln\left(\frac{3x+y}{x}\right)^{x^4}\right)$$

$$= \lambda^4 f(x,y)$$

r = 4

11. Gegeben sei die makroökonomische Produktionsfunktion

$$f(A,K) = \left(A^{1/2} + 5 \cdot K^{1/2}\right)^2$$

(a) Bestimmen Sie Grenzprodukt und Faktorelastizität des Kapitals K für die Inputfaktorkombination $(A,K) = (3,4)$.

(b) Derzeit werden 9 Einheiten Kapital eingesetzt. Wie viel Arbeit A wird dann benötigt, um einen Output von 400 zu erzielen? Wie lautet die Gleichung der Isoproduktkurve $A = A(K)$ zum Output 400?

(c) Wie viele Einheiten Kapital benötigt man näherungsweise, ausgehend von der Faktorkombination $(3,4)$, um eine Einheit Arbeit - bei gleich bleibendem Output - ersetzen zu können?

Lsg.:   (a) $f_K \approx 6.77$ $\varepsilon_K \approx 0.147$ (b) 25   (c) ≈ 0.231

12. Anton K., IT Spezialist bei der Firma *HiTech Ltd*, arbeitet einerseits an der Entwicklung eines Ozonmessgeräts (Projekt 1), das bis Ende des Monat fertiggestellt werden muss und andererseits an der Entwicklung eines medizinischen Diagnosegeräts (Projekt 2), das innerhalb der nächsten 3 Monate geliefert werden muss. Er arbeitet täglich an der Entwicklung beider Geräte, wobei seine Tagesarbeitszeit genau 10 Stunden ausmacht. Wegen nachlassender Konzentration kann er allerdings nur höchstens 6 Stunden an Projekt 1 arbeiten. Der Fortgang der Entwicklung in Abhängigkeit der eingesetzten Zeit x für Projekt 1 und y für Projekt 2 lässt sich beschreiben durch $f(x,y) = x^2 - y - 5x - 8$.

(a)   Skizzieren Sie die Definitionsmenge, also den Bereich der möglichen Kombinationen an Arbeitszeit x und y.

(b)   Skizzieren und interpretieren Sie die Isoquante der Nutzenfunktion zum Niveau -8.

(c)   Wie muss Anton seine tägliche Arbeitszeit auf x und y aufteilen, damit der tägliche Nutzen maximal wird?

Lösung:

(a)   Die Definitionsmenge ist die Gerade $x + y = 10$ unter der Restriktion $x \leq 6$.

(b) $x^2 - y - 5x = 0 \Leftrightarrow y = x^2 - 5x$
Der Schnittpunkt von $y = x^2 - 5x$ und $y = 10 - x$ liegt bei $x = 2 + \sqrt{14}, y = 8 - \sqrt{14}$. Die Isoquante ist nur ein Punkt.

(c)   Der Gradient der Funktion f lautet $(2x - 5, -1)$. Das Maximum der Funktion wird im Punkt $(6, 4)$ erreicht.

Kapitel 6

Optimierung

6.1 Lineare Optimierung

Unter Linearer Optimierung versteht man ein mathematisches Verfahren zur exakten Lösung gewisser Probleme, wie sie häufig bei der Organisation und Planung z.B. der Produktion und des Transports auftreten. Um die Art der zu behandelnden Probleme zu illustrieren, wird zunächst als Einführung ein charakteristisches Beispiel betrachtet.

Beispiel 1:
Gegeben sei folgendes Problem: Um zwei Güter, beispielsweise Düngemittel G_1 und G_2 herzustellen, benötigt man zwei Rohstoffe, etwa Chemikalien R_1 und R_2 gemäß folgender Tabelle:

Rohstoffmenge/Gut	G_1	G_2
R_1	1	3
R_2	2	1

Man unterliegt aber der Beschränkung, dass die Menge an verwendeten Chemikalien gewisse Lager-Höchstgrenzen nicht überschreiten darf. So darf man maximal 15 Einheiten von R_1 und 20 von R_2 verwenden.

Der Erlös beim Verkauf der Güter G_1 und G_2 sei unabhängig von den angebotenen Mengen $p_1 = 10$ bzw. $p_2 = 12$ Geldeinheiten (GE). Wie sind die vorhandenen Rohstoffmengen optimal einzusetzen, d.h. welche Mengen x_1 bzw. x_2 der Güter G_1 und G_2 sind herzustellen, sodass der Gesamterlös maximiert wird?

Mathematisch formuliert lautet dieses Problem:

$$\max z = 10x_1 + 12x_2$$

$$bzgl. \begin{cases} x_1 + 3x_2 \leq 15 & \text{(Rohstoff 1)} \\ 2x_1 + x_2 \leq 20 & \text{(Rohstoff 2)} \end{cases}$$

Da natürlich nur positive Erzeugungsmengen möglich sind, kommt noch die Nichtnegativitätsforderung hinzu:

$$x_1, x_2 \geq 0.$$

Das Finden der Lösung ist graphisch möglich, indem man den zulässigen Bereich - also die Menge der Punkte des $\mathbb{R}^2$, die allen Nebenbedingungen genügen - skizziert und jene Isoquante der Zielfunktion sucht, die den größtmöglichen Wert liefert und gleichzeitig den zulässigen Bereich gerade noch berührt.

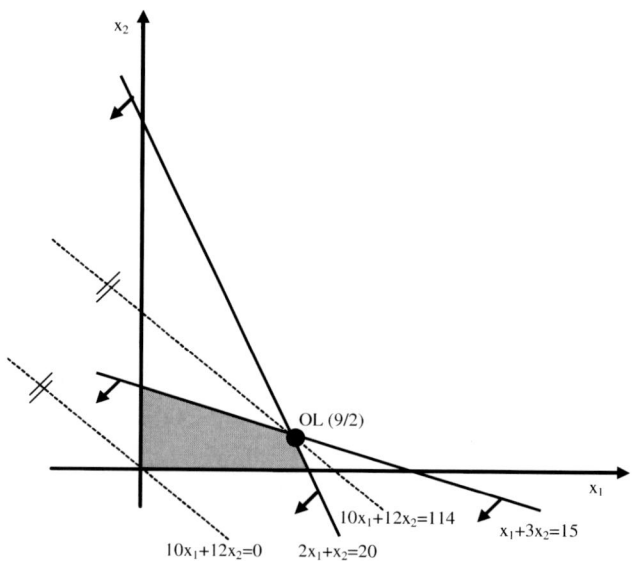

Abb. 6.1 Graphische Darstellung von Beispiel 1

Die Optimallösung ist hier $(x_1, x_2) = (9, 2)$ und der Optimalwert der Zielfunktion ist also $z = 10 \cdot 9 + 12 \cdot 2 = 114$; d.h. der optimale Erlös beträgt bei Einhaltung aller Restriktionen genau 114 GE.

Definition 6.1.1 *Sei A eine m × n-Matrix, b ≥ 0 ein m-dimensionaler Vektor und c ein n-dimensionaler Vektor. Dann heißt das Maximierungsproblem bzw. das Minimierungsproblem*

$$\max \quad z = c^T x \qquad bzw. \qquad \min \quad z = c^T x$$
$$bzgl. \ Ax \le b \qquad\qquad\qquad bzgl. \ Ax \ge b$$
$$x \ge 0 \qquad\qquad\qquad\qquad x \ge 0$$

*ein **Lineares Programm (LP) in Standardform.***

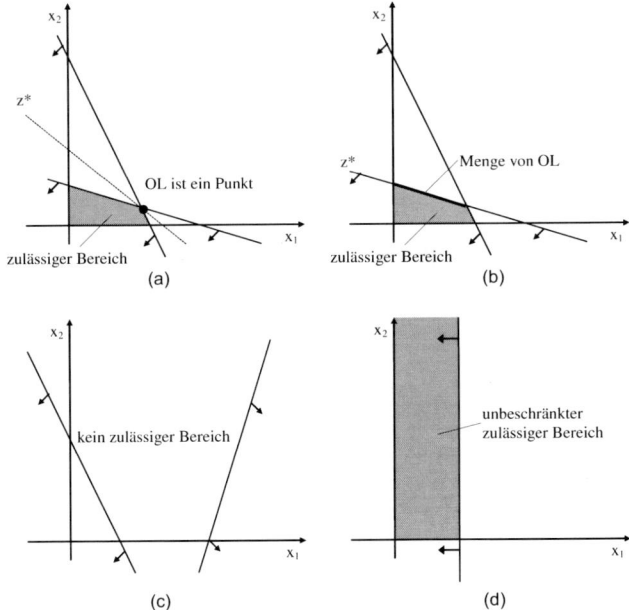

Abb. 6.2 Graphische Darstellung charakteristischer Fälle

Für ein LP gelten folgende Bezeichnungen:

(a) Die zu optimierende Funktion $z = c^T x$ heißt **Zielfunktion**,

(b) die Ungleichungen $Ax \le b$ heißen **Restriktionen**,

(c) die Ungleichungen $x \ge 0$ heißen **Nichtnegativitätsbedingungen**.

(d) Jeder Vektor x, der sowohl den Restriktionen als auch den Nichtnegativitätsbedingungen genügt, heißt eine **zulässige Lösung** des Linearen Programms.

(e)   Die Menge aller zulässigen Lösungen nennt man **zulässigen Bereich**.

(f)   Eine zulässige Lösung, welche die Zielfunktion optimiert, heißt **Opti-mallösung (OL)** .

Bemerkung: Die Ungleichungen $Ax \leq b$ des Maximierungsproblems können durch Einführen von weiteren Variablen, den sogenannten **Schlupfvaria-blen**, die nur nichtnegative Werte annehmen, und die für jede Zeile des Un-gleichungssystems den Wert der Differenz von rechter und linker Seite, d.h.

$$b_j - \sum_{i=1}^{n} a_{ij}x_i \qquad \text{für } j = 1, 2, \ldots, m$$

angeben, in Gleichungen übergeführt werden (siehe Beispiel 2).
Zunächst beschäftigen wir uns mit dem LP als Maximierungsproblem.

Definition 6.1.2 *Das Maximierungsproblem*

$$\max z = c^T \cdot x$$

$$bzgl. \quad \begin{cases} Ax = b \\ x \geq 0 \end{cases}$$

*heißt **Lineares Programm (LP) in Normalform**.*

Beispiel 2:
Die Standardform des LP aus Beispiel 1 lautet:

$$\max z = 10x_1 + 12x_2$$

$$bzgl. \quad \begin{cases} \begin{pmatrix} 1 & 3 \\ 2 & 1 \end{pmatrix} \cdot \begin{pmatrix} x_1 \\ x_2 \end{pmatrix} \leq \begin{pmatrix} 15 \\ 20 \end{pmatrix} \\ \begin{pmatrix} x_1 \\ x_2 \end{pmatrix} \geq \begin{pmatrix} 0 \\ 0 \end{pmatrix} \end{cases}$$

Durch Einführen der **Schlupfvariablen** x_3 und x_4 erhält man die Normal-form

$$\max z = 10x_1 + 12x_2$$

$$bzgl. \quad \begin{cases} x_1 + 3x_2 + x_3 \quad\quad = 15 \\ 2x_1 + \quad x_2 \quad\quad + x_4 = 20 \\ \quad\quad\quad\quad\quad\quad x_i \geq 0 \quad i = 1, \ldots, 4 \end{cases}$$

bzw. in Matrizenschreibweise

$$\text{bzgl.} \quad \begin{pmatrix} 1 & 3 & 1 & 0 \\ 2 & 1 & 0 & 1 \end{pmatrix} \cdot \begin{pmatrix} x_1 \\ x_2 \\ x_3 \\ x_4 \end{pmatrix} = \begin{pmatrix} 15 \\ 20 \end{pmatrix}; \quad \begin{pmatrix} x_1 \\ x_2 \\ x_3 \\ x_4 \end{pmatrix} \geq \begin{pmatrix} 0 \\ 0 \\ 0 \\ 0 \end{pmatrix}.$$

Definition 6.1.3 *Für ein LP in Normalform*

$$\max z = c^T x$$

$$\text{bzgl.} \quad \begin{cases} Ax = b \\ x \geq 0 \end{cases}$$

*heißt eine zu einer Basis $a^{i_1}, \ldots, a^{i_m}$ der Matrix A berechnete spezielle Lösung von $Ax = b$ (vgl. Def. 2.3.1) eine **Basislösung**.*

Die zugehörigen Variablen $x_{i_1}, x_{i_2}, \ldots, x_{i_m}$ heißen **Basisvariablen (BV)**, die übrigen Variablen heißen **Nichtbasisvariablen**. Sie haben den Wert Null. Sind die Basisvariablen nichtnegativ, also $x_{i_j} \geq 0$ für alle $j = 1, \ldots, m$, so heißt die Basislösung **zulässig**.

Da ein Gleichungssystem nur endlich viele Basislösungen besitzt, gibt es auch nur endlich viele zulässige Basislösungen. Sind diese durchnummeriert mit $x^1, \ldots, x^K$, so gilt für jede konvexe Linearkombination

$$\bar{x} = \sum_{j=1}^{K} \lambda_j x^j \quad (\text{mit } \lambda_j \geq 0, \ \sum_{j=1}^{K} \lambda_j = 1),$$

dass $\bar{x}$ ebenfalls eine zulässige Lösung ist. Umgekehrt lässt sich jede zulässige Lösung ebenfalls als konvexe Linearkombination der Basislösungen darstellen.

Also ist auch die Optimallösung x^0 eines LPs eine konvexe Linearkombination

$$x^0 = \sum_{j=1}^{K} \lambda_j^* x^j$$

der zulässigen Basislösungen. Für den Optimalwert gilt damit

$$c^T x^0 = c^T \cdot \sum \lambda_j^* x^j = \sum \lambda_j^* c^T x^j = \sum \lambda_j^* z^j,$$

wobei $z^j = c^T x^j$ der Zielfunktionswert der j-ten Basislösung ist.

Da die konvexen Linearkombinationen reeller Zahlen kleiner oder höchstens gleich dem Maximum dieser Zahlen sind, müssen alle diejenigen Basislösungen, die mit positivem λ_j^* in der Linearkombination berücksichtigt werden, ebenfalls optimal sein. Daher gilt:

Folgerung 6.1.1 *Existiert eine Optimallösung eines LP, dann existiert auch eine optimale Basislösung mit demselben Zielfunktionswert.*

Zum Lösen eines LP genügt es daher, unter allen Basislösungen eine optimale zu suchen.

Beispiel 1, Fortsetzung:
Es gilt, die Funktion $z = 10x_1 + 12x_2$ unter (linearen) Nebenbedingungen zu maximieren. Diese bestehen aus zwei Ungleichungen und den Nichtnegativitätsbedingungen. Aus dem System zweier Ungleichungen in zwei Variablen

$$x_1 + 3x_2 \leq 15$$
$$2x_1 + x_2 \leq 20$$

wurde durch Hinzufügen von zwei Schlupfvariablen ein System von zwei Gleichungen in vier Variablen

$$x_1 + 3x_2 + x_3 \qquad = 15$$
$$2x_1 + x_2 \qquad + x_4 = 20$$

Wir suchen nun unter allen Basislösungen (BL) dieses Linearen Gleichungssystems solche, die erstens den Nichtnegativitätsbedingungen genügen und zweitens die Zielfunktion $z(x_1, x_2)$ möglichst groß werden lassen. Dazu werden wir vorerst alle Basislösungen angeben.
In jeder Basislösung (x_1, x_2, x_3, x_4) sind genau zwei Nichtbasisvariable, welche den Wert Null annehmen. Wir erhalten alle verschiedenen Basislösungen, indem wir sukzessive je zwei Variable null setzen, und die anderen beiden aus dem verbleibenden LGS ausrechnen. Die sechs Lösungen sind, in einer Art lexikografischer Reihenfolge:

BL 1: $x_1 = 0$, $x_2 = 0$ $\Rightarrow$ $x_3 = 15$, $x_4 = 20$, zulässig, $z(0,0) = 0$
BL 2: $x_1 = 0$, $x_3 = 0$ $\Rightarrow$ $x_2 = 5$, $x_4 = 15$, zulässig, $z(0,5) = 60$
BL 3: $x_1 = 0$, $x_4 = 0$ $\Rightarrow$ $x_2 = 10$, $x_3 = 15$, nicht zulässig!
BL 4: $x_2 = 0$, $x_3 = 0$ $\Rightarrow$ $x_1 = 15$, $x_4 = 10$, nicht zulässig!
BL 5: $x_2 = 0$, $x_4 = 0$ $\Rightarrow$ $x_1 = 10$, $x_3 = 5$, zulässig, $z(10,0) = 100$
BL 6: $x_3 = 0$, $x_4 = 0$ $\Rightarrow$ $x_1 = 9$, $x_2 = 2$, zulässig, $z(9,2) = 114$

Hier ist erst die letzte dieser systematisch errechneten Basislösungen die gesuchte Optimallösung.

In jeder Lösung, in der eine Schlupfvariable den Wert Null annimmt, wird die zugehörige Nebenbedingung als Gleichung erfüllt. Diese Ressource wird voll ausgeschöpft. Ist eine Schlupfvariable ungleich null, dann ist die zugehörige Nebenbedingung als Ungleichung erfüllt, die entsprechende Ressource wurde nicht vollständig verbraucht. Die Methode, alle Basislösungen anzugeben, wird bei größeren Problemen auch für heutige Rechner zu lange dauern. Es erweist sich als sinnvoll, die Basislösungen in einer solchen Reihenfolge zu berechnen, dass erstens unzulässige Lösungen überhaupt nicht berechnet werden und zweitens immer nur jeweils bessere Lösungen, d. h. solche mit höheren (zumindest nicht kleinerem) Wert der Zielfunktion gesucht werden.

Das im Folgenden angegebene Verfahren zur Berechnung einer optimalen Basislösung besteht in einer Folge von elementaren Basistransformationen, wobei darauf geachtet wird, dass - ausgehend von einer zulässigen Basislösung - bei jedem Basisaustausch wieder eine zulässige Basislösung mit einem nicht schlechteren Zielfunktionswert bestimmt wird.

Ein solches Verfahren zur Ermittlung einer optimalen Basislösung ist der **Simplexalgorithmus**.
Um ihn anwenden zu können, benötigt man das LP in der sogenannten kanonischen Form. Das ist eine spezielle Darstellung der Normalform.

Definition 6.1.4 *Ein Lineares Programm in Normalform*

$$\max z = c^T x$$

$$bzgl. \quad \begin{cases} Ax = b \\ x \geq 0 \end{cases}$$

heißt **Lineares Programm in kanonischer Form**, *wenn die Koeffizientenmatrix* $A = (A_1, E_{m \times m})$ *ist und der Vektor der rechten Seite* **nichtnegativ**, *also* $b \geq 0$ *ist. Dabei ist A eine* $m \times n$-Matrix, A_1 *eine* $m \times (n-m)$-Matrix *und der Vektor b der rechten Seite ist m-dimensional.*

Bemerkung: Hat man ein LP in Standardform gegeben, so erhält man durch Einfügen der Schlupfvariablen automatisch die kanonische Form. Das Lösen dieser Gleichungen entspricht prinzipiell dem Vorgehen bei der elementaren Basistransformation zum Lösen eines LGS. Allerdings ist zu beachten, dass hier beim Simplexalgorithmus der Übergang von einer Basis zur nächsten **nicht beliebig** vorgenommen werden kann, sondern durch Auswahlvorschriften (Regeln zur Bestimmung des **Pivotelements**) bestimmt ist.

Satz 6.1.1 *Für ein Lineares Programm, das in kanonischer Form gegeben ist, erreicht man mit Hilfe des im Folgenden beschriebenen Simplexalgorithmus eine Optimallösung, falls eine solche überhaupt existiert.*

Simplexalgorithmus: Gegeben sei ein LP in kanonischer Form. Der zu beschreibende Simplexalgorithmus besteht aus einem Anfangstableau und folgenden Iterationsschritten.

1. Schritt: Erstellen des Ausgangstableaus

Zeile	Basis	c_{BV}	$\begin{matrix} c_1 \\ x_1 \end{matrix}$	$\cdots$	$\begin{matrix} c_{n-m} \\ x_{n-m} \end{matrix}$	$\begin{matrix} c_{n-m+1} \\ x_{n-m+1} \end{matrix}$	$\cdots$	$\begin{matrix} c_n \\ x_n \end{matrix}$	b
1	x_{n-m+1}	c_{n-m+1}	a_{11}	$\cdots$	$a_{1,n-m}$				b_1
.	.	.	.		.				.
.	.	.	.		.		$E_{m \times m}$		.
.	.	.	.		.				.
m	x_n	c_n	a_{m1}	$\cdots$	$a_{m,n-m}$				b_m
$m+1$			$y_{m+1,1}$	$\cdots$	$y_{m+1,n-m}$	0	$\cdots$	0	z

Der Simplexalgorithmus wird solange durchgeführt, bis entweder eine Optimallösung gefunden wurde (vgl. Abb. 6.2 oben (a) und (b)) oder festgestellt wurde, dass der zulässige Bereich unbeschränkt ist (vgl. Abb. 6.2 (d)).

Diesem Schema ist die Basislösung für die Basisvariablen $x_{n-m+i} = b_i$ ($i = 1, \ldots, m$) und für die Nichtbasisvariablen $x_j = 0$ ($j = 1, \ldots, n-m$) zu entnehmen.

z ist der Zielfunktionswert dieser Basislösung. Die c_{BV} bezeichnen die Koeffizienten der Basisvariablen (BV). Die Werte in der $(m+1)$-ten Zeile $y_{m+1,s}$ heißen **relative Zielfunktionskoeffizienten** und werden gebildet gemäß

$$y_{m+1,s} = \sum_{k=1}^{m} c_{n-m+k} \cdot a_{ks} - c_s \quad \text{für alle } s = 1, \ldots, n-m.$$

Das ist das Skalarprodukt des Vektors der Koeffizienten der Basisvariablen c_{BV} mit dem s-ten Spaltenvektor der Matrix A vermindert um den jeweiligen Zielfunktionskoeffizientenwert c_s.

2. Schritt: Austausch der Basisvariablen, indem (a) die **Pivotspalte**, (b) die **Pivotzeile** nach folgenden Vorschriften ausgewählt werden und somit das **Pivotelement** a_{rs} bestimmt wird:

(a)   Bestimme jene **Spalte** s, die von den negativen Zahlen der $(m+1)$-ten
       Zeile den größten Betrag enthält:

$$y_{m+1,s} = \min_{k=1,\dots,n} \{y_{m+1,k}\}.$$

Sind (bereits) alle Werte der letzten Zeile nicht-negativ, also alle

$$y_{m+1,k} \geq 0,$$

dann ist die **Optimallösung** erreicht! (**Ende 1**)

(b)   Bestimme jene **Zeile** r, in der sich das Minimum aller Quotienten der
       Werte der b-Spalte und der positiven Werte der s-Spalte befindet:

$$\frac{b_r}{a_{rs}} = \min_{k=1,\dots,m} \left\{ \frac{b_k}{a_{ks}} \right\} \quad \text{wobei } a_{ks} > 0.$$

Falls gilt, dass kein Nenner positiv ist, also alle $a_{ks} \leq 0$, so gibt es **keine
endliche Optimallösung**, d.h. die Zielfunktion ist über dem zulässigen
Bereich unbeschränkt. (**Ende 2**)

Lässt sich nach dieser Vorschrift ein Pivotelement finden, so ist in einem Iterationsschritt der Austausch der Basisvariablen durchzuführen und für das nächste Tableau sind auch die Werte der relativen Zielfunktionskoeffizientenzeile, also die Werte der $m+1$-ten Zeile, neu zu berechnen!

Danach ist im neuen Tableau wiederum ein neues Pivotelement zu suchen und der nächste Austauschschritt, analog zum eben Gesagten, durchzuführen, bis schließlich entweder Ende 1 oder Ende 2 des Simplexalgorithmus erreicht ist.

Bemerkung: Die Vorschrift (a), nämlich die Wahl der Pivotspalte, garantiert, dass durch den Tausch der Zielfunktionswert zumindest nicht verschlechtert wird.
Die Vorschrift (b), nämlich die Wahl der Pivotzeile, garantiert, dass man nur zulässige Lösungen erhält, also solche, in denen alle Variablen nichtnegativ bleiben.

Beispiel 3:

Simplexalgorithmus für Beispiel 1.

Das Ausgangstableau in kanonischer Form lautet folgendermaßen:

			10	12	0	0	
Zeile	Basis	c_{BV}	x_1	x_2	x_3	x_4	b
1	x_3	0	1	3	1	0	15
2	x_4	0	2	2	0	1	20
			-10	-12	0	0	0

Einige Berechnungen, insbesondere für die $m + 1$-te Zeile, seien ausführlich dargestellt:

$$z = (0,0) \cdot \begin{pmatrix} 15 \\ 20 \end{pmatrix} = 0; \quad y_{31} = (0,0) \cdot \begin{pmatrix} 1 \\ 2 \end{pmatrix} - 10 = -10;$$

$$y_{32} = -12; \quad y_{33} = y_{34} = 0.$$

Pivotspalte: kleinster Wert der letzten Zeile ist -12, also kommt x_2 in die Basis.

Die Quotienten b-Spalte / Pivotspalte sind:

1. Zeile: $\dfrac{15}{3} = 5 > 0$ Minimum: 1. Zeile ist Pivotzeile

2. Zeile: $\dfrac{20}{1} = 20 > 0$,

das Pivotelement ist demnach das Element der 1. Zeile und 2. Spalte:

$$a_{12} = 3.$$

Der Austausch liefert das nächste Tableau:

			10	12	0	0	
Zeile	Basis	c_{BV}	x_1	x_2	x_3	x_4	b
1	x_2	12	1/3	1	1/3	0	5
2	x_4	0	5/3	0	$-1/3$	1	15
			-6	0	4	0	60

Die Optimallösung ist noch nicht erreicht, da sich noch ein negativer Wert, nämlich -6, in der letzten Zeile befindet.

Da $5 : \dfrac{1}{3} = 15 > 15 : \dfrac{5}{3} = 9$ ist, erhält man als nächstes Pivotelement gemäß der Vorschrift $5/3$.

Ein weiterer Austausch liefert folgendes Tableau:

Zeile	Basis	c_{BV}	x_1	x_2	x_3	x_4	b
1	x_2	12	0	1	$2/5$	$-1/5$	2
2	x_1	10	1	0	$-1/5$	$3/5$	9
			0	0	$14/5$	$18/5$	114

Ein weiterer Tausch ist nicht möglich, da in der relativen Zielfunktionskoeffizientenzeile keine negativen Werte mehr stehen. Die Optimallösung (OL) und somit das Ende 1 ist erreicht. Die Optimallösung lautet:

$$(x_1, x_2, x_3, x_4)^T = (9, 2, 0, 0)^T$$

Die Variablen x_1 und x_2 sind die Basisvariablen; die Variablen x_3 und x_4 sind Nichtbasisvariablen. Der Optimalwert der Zielfunktion ist $z^* = 114$.

Eine andere Lösungssituation tritt in folgendem Beispiel auf:

Beispiel 4:

$$\max z = 4x_1 + 2x_2$$

$$\text{bzgl.} \begin{cases} x_1 - x_2 \leq 3 \\ 3x_1 - 2x_2 \leq 6 \\ x_i \geq 0 \text{ für } i = 1, 2 \end{cases}$$

Das Ausgangstableau kann leicht den Angaben entnommen werden:

			4	2	0	0	
Zeile	Basis	c_{BV}	x_1	x_2	x_3	x_4	b
1	x_3	0	1	-1	1	0	3
2	x_4	0	3	-2	0	1	6
			-4	-2	0	0	0

Das erste Tableau nach einem Austauschschritt lautet:

Zeile	Basis	c_{BV}	x_1	x_2	x_3	x_4	b
1	x_3	0	0	$-1/3$	1	$-1/3$	1
2	x_1	4	1	$-2/3$	0	$1/3$	2
			0	$-14/3$	0	$4/3$	8

Die Optimallösung ist noch nicht erreicht $\left(y_{32} = -\dfrac{14}{3} < 0 \right)$, aber ein Tausch in dieser Spalte ist nicht möglich, da alle Werte in dieser Spalte negativ sind, also alle $a_{k2} < 0$.

Es gibt keine Optimallösung. Ende 2 ist erreicht, d.h. die Zielfunktion kann auf dem zulässigen Bereich, der unbeschränkt ist, beliebig große Werte annehmen.

Andere Formen von Linearen Programmen müssen in die kanonische Form übergeführt werden, damit der Simplexalgorithmus laut obigem Schema durchgeführt werden kann.

Beispiel 5:
Das Minimierungsproblem

$$\min c^T x$$

$$\text{bzgl.} \begin{cases} Ax \geq b \\ \quad x \geq 0 \end{cases}$$

kann durch Multiplikation der Zielfunktion mit (-1) in ein Maximierungsproblem und dann in kanonische Form gebracht werden. Offensichtlich gilt:

$$\min c^T x \Leftrightarrow \max -c^T x.$$

Zu jedem LP gibt es ein „verwandtes" LP, das sogenannte Duale Programm.

Definition 6.1.5 *Die beiden Linearen Programme*

I:	$\max \quad z = c^T x$	II:	$\min \quad z' = b^T y$
	bzgl. $Ax \leq b$		*bzgl.* $A^T x \geq c$
	$x \geq 0$		$y \geq 0$

heißen ***zueinander dual****. Dabei wird I das Primale Programm und II das entsprechende Duale Programm genannt.*
Zu jeder Variablen des Primalen Programms gibt es eine Restriktion des Dualen Programms, zu jeder Restriktion vom Primalen Programm eine Variable vom Dualen.

Da das Duale Programm II ja auch ein Lineares Programm ist, kann man dazu wiederum das Duale Programm bilden. Als Duales Programm eines Dualen Programmes ergibt sich wieder das ursprüngliche Primale.

Bemerkung:

Betrachtet man I als Primales Programm, dann erfolgt die Bildung des Dualen Programmes folgendermaßen:

Die Zielfunktion von II entsteht aus dem Vektor b von I:

Die Koeffizientenmatrix von II ist die transponierte Koeffizientenmatrix von I. (Die Zeilen von I werden zu den Spalten von II und umgekehrt). Damit ergibt sich entsprechend die neue Dimension der transponierten Matrix.

Aus den Ungleichungen der Form $\leq$ werden in II Ungleichungen von der Form $\geq$.

Die Zielfunktion c von I wird zur rechten Seite des Ungleichungssystems in II. Während die Zielfunktion in I zu maximieren ist, ist sie in II zu minimieren.

Beispiel 6:

$$\min z = y_1 + 3y_2$$

$$\text{bzgl.} \begin{cases} y_1 - 2y_2 \geq 6 \\ -y_1 + 5y_2 \geq 4 \\ y_1 - y_2 \geq 4 \end{cases} \qquad \text{mit } y_i \geq 0 \text{ für } i = 1, 2$$

Duales LP:

$$\max z = 6x_1 + 4x_2 + x_3$$

$$\text{bzgl.} \begin{cases} x_1 - x_2 + x_3 \leq 1 \\ -2x_1 + 5x_2 - x_3 \leq 3 \end{cases} \qquad \text{mit } x_i \geq 0 \text{ für } i = 1, 2, 3$$

Beispiel 7:

Ein Primales Problem sei gegeben als

$$\max z = 7\,000x_1$$

$$\text{bzgl.} \begin{cases} 3x_1 - x_3 \leq 10 \\ 2x_1 - 2x_2 + x_3 \leq 15 \\ 2x_1 + x_2 + x_3 \leq 30 \end{cases} \qquad \text{mit } x_1, x_2, x_3 \geq 0$$

Das zugehörige Duale Problem lautet:

$$\min z = 10y_1 + 15y_2 + 30y_3$$

$$\text{bzgl.} \begin{cases} 3y_1 + 2y_2 + 2y_3 \geq 7\,000 \\ -2y_2 + y_3 \geq 0 \\ -y_1 + y_2 + y_3 \geq 0 \end{cases} \qquad \text{mit } y_1, y_2, y_3 \geq 0$$

Der Zusammenhang zwischen Primalem und Dualem Programm wird durch folgenden Satz beschrieben.

Satz 6.1.2 *Dualitätssatz 1*
Besitzen sowohl das Maximierungsproblem I als auch das Minimierungsproblem II zulässige Lösungen, so gilt:

(a)   *Für je zwei zulässige Lösungen ist $c^T x \leq b^T y$.*

(b)   *Beide LPs besitzen Optimallösungen $\bar{x}$ bzw. $\bar{y}$ und deren Zielfunktionswerte sind gleich, d.h.*
$$c^T \bar{x} = b^T \bar{y}.$$

Folgerung 6.1.2 *Für die beiden zueinander Dualen LPs Maximierungsproblem I und Minimierungsproblem II gilt: Ist die Zielfunktion eines LPs auf dem zulässigen Bereich unbeschränkt, dann besitzt das dazu Duale Programm keine zulässige Lösung.*

Bemerkung: Für die LPs I und II gilt also: Entweder haben beide eine Optimallösung oder keines von beiden. Man kann die Optimallösung des Dualen Programms aus dem Endtableau für das Primale ablesen, wie man aus dem folgenden Satz entnehmen kann:

Satz 6.1.3 *Die Optimallösung des Dualen LPs ist dem Endtableau des Primalen LPs zu entnehmen gemäß:*
$$\bar{y}_k = y_{m+1,n+k} \quad \text{für } k = 1, \ldots, m$$

Das sind genau die Variablen, die im Anfangstableau unter den Einheitsvektoren in der letzten Zeile, der relativen Zielfunktionskoeffizientenzeile, stehen. Die Zielfunktionswerte für das Primale Programm und für das Duale Programm sind identisch.

Fortsetzung von Beispiel 6:
Das Anfangsschema für das Duale LP ist:

			6	4	4	0	0	
Zeile	Basis	c_{BV}	x_1	x_2	x_3	x_4	x_5	b
1	x_4	0	1	−1	1	1	0	1
2	x_5	0	−2	5	−1	0	1	3
			−6	−4	−1	0	0	0

Nach zwei Austauschschritten ergibt sich das Endtableau:

Zeile	Basis	c_{BV}	x_1	x_2	x_3	x_4	x_5	b
1	x_1	6	1	0	4/3	5/3	1/3	8/3
2	x_2	4	0	1	1/3	3/3	1/3	5/3
			0	0	25/3	38/3	10/3	68/3

Man entnimmt die Lösung des Dualen LP:

$$(\bar{x}_1, \bar{x}_2, \bar{x}_3)^T = \left(\frac{8}{3}, \frac{5}{3}, 0\right)^T,$$

der Zielfunktionswert $z = \frac{68}{3}$ und die Lösung des Primalen (also des ur-

sprünglichen Minimierungsproblems) ist $(\bar{y}_1, \bar{y}_2)^T = \left(\frac{38}{3}, \frac{10}{3}\right)^T$, wobei die

Überschussvariable der dritten Ungleichung den Wert $\frac{25}{3}$ annimmt.

Bemerkung: Man entnimmt also die Optimallösung des Dualen Programms aus der letzten Zeile des Endtableaus und jenen Spalten, die zu den Schlupf-variablen des Primalen gehören.

Bemerkung: Man kann ein Minimierungsproblem durch Dualisieren in ein Maximierungsproblem umformen, dieses dann lösen und die Lösung beider Programme, auch des Minimierungsproblems aus dem Endschema ablesen.

Der Zusammenhang zwischen den Optimalwerten der Variablen (inklusi-ve Schlupf- bzw. Überschussvariablen) für zueinander Duale LPs wird be-schrieben durch den folgenden Satz.

Satz 6.1.4 *Dualitätssatz 2 oder Satz vom Dualen Schlupf*

(a) *Seien $\bar{x}$ bzw. $\bar{y}$ die Optimallösungen von I bzw. II. Dann gilt:*

$$\bar{x}_k > 0 \Rightarrow a_k^T \cdot \bar{y} - c_k = 0 \quad \text{für alle } k.$$

Ist eine Basisvariable des Primalen Programms positiv, dann ist im Dualen Programm die zugehörige Restriktion als Gleichung erfüllt (wobei die Schlupfvariable null ist), d.h.

$$\bar{y}_l > 0 \Rightarrow \sum_{i=1}^{n} a_{li} \cdot x_i - b_l = 0 \quad \text{für alle } l.$$

Ist eine Basisvariable des Dualen Programms positiv, dann ist die zugehörige Restriktion des Primalen Programms als Gleichung erfüllt (Schlupfvariable ist null).

(b)   *Erfüllen Vektoren $\bar{x}$, $\bar{y}$ die beiden Implikationen von (a), dann sind sie Optimallösungen von I bzw. II.*

Beispiel 8:
Im obigen Beispiel (Fortsetzung von Bsp. 6) war in der Optimallösung $\bar{x}_1 = \frac{8}{3} > 0$, also muss das Skalarprodukt der ersten Spalte von A mit $\bar{y}$ gleich c_1 sein: $1 \cdot \frac{38}{3} - 2 \cdot \frac{10}{3} = 6$.

Das ist offensichtlich richtig. Andererseits ist, z.B. $a_4^T \cdot \bar{y} = \bar{y}_1 = \frac{38}{3} > 0$, also muss x_4 gleich Null sein. Da x_4 nicht in der Basis ist, stimmt das.

Bemerkung: Man nennt die beiden Implikationen in Satz 6.1.4 aufgrund von Teil (b) auch die **Optimalitätsbedingungen**.

Hinweise zur Verwendung von Standardsoftware insbesondere für LP:

Im Tabellenkalkulationsprogramm EXCEL aus dem MS-Office Paket findet man unter dem Menüpunkt „Extras" die Option Solver zum Lösen von LPs.

http://www.vwl.tu-darmstadt.de/bwl3/forsch/projekte/tenor/lino.php
bietet das kostenlose und sehr benutzerfreundliche Programm TENOR mit dem Modul LINO zur Lösung linearer Programme.

http://www.lindo.com
Hier wird das kommerzielle Programm LINDO angeboten. Von dort sind auch kostenlose Testversionen mit verringerter Leistung erhältlich.

http://www.mops.fu-berlin.de
Hier findet man ClipMOPS, ein Zusatzprogramm für EXCEL zur komfortablen Lösung von LPs.

http://www.ilog.com/products/cplex
Diese Seite stellt das kommerzielle Programm CPLEX vor, das derzeit als Industriestandard gilt.

6.2 Optimierung von Funktionen von mehreren reellen Variablen mit Nebenbedingungen

Beispiel 1:
Maximiere eine Nutzenfunktion u unter einer Budgetbeschränkung:

$$\max u(x_1, x_2, \ldots, x_n)$$

$$\text{bzgl.} \sum_{i=1}^{n} p_i \cdot x_i = B.$$

Interpretation: Bestimme die Mengeneinheiten x_i der n Güter derart, dass der Nutzen unter der Bedingung, dass das gesamte Budget zu gegebenen Preisen p_i der Güter ausgegeben wird, möglichst groß ist.

Beispiel 2:

$$\max u(x_1, x_2) = (x_1 - 12) \cdot (x_2 - 20)$$
$$\text{bzgl.} \ 4x_1 + 2x_2 = 60$$

Die Lösung kann man in diesem einfachen Fall durch Einsetzen erhalten. Aus der Nebenbedingung $4x_1 + 2x_2 = 60$ erhält man $x_2 = 30 - 2x_1$. Dies in die Zielfunktion eingesetzt ergibt

$$\bar{u}(x_1) = u(x_1, 30 - 2x_1) = 2 \cdot (x_1 - 12) \cdot (5 - x_1).$$

Die Maximalstelle dieser Funktion ist bei $x_1 = 8.5$. Dies in die Nebenbedingung eingesetzt, ergibt $x_2 = 13$. Damit ist $(8.5, 13)$ die Optimallösung des Beispiels, und $u(8.5, 13) = 24.5$ ist der Optimalwert.

Satz 6.2.1 *Lagrange-Multiplikatoren-Methode* (*L. Lagrange 1736-1813*). *Für das Optimierungsproblem mit n Variablen und m Nebenbedingungen in Gleichungsform*

$$\max(\min) f(x_1, x_2, \ldots, x_n)$$

$$\text{bzgl.} \begin{cases} g^1(x_1, x_2, \ldots, x_n) = c_1 \\ g^2(x_1, x_2, \ldots, x_n) = c_2 \\ \quad\quad\quad\vdots \\ g^m(x_1, x_2, \ldots, x_n) = c_m \end{cases}$$

heißt die Funktion

$$L(x_1,\ldots,x_n,\lambda_1,\ldots,\lambda_m) = f(x_1,\ldots,x_n) + \sum_{j=1}^{m} \lambda_j \left(c_j - g^j(x_1,\ldots,x_n) \right)$$

*die **Lagrangefunktion zu diesem Problem**, λ_j für $j = 1,\ldots,m$ nennt man **Lagrangemultiplikatoren**.*

Ist $x^0 = \left(x_1^0, x_2^0, \ldots, x_n^0\right)$ eine **Lösung des Optimierungsproblems** und sind die Gradienten der Nebenbedingungen g_j an der Stelle x_0 sämtlich voneinander unabhängig, dann existiert zu $x^0 = (x_1^0, x_2^0, \ldots, x_n^0)$ ein Vektor $\lambda^0 = \left(\lambda_1^0, \lambda_2^0, \ldots, \lambda_m^0\right)$ von Lagrangemultiplikatoren derart, dass der $(n+m)$-dimensionale Vektor

$$\left(x^0, \lambda^0\right) = \left(x_1^0, x_2^0, \ldots, x_n^0, \lambda_1^0, \lambda_2^0, \ldots, \lambda_m^0\right)$$

eine stationäre Stelle dieser Lagrangefunktion (einer Funktion von $n+m$ Variablen!) ist.

Bei der praktischen Berechnung bestimmt man zunächst die stationären Stellen $\left(x^k, \lambda^k\right)$ der Lagrangefunktion, dies sind eventuell mehrere, und untersucht anschließend, welcher der Punkte x^k die gesuchte Maximal- oder Minimalstelle ist.

Beispiel 2, Fortsetzung: Für das Problem

$$\max u(x_1, x_2) = (x_1 - 12) \cdot (x_2 - 20)$$
$$\text{bzgl. } 4x_1 + 2x_2 = 60$$

erhält man die **Lagrangefunktion**

$$L(x_1, x_2, \lambda) = (x_1 - 12) \cdot (x_2 - 20) + \lambda \cdot (60 - 4x_1 - 2x_2),$$

sowie deren partiellen Ableitungen

$$L_{x_1}(x_1, x_2, \lambda) = x_2 - 20 - 4\lambda$$
$$L_{x_2}(x_1, x_2, \lambda) = x_1 - 12 - 2\lambda$$
$$L_\lambda(x_1, x_2, \lambda) = 60 - 4x_1 - 2x_2,$$

und daraus das Gleichungssystem zur Bestimmung der stationären Punkte

$$
\begin{array}{rcl}
x_2 - 4\lambda & = & 20 \\
x_1 \qquad - 2\lambda & = & 12 \\
4x_1 + 2x_2 \qquad & = & 60
\end{array}
$$

Die einzige Lösung dieses Gleichungssystems ist der Vektor

$$\left(x_1^0, x_2^0, \lambda^0\right) = \left(\frac{17}{2}, 13, -\frac{7}{4}\right),$$

d.h. nur der Punkt $\left(x_1^0, x_2^0\right) = \left(\frac{17}{2}, 13\right)$ kann eine Extremstelle sein. Die Frage, ob tatsächlich ein Maximum oder Minimum vorliegt, wird wieder durch höhere partielle Ableitungen beantwortet. Dazu benötigt man die folgende Definition.

Definition 6.2.1 *Zu der Lagrangefunktion*

$$L(x_1, \ldots, x_n, \lambda_1, \ldots, \lambda_m) = f(x_1, \ldots, x_n) + \sum_{j=1}^{m} \lambda_j \left(c_j - g^j(x_1, \ldots, x_n)\right)$$

heißt die $(m+n) \times (m+n)$*-Matrix* $\overline{H}(x_1, \ldots, x_n, \ldots, \lambda_1, \ldots, \lambda_m)$

$$\overline{H} = \begin{pmatrix} 0 & \cdots & 0 & g_{x_1}^1 & \cdots & g_{x_n}^1 \\ \vdots & & \vdots & \vdots & & \vdots \\ 0 & \cdots & 0 & g_{x_1}^m & \cdots & g_{x_n}^m \\ \hline g_{x_1}^1 & \cdots & g_{x_1}^m & L_{x_1,x_1} & \cdots & L_{x_1,x_n} \\ \vdots & & \vdots & \vdots & & \vdots \\ g_{x_n}^1 & \cdots & g_{x_n}^m & L_{x_n,x_1} & \cdots & L_{x_n,x_n} \end{pmatrix}$$

umrandete Hessesche Matrix $\overline{H}$. *Die* $(2m+k)$*-ten Hauptabschnittsdeterminanten* $\det(\overline{H}_{2m+k})$ *für* $k = 1, \ldots, n-m$ *dieser Matrix nennt man auch* *umrandete Hauptabschnittsdeterminanten.*

Die umrandete Hesse-Matrix enthält im Allgemeinen Funktionen von $n + m$ Variablen als Elemente. Zur Entscheidung über das Vorliegen von Extremstellen ist diese umrandete Hesse-Matrix an den stationären Stellen der Lagrangefunktion zu betrachten. Diese Matrix $\overline{H}\left(x^0, \lambda^0\right)$ hat dann als Elemente reelle Zahlen.

Beispiel 2, Fortsetzung:
Die umrandete Hessesche Matrix

$$\overline{H} = \begin{pmatrix} 0 & 4 & 2 \\ \hline 4 & 0 & 1 \\ 2 & 1 & 0 \end{pmatrix}$$

ist in diesem Beispiel konstant, da alle darin vorkommenden Ableitungen bereits konstante Funktionen bzw. Zahlen sind. Die angegebene Matrix ist schon die benötigte Matrix $\overline{H}\left(x^0, \lambda^0\right)$.

Die Vorzeichen der umrandeten Hauptabschnittsdeterminanten geben nun Auskunft darüber, ob es sich bei dem Vektor $x_0 = \left(x_1^0, x_2^0, \ldots, x_n^0\right)$ tatsächlich um eine Extremstelle handelt. In Abhängigkeit von der Anzahl m der Nebenbedingungen wird im folgenden Satz eine hinreichende Bedingung für das Vorliegen eines lokalen Extremums angegeben.

Satz 6.2.2 *Sei $\left(x^0, \lambda^0\right)$ eine stationäre Stelle der Lagrangefunktion. Dann ist der Punkt x^0*

(a) **Maximalstelle von f unter den gegebenen Nebenbedingungen**, *wenn die Vorzeichen der umrandeten Hauptabschnittsdeterminanten*

$$\det(\overline{H}_{2m+k}) \ \text{für } k = 1, \ldots, n-m$$

alternierend positiv und negativ sind, beginnend mit $(-1)^{m+1}$.

(b) **Minimalstelle von f unter den gegebenen Nebenbedingungen**, *wenn alle Hauptabschnittsdeterminanten $\det(\overline{H}_{2m+k})$ für $k = 1, \ldots, n-m$ dasselbe Vorzeichen haben, und zwar positiv, falls die Anzahl m der Nebenbedingungen gerade ist, und negativ, wenn m ungerade ist.*

Beispiel 2, Fortsetzung:
In diesem Beispiel ist die Anzahl der Variablen $n = 2$ und die Anzahl der Nebenbedingungen $m = 1$. Daher ist nur die eine Determinante $\det(\overline{H}_{2m+1}) = \det(\overline{H}_3) = \det(\overline{H}) = 16 > 0$ zu berechnen. Diese ist positiv, und da $m = 1$ ungerade ist, liegt nach Teil (a) von Satz 6.2.2 an der Stelle $\left(x_1^0, x_2^0\right) = (8.5, 13)$ ein Maximum vor. Der Maximalwert beträgt $u(8.5, 13) = 24.5$. Das ist natürlich das gleiche Ergebnis wie oben.

Beispiel 3:
Bestimme die Extremstellen und Extremwerte von

$$\max f(x,y,z) = x+y+z$$
$$\text{bzgl. } x^2 + y^2 + z^2 = 3$$

Auch diese Aufgabe wäre prinzipiell dadurch lösbar, dass aus der Nebenbedingung eine Variable explizit ausgerechnet und dann in die Funktion f eingesetzt wird. Die entstehende Funktion zweier Variablen wäre dann auf lokale Extremstellen zu untersuchen. Ein Vorteil der Methode der Lagrange-Multiplikatoren ist ihre einfachere Handhabung.

Aus der Lagrangefunktion zu diesem Problem

$$L(x,y,z,\lambda) = x+y+z+\lambda \cdot (3 - x^2 - y^2 - z^2),$$

erhält man zur Bestimmung der stationären Stellen das Gleichungssystem:

$$L_x = 1 - 2\lambda x = 0$$
$$L_y = 1 - 2\lambda y = 0$$
$$L_z = 1 - 2\lambda z = 0$$
$$L_\lambda = 3 - x^2 - y^2 - z^2 = 0.$$

Man erkennt, dass $x = y = z$ sein muss und somit ergeben sich die stationären Stellen $\text{StP}_1 = \left(1,1,1;\dfrac{1}{2}\right)$ und $\text{StP}_2 = \left(-1,-1,-1;-\dfrac{1}{2}\right)$ als Lösungen des Gleichungssystems. Die allgemeine umrandete Hessesche Matrix ist

$$\overline{H} = \begin{pmatrix} 0 & 2x & 2y & 2z \\ 2x & -2\lambda & 0 & 0 \\ 2y & 0 & -2\lambda & 0 \\ 2z & 0 & 0 & -2\lambda \end{pmatrix}.$$

Die errechneten Werte in die Matrix eingesetzt ergeben

$$\overline{H}(\text{StP}_1) = \begin{pmatrix} 0 & 2 & 2 & 2 \\ 2 & -1 & 0 & 0 \\ 2 & 0 & -1 & 0 \\ 2 & 0 & 0 & -1 \end{pmatrix} \quad \text{und} \quad \overline{H}(\text{StP}_2) = \begin{pmatrix} 0 & -2 & -2 & -2 \\ -2 & 1 & 0 & 0 \\ -2 & 0 & 1 & 0 \\ -2 & 0 & 0 & 1 \end{pmatrix}.$$

Wegen $n = 3$ und $m = 1$ benötigt man zwei Hauptabschnittsdeterminanten, nämlich die dritte und die vierte. Da für StP_1 die Determinanten $\left|\overline{H}_3\right| = \pm 8$ und $\left|\overline{H}_4\right| = -16$ sind, ist nach Teil (a) von Satz 6.2.2 der Punkt $(1,1,1)$ eine Maximalstelle. Man erhält - unter der geforderten Nebenbedingung - den Maximalwert der Funktion $f_{\max} = f(1,1,1) = 3$.

An der Stelle StP_2 sind die Determinanten $\left|\overline{H}_3\right| = -8$ und $\left|\overline{H}_4\right| = -16$, nach Teil (b) des Satzes 6.2.2 der Punkt $(-1,-1,-1)$ Minimalstelle. Der Minimalwert $f_{\min} = f(-1,-1,-1) = -3$.

Der zweite, wesentlichere Vorteil der Lagrange-Methode liegt in der Interpretierbarkeit der Lagrange-Multiplikatoren an den stationären Stellen der Lagrangefunktion!

Eine Interpretation des Wertes λ_j^0 beim Maximierungsproblem erhält man, wenn man untersucht, welche Wirkung eine Änderung der Zahl c_j hat. Jedes c_j bedeutet eine Verfügbarkeitsgrenze der Ressource Nummer j, eine Zunahme von c_j also eine Erhöhung der verfügbaren Menge.

Betrachtet man die Lagrangefunktion auch als Funktion der c_j d.h.

$$L(x_1,\ldots,x_n,\lambda_1,\ldots,\lambda_m,c_1,\ldots,c_m) =$$
$$= f(x_1,\ldots,x_n) + \sum_{j=1}^m \lambda_j \left(c_j - g^j(x_1,\ldots,x_n) \right),$$

so ist die partielle Ableitung von L nach jedem dieser c_j an jeder stationären Stelle gleich dem zugehörigen Lagrangemultiplikator λ_j^0. D.h. λ_j^0 gibt die Änderung der Lagrangefunktion im stationären Punkt an. Da jedoch im stationären Punkt alle Summanden $c_j - g^j(x_1^0,\ldots,x_n^0)$ gleich Null sind, ist $L(x^0,\lambda^0) = f(x^0)$. Somit gilt:

Folgerung 6.2.1 *Der Wert λ_j^0 des Lagrangemultiplikators gibt näherungsweise die Änderung des Optimalwertes von $f(x)$ an, wenn c_j um eine Einheit geändert wird.*

Beispiel 3, Fortsetzung
Wird c um eins erhöht, d. h. die Nebenbedingung von $x^2 + y^2 + z^2 = 3$ verändert auf $x^2 + y^2 + z^2 = 4$, so erhält man natürlich eine andere stationäre Stelle und einen anderen Maximalwert, aber auch ohne diesen zu berechnen kann man gemäß obiger Folgerung die Verbesserung dieses Wertes um etwa $\lambda^0 = \dfrac{1}{2}$, d. h. auf $f_{\max} \approx 3.5$ ablesen.

Beispiel 4:
Ökonomische Interpretation des Nutzenmaximierungsproblems der klassischen Haushaltstheorie der Konsumenten für zwei Güter (vgl. Beispiel 1):

$$\max u(x,y)$$
$$\text{bzgl. } p_x \cdot x + p_y \cdot y = B.$$

Das gesamte Budget B soll für den Konsum der Güter zu den gegebenen Preisen p_x bzw. p_y pro Mengeneinheit verbraucht werden. Nimmt man wie üblich an, dass für jedes der Güter dessen **Grenznutzen** positiv ist, d.h. die Ableitungen $u_x > 0$ und $u_y > 0$, dann sind die Isoquanten der Nutzenfunktion u, die sogennanten **Indifferenzkurven**, von einer Form, wie in Abb. 6.3. Die Maximalstelle (x^0, y^0) wird auch **Gleichgewicht** genannt.

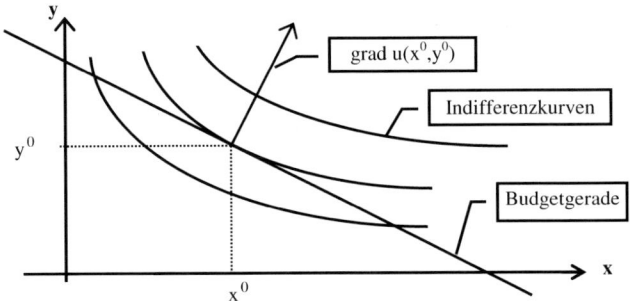

Abb. 6.3 Nutzenmaximierungsproblem für zwei Güter

An einer stationärer Stelle der Lagrangefunktion zu diesem Problem sind deren partielle Ableitungen $L_x = u_x - \lambda p_x = 0$ und $L_y = u_y - \lambda p_y = 0$ und somit ist $\dfrac{u_x}{p_x} = \dfrac{u_y}{p_y} = \lambda^0$, in Worten **im Gleichgewicht ist für jedes Gut das Verhältnis von Grenznutzen zu Preis gleich**, und zwar gleich dem Wert des Lagrangemultiplikators λ^0.

Umformung führt auf $\dfrac{u_x}{u_y} = \dfrac{p_x}{p_y}$; in Worten: **Im Gleichgewicht ist das Verhältnis der Grenznutzen gleich dem Verhältnis der Güterpreise**. Da an der Stelle (x^0, y^0) die partielle Ableitung der Lagrangefunktion $\dfrac{\partial L}{\partial B}(x^0, y^0; \lambda^0) = \lambda^0$ kann man sagen: **Der Wert λ^0 des Lagrangemultiplikators gibt im Gleichgewicht den Grenznutzen des Geldes an**.

Auf Grund analoger Überlegungen wie oben bei der Berechnung der Grenzrate der Substitution von Kapital für Arbeit, wo die Steigung einer Isoquante $K = K_c(A)$ der Produktionsfunktion $f(A, K)$ als Quotient der partiellen Ableitungen von f berechnet wurde, gilt auch für Indifferenzkurven einer Nutzenfunktion: Die Steigung einer Indifferenzkurve $y = y(x)$ zur Nutzenfunktion $u(x, y)$ ist $-\dfrac{u_x}{u_y}$. Da im Gleichgewicht $\dfrac{u_x}{u_y} = \dfrac{p_x}{p_y}$ ist, hat die Indifferenzkurve dort dieselbe Steigung wie die Budgetgerade $y = -\dfrac{p_x}{p_y} \cdot x + \dfrac{B}{p_y}$. Die **Budgetgerade ist im Gleichgewicht Tangente zur Indifferenzkurve**.

6.3 Nichtlineare Programme

Definition 6.3.1 *Seien $f(x)$ und $g^j(x)$ für $j = 1,\ldots,m$ Funktionen von n Variablen sowie r_j für $j = 1,\ldots,m$ reelle Zahlen, dann heißen die beiden Optimierungsprobleme*

$$\max\ f(x) \qquad\qquad\qquad \min\ f(x)$$

$$bzgl. \begin{cases} g^j(x) \le r_j & j = 1,\ldots,m \\ x_i \ge 0 & i = 1,\ldots,n \end{cases} \qquad und\ bzgl. \begin{cases} g^j(x) \ge r_j & j = 1,\ldots,m \\ x_i \ge 0 & i = 1,\ldots,n \end{cases}$$

$$\text{(Maximierungsproblem)} \qquad\qquad \text{(Minimierungsproblem)}$$

nichtlineare Programme (NLP) in Normalform.

$f(x)$ nennt man **Zielfunktion**, die Ungleichungen $g^j(x) \le r_j$ bzw. $g^j(x) \ge r_j$ heißen **Restriktionen** oder Nebenbedingungen und die Ungleichungen $x_i \ge 0$ nennt man **Nichtnegativitätsbedingungen**.

Die Menge

$$M = \left\{ x \in \mathbb{R}^n \left| \begin{array}{ll} g^j(x) \le r_j \text{ bzw. } g^j(x) \ge r_j & \text{für } j = 1,\ldots,m \\ x_i \ge 0 & \text{für } i = 1,\ldots,n \end{array} \right. \right\}$$

heißt **zulässiger Bereich** oder auch **Menge der zulässigen Lösungen**. Jeder Punkt $x \in M$ wird **zulässige Lösung des NLP** genannt. Ein Punkt $\bar{x} \in M$, der die Zielfunktion maximiert (minimiert), heißt **Optimallösung des NLP**. Den zugehörigen Funktionswert $f(\bar{x})$ nennt man **Optimalwert**.

Beispiel 1:
Bei Problemen mit nur $n = 2$ Variablen, wie

$$\max f(x_1,x_2) = 4 \cdot \sqrt{x_1 \cdot x_2}$$

$$bzgl. \begin{cases} x_1 + 2x_2 \le 20 \\ x_1,\ x_2 \ge 0 \end{cases}$$

ist eine graphische Lösung des Problems möglich. Aus der Zeichnung (vgl. Abb. 6.4) entnimmt man, indem man einige Isoquanten der Zielfunktion $f(x)$ einzeichnet, dass die Optimallösung auf dem Rand des zulässigen Bereiches liegen muss, nämlich auf der Geraden $x_1 = 20 - 2x_2$. Setzt man $20 - 2x_2$ für x_1 in die Zielfunktion ein, so entsteht eine neue zu maximierende Funktion in nur einer Variablen.
Das zu lösende Problem hat nun die Form $\max 4 \cdot \sqrt{(20 - 2x_2) \cdot x_2}$.

Die Wurzelfunktion ist streng monoton, daher ist die Maximalstelle dieser Funktion genau dort, wo auch $f(x_2) = (20 - 2x_2) \cdot x_2$ ihr Maximum annimmt, also an der Stelle $x_2 = 5$. Setzt man diesen Wert in die Geradengleichung ein, so erhält man $x_1 = 20 - 10 = 10$. Da beide Werte nichtnegativ sind, ist $(\bar{x}_1, \bar{x}_2) = (10, 5)$ die Optimallösung des nichtlinearen Programms, und der Optimalwert der Zielfunktion ergibt sich als $c^* = f(10, 5) = 20 \cdot \sqrt{2}$.

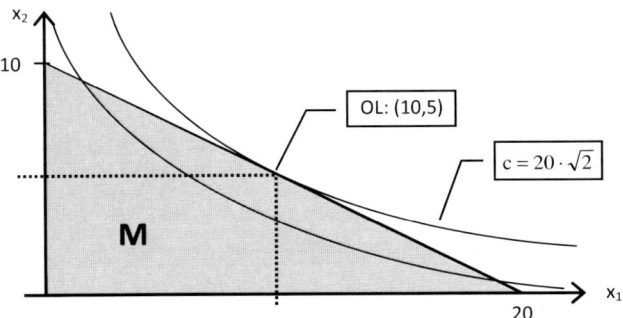

Abb. 6.4 Zulässiger Bereich und Isoquanten zu Beispiel 1

Definition 6.3.2 *Ein NLP heißt*

(a) *ein **konvexes Programm**, wenn beim Maximierungsproblem die Ziel-funktion f(x) **konkav** ist und alle Funktionen $g^j(x)$ **konvex** sind, bzw. beim Minimierungsproblem die Zielfunktion f(x) **konvex** ist und alle Funktionen $g^j(x)$ **konkav** sind,*

(b) *ein **quadratisches Programm**, wenn die Zielfunktion eine **quadratische Form** ist und alle Funktionen $g^j(x)$ **linear** sind.*

Ein quadratisches Programm kann also in folgender Form allgemein angegeben werden

$$\max \quad x^T C x \qquad\qquad \min \quad x^T C x$$
$$\text{bzgl.} \begin{cases} Ax \le b \\ x \ge 0 \end{cases} \quad \text{und} \quad \text{bzgl.} \begin{cases} Ax \ge b \\ x \ge 0 \end{cases} ,$$

wobei C eine symmetrische $n \times n$ Matrix ist. A ist eine $m \times n$ Matrix und b ein m-dimensionaler Vektor.

Beispiel 2:

$$\max f(x,y,z) = -2x^2 - 3y^2 + 2xy - 4yz$$

$$\text{bzgl.} \begin{cases} x - y \le 4 \\ x + z \le 2 \\ x,\ y,\ z \ge 0 \end{cases}$$

Dieses nichtlineare Programm ist ein quadratisches Programm, da die beiden Funktionen $g^1(x,y,z) = x - y$ und $g^2(x,y,z) = x + z$ lineare Funktionen sind, und die Zielfunktion

$$f(x,y,z) = -2x^2 - 3y^2 + 2xy - 4yz = (x,y,z) \cdot \begin{pmatrix} -2 & 1 & 0 \\ 1 & -3 & -2 \\ 0 & -2 & 0 \end{pmatrix} \cdot \begin{pmatrix} x \\ y \\ z \end{pmatrix}$$

eine quadratische Form ist. Da lineare Funktionen sowohl konvex als auch konkav sind, hängt es bei quadratischen Programmen nur von der Zielfunktion ab, ob sie auch konvexe Programme sind.

Folgerung 6.3.1 *Ein **quadratisches Programm ist ein konvexes Programm**, wenn die Zielfunktion für das Maximum-Problem konkav (für das Minimum-Problem konvex) ist.*

Folgerung 6.3.2 *Bei konvexen Programmen ist der zulässige Bereich M **konvex**.*

Beweis: $g^j(x)$ konvex $\Rightarrow M_j = \{x \,|\, g^j(x) \le r_j\}$ ist konvex, denn für je zwei Punkte $x^1, x^2 \in M_j$ und beliebiges $\lambda \in [0,1]$ ist

$$g^j(\lambda x^1 + (1-\lambda)x^2) \le \lambda g^j(x^1) + (1-\lambda)g^j(x^2) \le \lambda r_j + (1-\lambda)r_j = r_j.$$

Also ist der Punkt $\lambda x^1 + (1-\lambda)x^2 \in M_j$, und somit ist M_j konvex.

Ebenso: $g^j(x)$ konkav $\Rightarrow M_j = \{x \,|\, g^j(x) \ge r_j\}$ ist konvex.

Damit ist der zulässige Bereich als Durchschnitt von konvexen Mengen $M = \bigcap_{j=1}^{m} M_j \cap \{x = (x_1, \dots, x_n) \,|\, x_i \ge 0,\ i = 1, \dots, n\}$ ebenfalls konvex.

Definition 6.3.3 *Für ein NLP in Normalform mit n Variablen und m Neben-bedingungen heißt die Funktion*

$$Z(x_1,\ldots,x_n,\lambda_1,\ldots,\lambda_m) = f(x_1,\ldots,x_n) + \sum_{j=1}^{m} \lambda_j \left(r_j - g^j(x_1,\ldots,x_n) \right)$$

vereinfachte Lagrangefunktion.

Bemerkung: Ist ein NLP nicht in Normalform gegeben, d.h. mindestens eine der Ungleichungen in den Restriktionen ist nicht definitionskonform, muss das NLP zunächst auf Normalform gebracht werden, indem man diese Restriktion(en) mit (-1) multipliziert, bevor die vereinfachte Lagrangefunktion aufgestellt werden kann.

Definition 6.3.4 *Kuhn-Tucker-Bedingungen*
Sei $Z(x,\lambda)$ die Lagrangefunktion eines NLP, so sagt man, ein Punkt $(\overline{x},\overline{\lambda})$ erfüllt die Kuhn-Tucker-Bedingungen (KTB), wenn er dem folgenden System von Gleichungen und Ungleichungen genügt.

(a) Für das Maximierungsproblem:

$$\frac{\partial Z}{\partial x_i} \leq 0 \qquad x_i \cdot \frac{\partial Z}{\partial x_i} = 0 \qquad x_i \geq 0 \qquad i = 1,\ldots,n$$
$$\frac{\partial Z}{\partial \lambda_j} \geq 0 \qquad \lambda_j \cdot \frac{\partial Z}{\partial \lambda_j} = 0 \qquad \lambda_j \geq 0 \qquad j = 1,\ldots,m$$

(b) Für das Minimierungsproblem:

$$\frac{\partial Z}{\partial x_i} \geq 0 \qquad x_i \cdot \frac{\partial Z}{\partial x_i} = 0 \qquad x_i \geq 0 \qquad i = 1,\ldots,n$$
$$\frac{\partial Z}{\partial \lambda_j} \leq 0 \qquad \lambda_j \cdot \frac{\partial Z}{\partial \lambda_j} = 0 \qquad \lambda_j \geq 0 \qquad j = 1,\ldots,m$$

Fortsetzung von Beispiel 1:
Das nichtlineare Programm

$$\max f(x_1,x_2) = 4 \cdot \sqrt{x_1 \cdot x_2}$$
$$\text{bzgl.} \begin{cases} x_1 + 2x_2 \leq 20 \\ x_1, \ x_2 \geq 0 \end{cases}$$

besitzt die vereinfachte Lagrangefunktion

$$Z(x_1, x_2, \lambda) = 4 \cdot \sqrt{x_1 \cdot x_2} + \lambda \cdot (20 - x_1 - 2x_2)$$

Die KTB lauten also:

$$Z_{x_1} = \frac{2x_2}{\sqrt{x_1 x_2}} - \lambda \leq 0 \qquad \left(\frac{2x_2}{\sqrt{x_1 x_2}} - \lambda \right) \cdot x_1 = 0 \qquad x_1 \geq 0$$

$$Z_{x_2} = \frac{2x_1}{\sqrt{x_1 x_2}} - 2\lambda \leq 0 \qquad \left(\frac{2x_1}{\sqrt{x_1 x_2}} - 2\lambda \right) \cdot x_2 = 0 \qquad x_2 \geq 0$$

$$Z_\lambda = 20 - x_1 - 2x_2 \geq 0 \qquad \lambda \left(20 - x_1 - 2x_2 \right) = 0 \qquad \lambda \geq 0$$

Man rechnet durch Einsetzen nach, dass (nur) der Punkt $\left(\bar{x}_1, \bar{x}_2, \bar{\lambda} \right) = (10, 5, \sqrt{2})$, die KTB erfüllt.

Allgemein gilt für einen Punkt, der die KTB erfüllt, dass

$$x_1 \cdot \frac{\partial Z}{\partial x_i} = 0 \quad \text{und} \quad \lambda_j \cdot \frac{\partial Z}{\partial \lambda_j} = 0.$$

Da das Produkt von zwei Faktoren nur dann null ist, wenn mindestens einer der beiden Faktoren gleich null ist, kann man für das Maximierungsproblem (und analog für das Minimierungsproblem) die folgenden Zusammenhänge formulieren.

Folgerung 6.3.3 *Erfüllt (x, λ) die KTB für ein Maximierungsproblem, so gilt:*

(a) *Ist die Variable $x_i > 0$, dann muss die partielle Ableitung $\dfrac{\partial Z}{\partial x_i} = 0$ sein.*
     Ist hingegen $\dfrac{\partial Z}{\partial x_i} < 0$, dann muss die Variable $x_i = 0$ sein.

(b) *Ist $\lambda > 0$, dann muss $\dfrac{\partial Z}{\partial \lambda_j} = r_j - g^j(x) = 0$ sein, also die Restriktion exakt erfüllt werden. Ist hingegen $\dfrac{\partial Z}{\partial \lambda_j} > 0$, dann muss der Lagrange-multiplikator $\lambda_j = 0$ sein.*

c)   *Der Wert der Lagrangefunktion in diesem Punkt*

$$Z(x, \lambda) = f(x) + \underbrace{\sum_{j=1}^{m} \lambda_j \left(r_j - g^j(x) \right)}_{=0} = f(x)$$

ist gleich dem Wert der Zielfunktion des NLP.

Satz 6.3.1 *Ist ein NLP ein **konvexes Programm**, so gilt: Erfüllt $(\bar{x}, \bar{\lambda})$ die KTB, so ist $\bar{x}$ Optimallösung des NLP.*

Hat man also einen Punkt $(\bar{x}, \bar{\lambda})$ gefunden, der die KTB erfüllt, so ist $\bar{x}$ Optimallösung des NLP. Erfüllt andererseits kein Punkt die KTB, so kann daraus nicht gefolgert werden, dass keine Optimallösung existiert. Man sagt kurz, die KTB sind hinreichend für konvexe Programme, und meint damit ausführlich, das Erfülltsein der KTB durch $(\bar{x}, \bar{\lambda})$ ist bei konvexen Programmen hinreichend dafür, dass $\bar{x}$ die Optimallösung ist.
Das obige Beispiel 1 ist ein konvexes Programm, also ist $\bar{x} = (10,5)$ die Optimallösung des Problems.

Satz 6.3.2 *Sind bei einem NLP die **Restriktionen linear**, so gilt: ist $\bar{x} = (\bar{x}_1, \bar{x}_2, \ldots, \bar{x}_n)$ Optimallösung, so gibt es einen Vektor $\bar{\lambda}$ mit nichtnegativen Komponenten $\bar{\lambda}_1, \ldots, \bar{\lambda}_m$ derart, dass $(\bar{x}, \bar{\lambda})$ die KTB erfüllt.*

Ist also $\bar{x}$ eine Optimallösung eines NLP mit Restriktionen, die sämtlich linear sind, so muss es einen Vektor $\bar{\lambda}$ geben, der zusammen mit $\bar{x}$ die KTB erfüllt. Gibt es jedoch für einen Punkt $\bar{x}$ kein geeignetes $\bar{\lambda}$, mit dem die KTB erfüllt werden können, so ist $\bar{x}$ keine Optimallösung. Man sagt kurz, bei linearen Restriktionen sind die KTB notwendig.

Folgerung 6.3.4 *Für ein **konvexes Programm mit linearen Nebenbedingungen** sind die **KTB notwendig und hinreichend**.*

Für das obige Beispiel 1 liegen diese Voraussetzungen vor, d.h. zur Optimallösung $\bar{x} = (10,5)$ muss ein $\bar{\lambda}$ existieren, sodass $(\bar{x}, \bar{\lambda})$ die KTB erfüllt. Unter Verwendung von $\bar{x} = (x_1, x_2) = (10,5)$ wird aus der Gleichung $\left(\dfrac{2x_2}{\sqrt{x_1 x_2}} - \lambda \right) \cdot x_1 = 0$ der Wert $\bar{\lambda} = \sqrt{2}$ berechnet. Andererseits ist der Punkt $\bar{x}$ die einzige Optimallösung, also darf zu keinem anderen Punkt x^* ein solches λ^* existieren, dass (x^*, λ^*) den KTB genügt.

Beispiel 3:
In der Wirtschaftstheorie wird das Problem zur **Bestimmung eines gewinnmaximalen Produktionsplanes unter Einhaltung von Kapazitätsbeschränkungen** allgemein als Standardmaximumproblem der NLP formuliert:

$$\max f(x_1, x_2, \ldots, x_n)$$

$$\text{bzgl.} \begin{cases} g^j(x_1, \ldots, x_n) \leq r_j & \text{für } j = 1, \ldots, m \\ \qquad\quad x_i \geq 0 & \text{für } i = 1, \ldots, n \end{cases}$$

Die Variablen und die Funktionen dieses NLP haben dabei folgende Bedeutung. Man bezeichnet den Vektor $(x_1, \ldots, x_n) \in \mathbb{R}^n$ als **Produktionsplan**, die Zielfunktion $f(x_1, \ldots, x_n)$ als **Gewinn** bei diesem Produktionsplan und $g^j(x_1, \ldots, x_n)$ als **Verbrauch an der Ressource j** durch diesen Produktionsplan.

Für einen Punkt $(\bar{x}, \bar{\lambda})$, der die KTB erfüllt, heißt der Lagrangemultiplikator $\bar{\lambda}_j$ **Schattenpreis der j-ten Ressource**, weil (vgl. Folgerung 6.2.1) in diesem Punkt das Maximum um etwa $\bar{\lambda}_j$ steigt, wenn r_j um eine Einheit vergrößert wird. Ein Zukauf von einer Einheit der j-ten Ressource höchstens zum Schattenpreis $\bar{\lambda}_j$ würde den Gesamtgewinn nicht schmälern.

Mit der Folgerung 6.3.3 ergibt sich: Ist der **Schattenpreis $\bar{\lambda}_j$ positiv**, so wird die **j-te Ressource vollständig ausgeschöpft**. Wird hingegen die j-te Ressource nicht ausgeschöpft, so ist der Schattenpreis $\bar{\lambda}_j = 0$.

Mit den ökonomischen Bezeichnungen der partiellen Ableitungen, $f_{x_i}(x_1, \ldots, x_n)$ als **Grenzgewinn des i-ten Guts** und $g^j_{x_i}(x_1, \ldots, x_n)$ als **Grenzverbrauch des i-ten Guts an der j-ten Ressource**, kann man die Summe $\sum_j \bar{\lambda}_j \cdot g^j_{x_i}(\bar{x})$ die **aggregierten Grenzkosten des i-ten Gutes** nennen, und damit kann man die erste Ungleichung der KTB

$$\frac{\partial Z}{\partial x_i} = f_{x_i}(\bar{x}) - \sum \bar{\lambda}_j \cdot g_{x_i}(\bar{x}) \leq 0$$

wie folgt interpretieren:
Solange der **Grenzgewinn größer** ist als die aggregierten **Grenzkosten**, ist das **Maximum nicht erreicht**. Im Optimum ist der Grenzgewinn kleiner oder gleich den Grenzkosten. Aus der ersten Gleichung der KTB , $x_i \cdot \frac{\partial Z}{\partial x_i} = 0$, folgt:
Ist der **Grenzgewinn kleiner** als die aggregierten **Grenzkosten**, so wird das **i-te Gut nicht produziert**.

6.4 Übungsaufgaben

1. Ein Betrieb stellt zwei verschiedene Produkte P_1, P_2 unter Verwendung der drei Produktionsfaktoren F_1 Rohmaterial [t], F_2 Maschinen [h] und F_3 Arbeitskräfte [h], die nur beschränkt verfügbar sind, her. Die folgende Tabelle gibt für einen bestimmten Zeitraum den benötigten Faktoreinsatz je hergestellter Einheit von P_1 und P_2 in [t] an, sowie den Gewinn [1 000 GE/t] je Einheit. Außerdem werden in der rechten Spalte die verfügbaren Kapazitäten aufgeführt. Gesucht ist jene Kombination der Herstellungsmengen von P_1 und P_2, welche unter den gegebenen Restriktionen (Nebenbedingungen) den Gesamtgewinn maximiert.

Einzelfaktoren	P_1	P_2	Kapazitäten
F_1	9	3	27
F_2	2	1	7
F_3	2	2	12
Gewinn	5	3	

(a) Man stelle das LP auf und löse das Beispiel graphisch.

(b) Wie ändert sich die Lösung, wenn in obiger Tabelle die letzte Zeile durch die Zeile Gewinn | 2 | 1 | ersetzt wird?

(c) Wird bei dem Ungleichungssystem die Ungleichung $2x + y \leq 7$ durch die Beschränkung $2x + y \leq 7.5$ ersetzt, so erhält man als Lösung OL: $(1.5, 4.5)$. Man interpretiere diese Lösung.

Lsg.: (a) OL: $(1;5)$ (b) OL: Alle Punkte der Strecke von $P(1;5)$ nach $Q(2;3)$

2. Eine Bergwerksgesellschaft besitzt zwei Bergwerke B_1 und B_2, die dreierlei Sorten E_1, E_2 und E_3 eines Erzes fördern. Die täglichen Fördermengen in t, der wöchentliche Mindestbedarf an Erzen und die täglichen Produktionskosten in € sind aus der Tabelle zu entnehmen. Ermitteln Sie, wie viele Tage je Woche in jedem Bergwerk gearbeitet werden muss, damit die gesamten Produktionskosten möglichst gering sind!

	Fördermengen (t/Tag)	Fördermengen (t/Tag)	Mindestbedarf (t/Woche)
	B_1	B_2	
E_1	4	5	37
E_2	2	5	20
E_3	2	1	11
Kosten(€/Tag)	700	400	

(a) Formulieren Sie das Optimierungsproblem zur Minimierung der Produktionskosten!

(b) Geben Sie an, wie viele Tage die Bergwerksgesellschaft in den beiden Bergwerken die betreffenden Erze fördern soll!

Lsg.:
$x \ldots$ Anzahl Arbeitstage in B_1
$y \ldots$ Anzahl Arbeitstage in B_2

(a)

$$\text{NB:} \quad \begin{aligned} 1.) \quad & 4x + 5y \geq 37 \quad \Leftrightarrow \quad y \geq \tfrac{37}{5} - \tfrac{4}{5}x \\ 2.) \quad & 2x + 5y \geq 20 \quad \Leftrightarrow \quad y \geq 4 - \tfrac{2}{5}x \\ 3.) \quad & 2x + y \geq 11 \quad \Leftrightarrow \quad y \geq 11 - \tfrac{2}{x} \\ 4.) \quad & x, y \leq 7 \\ 5.) \quad & x, y \geq 0 \end{aligned}$$

Zielfunktion: min $700x + 400y$
$y = -\tfrac{7}{4}x$
grad f $= (700, 400)$

(b) OL = Schnittpunkt von (1) und (3)
$3y = 15 \Rightarrow y = 5, x = 3$
OL $(3,5)$
$f(3,5) = 2100 + 2000 = 4100$

3. Ein Weinhändler mischt aus zwei Weinsorten (A und B) eine dritte Sorte C. Ein Hektoliter (hl) der Sorte A kostet 45 Geldeinheiten, ein hl der Sorte A 65 Geldeinheiten.
Der Händler will mindestens 25 hl der Sorte C produzieren, mehr als 70 hl können aber nicht verkauft werden. Von der Sorte A sind 30 hl, von Sorte B 45 hl lieferbar. Um dem Geschmack der Kunden zu entsprechen, muss

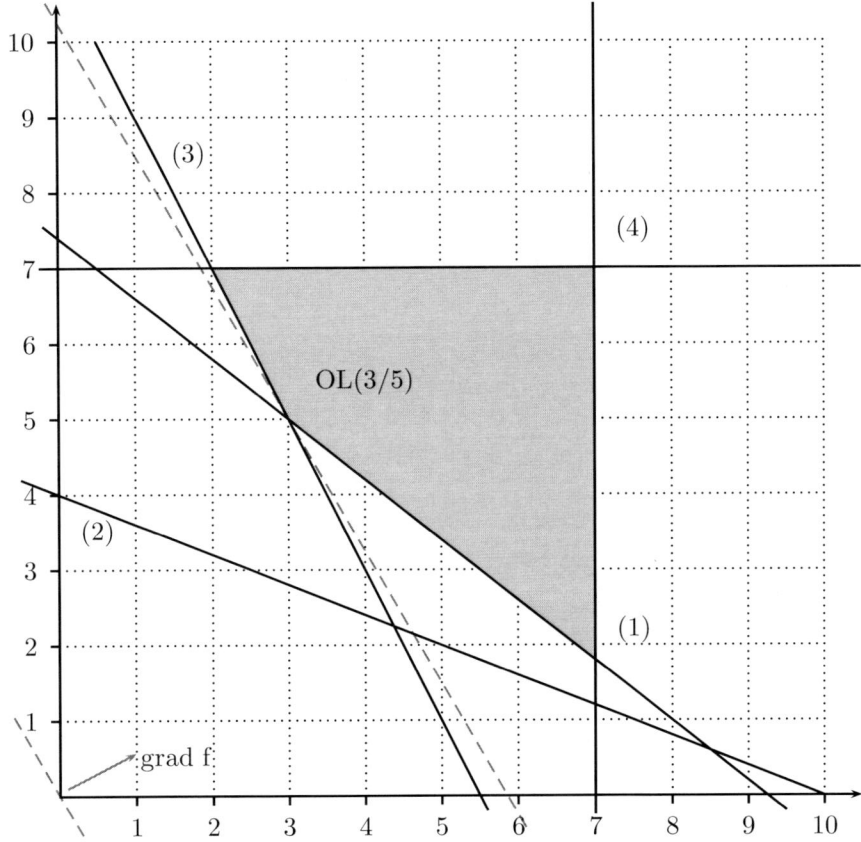

Abb. 6.5 Grafische Lösung des Optimierungsproblems von Beispiel 2

in der Sorte C die dreifache Menge der Mischungsanteils von A kleiner sein als die zweifache Menge der Sorte B.

(a) Formulieren Sie das lineare Programm zur Lösung des Problems!

(b) Finden Sie die Optimallösung graphisch!

Lsg.:

(a) x...hl der Sorte A
 y...hl der Sorte B
 NB:

 1. $x \leq 30$

2. $y \leq 45$

3. $x + y \geq 25$

4. $x + y \leq 70$

5. $3x \leq 2y$

Zielfunktion: minimiere $45x + 65y$

$$y = -\frac{45}{65} = -\frac{9}{13}x$$

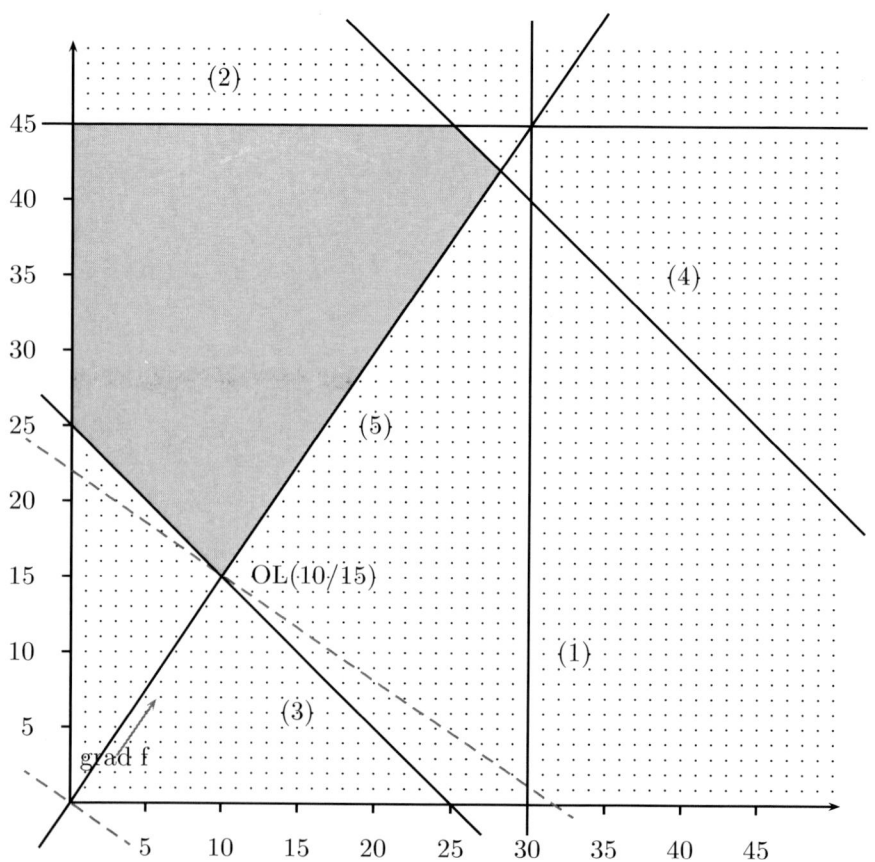

Abb. 6.6 Grafische Lösung des Optimierungsproblems von Beispiel 3

4. Lösen Sie die folgenden LPs graphisch ($x_1, x_2 \geq 0$) und rechnerisch:

(a) max $x_1 + 4x_2$

bzgl. $\begin{cases} x_1 + 2x_2 \leq 8 \\ 3x_1 + x_2 \leq 12 \\ x_2 \leq 3 \end{cases}$

(b) max $x_1 + x_2$

bzgl. $\begin{cases} -3x_1 + 2x_2 \geq 6 \\ 2x_1 - 3x_2 \geq 6 \end{cases}$

(c) max $x_1 - 4x_2$

bzgl. $\begin{cases} -3x_1 + 2x_2 \leq 6 \\ 2x_1 - 3x_2 \leq 6 \end{cases}$

(d) max $x_1 + x_2$

bzgl. $\begin{cases} -3x_1 + 2x_2 \leq 6 \\ 2x_1 - 3x_2 \leq 6 \end{cases}$

5. Finden Sie notwendige und hinreichende Bedingungen für die Zahlen s und t, sodass das lineare Programm

$$\text{max} \quad x_1 + x_2$$

$$\text{bzgl.} \begin{cases} sx_1 + tx_2 \leq 1 \\ x_1, \ x_2 \geq 0 \end{cases}$$

(a)   eine Optimallösung besitzt,

(b)   keine zulässige Lösung besitzt,

(c)   unbeschränkt ist.

6. Eine Parkettfabrik hat zwei verschiedene Böden in ihrem Sortiment, Esche und Buche. Je m^2 Eschenparkett erhält das Unternehmen 80.-, für Buche 72.-.
Zur Produktion sind zwei Maschinen A und B notwendig. Diese können pro Stunde die folgende Menge (in m^2) Parkett herstellen:

	Esche	Buche
Maschine A	25	15
Maschine B	38	40

Das Unternehmen besitzt zwei identische Maschinen vom Typ A. Die variablen Kosten für eine Betriebsstunde einer Maschine A betragen 85.-, einer Maschine B 152.-. Es wird im Zweischichtenbetrieb (80 Stunden pro Woche) gearbeitet.

Die Materialkosten zur Erzeugung von einem m^2 Eschenparkett betragen 50.-, von Buchenparkett 20.-. Aufgrund längerfristiger Lieferverträge muss vom Lieferanten Holz für mindestens $1\,000\,m^2$ Eschenparkett abgenommen werden. Andererseits steht Buchenholz nur für maximal $1\,500\,m^2$ zur Verfügung. Die Böden werden an zwei Großhändler H1 und H2 verkauft. H1 kauft nur Esche und davon höchstens $1\,500\,m^2$ pro Woche. Für H2 gibt es nur die Bedingung, dass genau 60 % der abgenommenen Menge Buchenparkett sein muss.

(a)   Skizzieren Sie den zulässigen Bereich für die Produktionsmengen.

(b)   Formulieren Sie ein lineares Programm für die Gewinnmaximierung, lösen Sie es graphisch und kontrollieren Sie das Ergebnis mit einem Computerprogramm.

(c)   Ändert sich die Optimallösung, wenn die Rentabilität (= (Erlös-Kosten)/Kosten) maximiert werden soll?

(d)   Ändert sich die Lösung, wenn der Umsatz maximiert werden soll?

7. Zeigen Sie graphisch, dass die lineare Optimierungsaufgabe

$$\max \quad 3x_1 + 4x_2$$

$$\text{bzgl.} \begin{cases} -x_1 + x_2 \leq 4 \\ -x_1 + 2x_2 \leq 10 \\ -x_1 + 4x_2 \geq -4 \end{cases}$$

mit $x_1, x_2 \geq 0$ eine Lösung besitzt, obwohl die Menge der zulässigen Lösungen nicht beschränkt ist.

8. Gegeben sei folgendes lineare Programm:

$$\max \quad 3x_1 + x_2 + x_3$$

$$\text{bzgl.} \begin{cases} 3x_1 + 2x_2 + 2x_3 \leq 10 \\ -x_1 + 3x_2 - x_3 \leq 13 \\ -x_2 - x_3 \leq 7 \\ 2x_1 + x_3 = 2 \quad (*) \\ x_1, x_2 \geq 0 \end{cases}$$

(a)   Schreiben sie obiges Programm als ein lineares Programm mit 2 Variablen und 3 Restriktionen an. Hinweis: verwenden Sie die Gleichung (*) um eine Variable zu eliminieren.

(b) Bestimmen Sie graphisch den zulässigen Bereich und die Optimallösung des in (a) aufgestellten Programms.

(c) Versuchen Sie das ursprüngliche bzw. das in (a) vereinfachte Programm mit dem Simplexalgorithmus zu lösen.

9. Gegeben sei $f(x,y) = x^2 + y^2$ und $g(x,y) = x^2 + y^2 - 4x - 2y + 4$. Bestimmen Sie jene Punkte $(x,y) \in \mathbb{R}^2$, an denen relative Extrema der Funktion $f(x,y)$ unter der Nebenbedingung $g(x,y) = 0$ liegen können. Bestätigen Sie das Ergebnis mittels einer Zeichnung!

Lsg.: Lok. Max. $\left(2 + \dfrac{2}{\sqrt{5}}, 1 + \dfrac{1}{\sqrt{5}}\right)$, lok. Min. $\left(2 - \dfrac{2}{\sqrt{5}}, 1 - \dfrac{1}{\sqrt{5}}\right)$

10. Gegeben seien $f(x,y,z) = 2(x^2 - x) - y^2 + 3z^2$ und $g(x,y,z) = x + y + z$. Bestimmen Sie unter der Nebenbedingung $g(x,y,z) = 1$ die lokalen Extremstellen von $f(x,y,z)$.

Lsg.: $S(-1,3,-1)$ ist lokale Minimalstelle.

11. Gegeben seien die Funktionen $f(x,y) = y(9x^2 - 1) + 8x + 14$ und $g(x,y) = x + y$.

(a) Ermitteln Sie stationäre Punkte und lokale Extremstellen von $f(x,y)$.

(b) Bestimmen Sie lokale Extremstellen von $f(x,y)$ unter der Nebenbedingung $g(x,y) = 3$.

Lsg.: (a) . $SP_1 \left(\dfrac{1}{3}, -\dfrac{4}{3}\right)$, $SP_2 \left(-\dfrac{1}{3}, \dfrac{4}{3}\right)$, keine lokalen Extremstellen

(b) $\left(1 + \dfrac{2}{\sqrt{3}}, 2 - \dfrac{2}{\sqrt{3}}\right)$ lok. Max., $\left(1 - \dfrac{2}{\sqrt{3}}, 2 + \dfrac{2}{\sqrt{3}}\right)$ lok. Min.

12. Man bestimme die lokalen Extremstellen der Funktion $f(x,y,z) = x^2 + z^2 + 2xy$ unter den zwei Nebenbedingungen $2x + 2y + z = 24$ und $x + z = 8$.

Lsg.: $S(0,8,8)$ ist lokale Minimalstelle.

13. Gegeben sei das Nichtlineare Programm (NLP)

$$\max \quad f(x_1, x_2) = 3x_1 + x_2$$

$$\text{bzgl.} \begin{cases} x_1^2 - 10x_1 + x_2^2 \leq 0 \\ x_1 \qquad\qquad\quad \leq 8 \\ \qquad\qquad x_1, x_2 \geq 0 \end{cases}$$

(a)   Skizzieren Sie den zulässigen Bereich sowie einige Isoquanten der Zielfunktion!

(b)   Bestimmen Sie mit Hilfe der Zeichnung die genaue Optimallösung!

(c)   Muss der erhaltene Punkt die Kuhn-Tucker- Bedingungen erfüllen?

Lsg.:   (b) OL$(8,4)$ (c) Nein, Die KTB sind hier nur hinreichend.

14. Gegeben sei das NLP

$$\max \quad f(x_1, x_2) = x_1^2 + x_2^2 + 2x_1 - 1$$

$$\text{bzgl.} \begin{cases} x_1 \qquad\quad \geq 1 \\ x_1 + x_2 \geq 2 \\ \quad x_1, x_2 \geq 0 \end{cases}$$

(a)   Bestimmen Sie graphisch die Lösung des NLP!

(b)   Berechnen Sie Optimallösung und Optimalwert der Zielfunktion mit Hilfe der Kuhn-Tucker-Bedingungen.

Lsg.:   (b) OL$(1,1)$ mit $\lambda_1 = 2$ und $\lambda_2 = 2$, $f(1,1) = 3$

15. Ein Unternehmen produziert zwei Produkte 1 und 2 in den Mengen x_1 und x_2 gemäß der Kostenfunktion:

$$K(x_1, x_2) = x_1^2 + 3x_2^2 - 3x_1 x_2 + 10$$

Aufgrund vertraglicher Beschränkungen müssen von den Produkten 1 und 2 zusammen genau 33 Einheiten abgesetzt werden.
Bestimmen Sie die gewinnmaximalen Produktionsmengen x_1, x_2, falls

(a)   die Preise der beiden Güter $p_1 = 3$ bzw. $p_2 = 6$ betragen,

(b)   die Preis-Absatz-Funktionen für die Produkte 1 und 2 $p_1(x_1, x_2) = 10 - 0.5x_1$ bzw. $p_2(x_1, x_2) = 30 - 0.5x_2$ lauten.

Lsg.: (a) $x_1 = 21, x_2 = 12$ (mit $\lambda = -3$) (b) $x_1 = \dfrac{155}{8}, x_2 = \dfrac{109}{8}$

16. Gegeben sei folgendes NLP

$$\max \quad f(x_1, x_2) = \sqrt{x_1 x_2}$$

$$\text{bzgl.} \quad \begin{cases} 2x_1 + 3x_2 \leq 8 \\ x_1 \qquad\; \leq 3 \\ \qquad\; x_2 \leq 4 \\ x_1, \quad x_2 \geq 0 \end{cases}$$

(a) Skizzieren Sie den zulässigen Bereich sowie einige Isoquanten der Zielfunktion!

(b) Bestimmen Sie mit Hilfe der Zeichnung die genaue Optimallösung!

(c) Sind die KTB notwendig oder hinreichend?

(d) Man bestimme rechnerisch die Optimallösung!

Lsg.: (c) Die KTB sind notwendig und hinreichend. (d) OL(2, 4/3)

17. Die ST-AG soll insgesamt genau 100 Stück eines Produktes herstellen, wobei die Fertigung dieses Auftrages in jeder der drei Betriebsstätten - bei unterschiedlichen Kosten - möglich ist. Wird im Betrieb $i = 1, 2, 3$ die Menge x_i erzeugt, so entstehen die Produktionskosten:

$$\text{Betrieb 1: } K(x_1) = \frac{1}{3}x_1^3 - 2x_1^2 + 11.8x_1 + 500$$
$$\text{Betrieb 2: } K(x_2) = 2x_2^2 - x_2 + 800$$
$$\text{Betrieb 3: } K(x_3) = \frac{1}{2}x_3^2 + 300$$

(a) Stellen Sie die Gesamtkostenfunktion $K(x_1, x_2, x_3)$ auf!

(b) Wie ist dieser Auftrag auf die einzelnen Betriebe aufzuteilen, wenn die Gesamtkosten minimiert werden sollen?

(c) Bestimmen Sie näherungsweise, um welchen Betrag sich die Kosten erhöhen, wenn das Auftragsvolumen um 1 Stück erhöht wird.

Lsg.: (b) 10, 18.2, 71.8 (c) 71.8

Index

Printed by Books on Demand, Germany